Frank Rönicke

DAS GROSSE DDR MOTORRADBUCH

Motor
buch
Verlag

Einbandgestaltung: Sven Rauert.

Bildnachweis: Siehe das Kapitel »Bildnachweis« im Anhang am Ende des Buches.

Eine Haftung des Autors oder des Verlages und seiner Beauftragten für Personen-, Sach- und Vermögensschäden ist ausgeschlossen.

Dieses Buch wurde nach den geltenden Vorschriften der General Product Safety Regulation (GPSR) entwickelt. Bei Fragen oder Problemen wenden Sie sich bitte an den Verlag unter folgender E-Mail-Adresse: gpsr@paul-pietsch-verlage.de

ISBN 978-3-613-04814-0

1. Auflage 2025

Sie finden uns im Internet unter www.motorbuch-verlag.de

Lektorat: Joachim Köster
Innengestaltung: Anita Ament, Leonberg
Druck und Bindung: Conzella, 85609 Aschheim-Dornach,
Printed in Germany

Inhalt

Vorwort

Noch ein Buch über DDR-Motorräder? Ist denn nicht schon alles geschrieben worden? Nein, ist es nicht und Sie, liebe Leser, werden in diesem Buch noch den einen oder anderen Text, das eine oder andere Bild finden, die Sie bisher noch nicht kannten. Entscheidend für mich, der ich wahrlich schon viel über DDR-Motorräder geschrieben habe, noch ein weiteres Buch zu diesem Thema zu machen, war die Tatsache, dass es eben noch kein Standardwerk gibt, das dieses Thema allumfassend behandelt. Die Serienmodelle vom Viertaktmotorrad bis zum Fahrrad-Hilfsmotor, die Sportmodelle für Straße und Gelände – hier insbesondere die Werksmaschinen und die Importmotorräder – wie auch Roller und Mopeds und nicht zu vergessen, die wichtigsten Personen, die hinter den Konstruktionen und den motorsportlichen Erfolgen standen, sollen hier vorgestellt werden.
Das Buch trägt im Titel die Abkürzung »DDR« für Deutsche Demokratische Republik, aber die ersten der im Folgenden vorgestellten Motorräder entstanden schon 1945. Selbstverständlich wurde die DDR erst am 7. Oktober 1949 gegründet. Nach dem Zweiten Weltkrieg, der bekanntlich am 8. Mai 1945 endete, war das Gebiet dieser späteren DDR weitestgehend die sowjetisch besetzte Zone. Und heute die Sowjetische Besatzungszone als eine Art DDR-Vorläufer zu bezeichnen, dürfte kein großer historischer Fehler sein. 1990 war dann Schluss mit der sozialistischen deutschen Republik und da soll auch die historische Aufarbeitung in diesem Buch enden. Wie es mit Simson und MZ danach weiterging, kann an anderer Stelle, zum Beispiel in der in diesem Verlag erscheinenden Reihe »Typenkompass« nachgeschlagen werden.

Frank Rönicke

Neben dem Trabant war die Schwalbe das ultimative Kultfahrzeug der DDR.

Einführung

Deutschland war ein klassisches Motorradland, das im September 1939 aufhörte, das zu sein, was es bis dahin geworden war. Die zivile Produktion motorisierter Zweiräder, die schon zuvor unter der massiven militärischen Aufrüstung gelitten hatte, wurde in den ersten Jahren des Zweiten Weltkrieges komplett herunter gefahren. Zu den glücklichen Herstellern, die für die Wehrmacht weiter produzieren durften, gehörte BMW in München, von wo aus man unter anderem ein 750-ccm-Gespann in den Krieg schickte. Dessen Montage verlegten die Münchener zu Kriegsbeginn, zusammen mit der gesamten Motorrad-Ersatzteilproduktion, in das BMW-Zweigwerk nach Eisenach; sie begründeten somit den Motorradbau in diesem Teil Thüringens und schließlich in der sowjetischen Besatzungszone, aus der am 7. Oktober 1949 die DDR entstand. Zunächst ausschließlich für den Markt in der Sowjetunion bestimmt, begann in Eisenach 1945 die erste Motorradfertigung auf deutschem Gebiet, östlich des Eisernen Vorhangs, nach dem Krieg.

Auch in einem anderen thüringischen Ort war auf Befehl der sowjetischen Militäradministration in Deutschland (SMAD) ein Motorrad zunächst konstruiert und schließlich in Produktion genommen worden. Das ehemalige Simson-Werk in Suhl ging 1947, wie übrigens auch BMW in Eisenach, in den Besitz der sowjetischen Aktiengesellschaft »Awtowelo« über. 1948 kam der überraschende Befehl zur Konstruktion eines Mittelklasse-Viertakt-Motorrades, das 1950 in Serie ging.

Inzwischen an die DDR zurückgegeben, bekam das Simson-Werk 1954 aus dem Maschinenbau-Ministerium den Auftrag zur Entwicklung und Produktion eines Mopeds. Im Mai 1955 begann dessen Fertigung, die ein paar Jahre später einen Jahresausstoß von 200.000 Einheiten erreichte und 1961 das Suhler Viertakt-Motorrad, zum Leidwesen tausender seiner Anhänger, aus dem Programm verdrängte.

Die BMW R 35 war das erste nach dem Krieg auf dem Territorium der späteren DDR gebaute Motorrad.

Auch in Suhl wurden in den ersten DDR-Jahren Viertaktmotorräder gebaut; die Simson 425 S gilt bis heute als bestes ostdeutsches Motorrad überhaupt.

Da war die Eisenacher EMW R 35/3 schon längst zu Grabe getragen worden und die nach sowjetischem Vorbild ausgerichtete Politik hatte entschieden, motorisierte Zweiräder mit mehr als 50 ccm Hubraum, die nicht zur Gattung Motorroller gehörten, fortan nur noch in Zschopau zu produzieren.
Hier, im ehemaligen DKW-Werk, das 1928 erstmals als größte Motorradfabrik der Welt von sich reden machte, konnte 1950 langsam wieder die Produktion von Zweitaktern in Gang gesetzt werden. Die letzte Vorkriegsentwicklung von DKW, die damals neue Maßstäbe setzende RT 125, rollte mit einigen Verbesserungen wieder von den Bändern. Wenige Jahre später bauten die Zschopauer nicht nur gute, konkurrenzfähige Zweitakt-Motorräder, sondern auch die schnellsten Renn-Zweitakter der Welt. Die eigenproduzierte, motorisierte Vielfalt auf zwei Rädern erreichte 1955 in der DDR ihren Höhepunkt, als auch noch die Industriewerke Ludwigsfelde (IWL) gemäß politischem Auftrag Motorroller mit Zschopauer Antriebstechnik zu fertigen begannen. In schneller Folge lösten verbesserte Modellreihen einander im Angebotskatalog ab, ehe die Produktion 1964 zugunsten einer LKW-Großserienfertigung (W 50) wieder beendet werden musste. Die durchaus weiter vorhandene Nachfrage nach hubraumgrößeren

Das Moped SR 1 legte den Grundstein für eine der bald größten Produktionen dieser Fahrzeugklasse in Europa.

Die im Industriewerk Ludwigsfelde gebauten Motorroller (im Bild »Berlin«, gebaut von 1959 bis 1962) waren beim DDR-Publikum sehr beliebt.

Im ehemaligen DKW-Werk in Zschopau war es die RT 125, die als erste Maschine wieder von den Bändern rollte.

Die Bildung des Zweirad-Kombinats mit Sitz in Suhl war für die weitere Entwicklung von Mopeds und Motorrädern in der DDR eher kontraproduktiv.

Motorrollern sollte nun allein mit Importen aus der CSSR abgedeckt werden.
Zur bunten Mischung motorisierter Zweiräder in der Pionierzeit des DDR-Kraftfahrzeugbaus trugen neben einigen Fahrrad-Hilfsmotoren auch verschiedene Privatinitiativen im Roller- und Motorradbau bei, die jedoch bestenfalls über Kleinserien nicht hinaus kamen. Nicht zuletzt, weil sie den Wirtschaftslenkern nicht in den Kram passten. Und die hatten – dem nun einmal eingeschlagenen politischen Weg entsprechend – nicht so unrecht: Kriegshinterlassenschaften und zentrale Planwirtschaft ließen nur eine Bündelung der Kräfte zu, um annähernd konkurrenzfähig (Export) und marktabdeckend (Inland) produzieren zu können. Inwieweit alle dieser Strategie folgenden Maßnahmen gerechtfertigt waren, bleibt dahingestellt. Wie etwa das Ende der Motorradfertigung in Eisenach zugunsten der »Großserienfertigung« des PKW »Wartburg« oder vor allem der Produktionsstopp des bis dahin besten Motorrades der DDR, der »Simson 425 S«.
Monotonie hielt nun Einzug und wurde 1970 mit der Gründung des Kombinates für Zweiradfahrzeuge, zum Ärger der Zschopauer mit Sitz in Suhl, manifestiert. Einzylinder-Zweitaktmotorräder mit maximal 250 ccm Hubraum aus dem Erzgebirge sowie Kleinkrafträder und Kleinroller bis höchstens 70 ccm und natürlich ebenfalls von Einzylinder-Zweitaktern angetrieben, aus Suhl, waren nun alles, was bis 1990 an serienmäßigen, motorisierten Zweirädern aus der DDR kam.
Dabei hatten die Hersteller wenigstens gelegentlich die Möglichkeit neue Modelle einzuführen und so dem totalen Frust, wie etwa im PKW-Bau, zu entgehen. In ihren Klassen, die freilich international immer weniger gefragt waren, konnten die ostdeutschen Konstrukteure dem Weltmaßstab durchaus Paroli bieten. Aber wer wollte 1990 im Westen noch ein 250er Zweitakt-Motorrad kaufen? Und über Nacht lag auch die DDR plötzlich im Westen.
Dass die Motorradbauer in Zschopau und Suhl nach der Wende mit wenig konkurrenzfähigem Material dastanden, war auch das Resultat der Tagung »Fortschritte im Motorradbau« in Zwickau im Sommer 1985. Denn was dort festgelegt wurde, hatte mit Fortschritt herzlich wenig zu tun: Beibehaltung der Einzylinder-Zweitakt-Technik und der Grundkonzeption der Fahrwerke. Lediglich kosmetische Retuschen »zur Verbesserung des ästhetischen Gesamteindrucks« waren fortan zugelassen. Damit blie-

Der Deutsche Straßenverkehr*, die einzige Motor-Illustrierte der DDR, zeigte im Mai 1954 den Anbaumotor »MAW« auf ihrer Titelseite.*

Mit der Vogelserie hatten die Suhler Ingenieure eine 50-ccm-Reihe auf die Räder gestellt, die heute Kultstatus genießt.

ben neue Konstruktionen in Suhl und Zschopau in den Schubladen liegen und konnten erst nach der Wende, und damit viel zu spät, realisiert werden.
Trotz alledem muss man heute würdigen, was Motorradbauer im Osten Deutschlands unter unsäglich schwierigen Bedingungen nach dem Zweiten Weltkrieg wieder auf die Räder stellten. Es war echter Pioniergeist, der in den späten vierziger Jahren aus zuvor von den Sowjets völlig demontierten und zum Teil zerstörten Werksanlagen wieder Motorräder rollen ließ. Wo »Rucksackträger« fehlende Montageteile aus dem Westen »importierten«. Wo eine faktisch nicht vorhandene Zulieferindustrie erst aus dem Boden gestampft werden musste und wo ständig gen Westen abwanderndes Fachpersonal zu ersetzen war.
In den Folgejahren versuchten Konstrukteure und Ingenieure trotz wirtschaftlicher und politischer Hemmnisse bestmögliche Resultate zu erzielen. Viele von ihnen resignierten Mitte der siebziger Jahre, als längst alles begonnen hatte, »seinen sozialistischen Gang« zu gehen.

Tristesse im DDR-Motorrad-alltag: Während die 250er MZ in überschaubaren Abständen eine kleine Auffrischung erfuhr, wurde die TS 150 (rechts) 13 Jahre lang ohne Nachfolger gebaut.

Die

Mit dem /3-Modell zog 1952 endlich eine Geradweg-Hinterradfederung ins gute alte R 35-Fahrgestell ein.

Serienmodelle

BMW / EMW

1928 kauften die Bayerischen Motorenwerke (BMW), bis dato Hersteller von Motorrädern und Flugzeugmotoren (blauer Propeller im Firmensignet), die Fahrzeugwerke Eisenach, um im lukrativen Automobilbau Fuß zu fassen. Die schon 1886 gegründete Eisenacher Fabrik, die 1921 durch den Erwerb der Gothaer Waggonfabrik zum bedeutendsten Arbeitgeber in Thüringen aufgestiegen war, hatte sich längst mit Automobilen der Marken »Wartburg« und »Dixi« einen Namen gemacht. Sogar ein Motorfahrrad hatte eine Zeit lang im Verkaufsprogramm gestanden. Insbesondere der Erfolg des in Lizenz gebauten britischen Austin Seven lockte die Bayern an, die ab 1933 selbst entwickelte 6-Zylinder-Wagen in Eisenach bauen ließen. Dieses viel versprechende und erfolgreiche Konzept fand mit dem Beginn des Zweiten Weltkrieges sein jähes Ende. Dagegen kam die Motorradproduktion bei BMW nicht ganz zum Erliegen; so baute man neben allerlei Kriegsgerät ab 1942, nun in Eisenach, das »überschwere« Krad R 75 für die Wehrmacht. Mit Beginn der alliierten Bombenangriffe auf Deutschland hatte man dessen Produktion zusammen mit den Fertigungseinrichtungen der R 35 und den Motorrad-Ersatzteillagern ins Thüringische verlegt, weil man sich hier sicherer wähnte.

Die Bomben verschonten Eisenach allerdings nicht. Mehr als die Hälfte der Werksanlagen lag in Trümmern, als die Amerikaner im Frühjahr 1945 in die Stadt am Fuße der Wartburg einzogen. Wie unter Deutschlands Kriegsgegnern schon lange zuvor festgelegt, mussten sie jedoch das Terrain für die Sowjetarmee wieder räumen, die am 3. Juli 1945 die Verwaltung der Region übernahm.

Anders als in den meisten ehemaligen Kraftfahrzeugfabriken auf dem Territorium der Sowjetischen Besatzungszone, blieb das Eisenacher Werk von Demontagen und weiteren Zerstörungen verschont. Und als erster Hersteller durfte BMW in Eisenach sogar schon sehr bald nach Kriegsende wieder Motorräder bauen. Die Montage der verbliebenen Ersatzteile der R 35 zu kompletten Motorrädern begann.

Schnell waren die noch vorhandenen Rahmen verbraucht und mussten nun selbst gefertigt werden. Weitere Teile folgten, die mit Hilfe von über 200 Werkzeugmaschinen, die in einem Kalischacht bei Abtrode ausgelagert waren, wieder produziert werden konnten. Zulieferteile, wie Bowdenzüge, Lenkerarmaturen, Kugellager, Elektrozubehör oder Reifen konnten dagegen nur mit größter Mühe beschafft werden. Die meisten Zulieferfirmen der Kraftfahrzeugindustrie hatten schon immer im Westen Deutschlands gelegen und waren nach Errichtung der Demarkationsli-

Die BMW R 75 in der Wehrmachtsausführung für Wüsteneinsätze. Ab 1942 wurde das »überschwere Krad« in Eisenach gebaut.

Die R 35 aus einem Gesamtprospekt von 1939. Die ersten Nachkriegsmaschinen wurden unverändert weitergebaut.

nie als Grenze zwischen der sowjetischen und den übrigen Alliierten Besatzungszonen, fast so weit weg wie der Mond. Die Fabrikanlagen der wenigen ostdeutschen Lieferanten waren entweder im Krieg zerstört oder danach von den Sowjets demontiert worden. Und obwohl die Eisenacher von den neuen Machthabern wie kein anderer Fahrzeugbetrieb in ihrem Verwaltungsbereich unterstützt wurden – schließlich waren alle produzierten Zweiräder für den sowjetischen Markt bestimmt – blieb oft trotzdem nur der abenteuerliche Weg in den Westen, um notwendige Teile zu beschaffen.
Die R 35 basierte auf einer Konstruktion aus den frühen dreißiger Jahren und löste 1937 als Weiterentwicklung die R 4 ab. Dabei war der konservativ anmutende, die Fahrzeugoptik prägende Pressstahlrahmen erhalten geblieben; das Vorderrad hing nun jedoch an einer reibungsgedämpften Teleskopgabel. Eine Hinterradfederung gab es nicht. Der 342 ccm große Einzylinder-Viertaktmotor leistete 14 PS bei 4.500 U/min und war BMW-typisch als Querläufer ausgelegt. Das sehr hoch bauende Triebwerk saß etwas nach rechts versetzt, Kurbel- und Kardanwelle (Letztere als Hinterradantrieb) lagen in einer Flucht darunter. Getrennt waren beide durch eine Trockenkupplung und einem mit der Hand an der rechten Seite zu schaltenden Vierganggetriebe.
War in den ersten Wochen der Montage noch alles recht chaotisch und planlos gelaufen, änderte das der Befehl Nr. 93 der SMAD vom 13. Oktober 1945 zur »Inbetriebnahme der Automobil- und Motorradproduktion im ehemaligen BMW-Werk Zweigniederlassung Eisenach«.
Neben dem PKW BMW 321 und der R 35 entstanden aus vorhandenen Ersatzteilen auch noch 102 BMW-Motorräder vom Typ R 12 und 232 Stück R 75. Letztere überwiegend als Beiwagengespanne.
In mehreren Entwicklungsstufen waren BMW und Zündapp seit dem Frühjahr 1938 bemüht gewesen, jeweils ein schweres Militärkrad nach den Vorgaben und Wünschen der Wehrmacht zu entwickeln. Die Forderungen nach Seitenwagenantrieb, Differential, Gelände- und Rückwärtsgängen sowie hydraulischen Bremsen am Hinterrad und am Seitenwagen und einer Magnetzündung mit Fliehkraftversteller stellten die Ingenieure vor schwierige Aufgaben, die bis dahin im deutschen Motorradbau nie gelöst werden mussten.
Entwicklung und Serienfertigung verzögerten sich ständig, so dass das OKH (Oberkommando Heer) eine Vereinheitlichung der beiden Entwicklungen von Zündapp und BMW forderte, um zum einen schneller mit der Serienfertigung beginnen zu können und zum anderen möglichst viele gleiche Bauteile zu erhalten, die die Ersatzteilvorhaltung im Felde minimierten. Das sollte auch für die dazugehörigen Seitenwagen gelten, die schließlich eine Gemeinschaftsproduktion der Firmen Steib, Stoye und Royal waren. Im Juni 1941 konnte dann endlich die Serienfertigung beginnen, gerade rechtzeitig, um im Russlandfeldzug eingesetzt zu werden, wo die allermeisten der bis 1944 gebauten rund 18.000 »überschweren Beiwagenkräder« ihren Dienst verrichteten und sie in Sümpfen versunken oder von russischen Panzern zerschossen das Schicksal ihrer Fahrer teilten und nicht wiederkamen.

Aus dem ersten Nachkriegsprospekt vom März 1949 stammt dieses Bild, das die R 35 auch noch in Vorkriegsausführung zeigt.

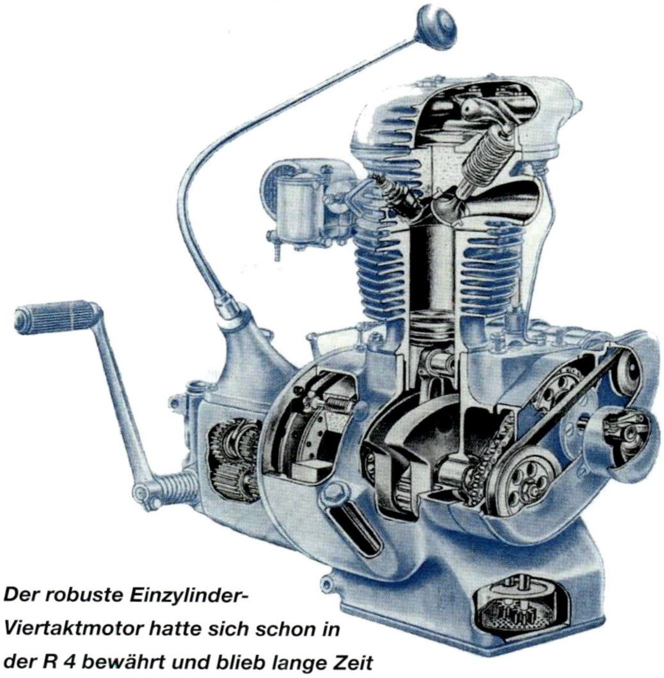

Der robuste Einzylinder-Viertaktmotor hatte sich schon in der R 4 bewährt und blieb lange Zeit unverändert. Geschaltet wurde noch mit der Hand.

Ab 1935 löste die R 12 die R 11 ab, wobei sich bis auf die ölgedämpfte Teleskopgabel, die hier erstmals Verwendung fand, kaum etwas geändert hatte. Beim Motor wurde, zur leichteren Handhabung im Feld, sogar nur auf die Ein-Vergaser-Version mit 18 PS zurückgegriffen. Der seitengesteuerte 750er war die Zuverlässigkeit in Person und zog mühelos jeden noch so voll beladenen Beiwagen mit. Die Militärbehörden waren nach Testeinsätzen schwer begeistert und platzierten den größten Einzelauftrag für Militärkräder in Deutschland. Allerdings war diese Maschine nicht speziell für den Fronteinsatz konstruiert worden. Dennoch ging die gesamte Jahresproduktion 1938 an die Wehrmacht. Wieder waren es die Lackierung und die Packtaschen, die im Wesentlichen den Unterschied zur zivilen Version, die aber den Zweivergaser-Motor mit 20 PS trug, ausmachten. In den Kriegsjahren wurde dann auf den übermäßig geschwungenen Vorderkotflügel zugunsten einer einfacheren Version verzichtet. Mit 36.000 an die Wehrmacht gelieferten Exemplaren war die R 12 das mit Abstand meistgenutzte deutsche Militärkrad! 1946, dem Jahr, in dem schon 1.300 R 35 in die Sowjetunion oder an sowjetische Behörden in Deutschland geliefert worden waren, bemächtigte sich die russische Aktiengesellschaft »Awtowelo« des Betriebes in Eisenach. Wie

Die nach dem Krieg montierten R 75 wurden nahezu ausschließlich mit Beiwagen und an sowjetische Behörden geliefert.

Die BMW R 12 in militärischem Dress – nur wenige dieser Maschinen wurden an zivile Kunden verkauft.

In ziviler Ausführung und als Solomaschine war die BMW R 12 eher selten anzutreffen.

übrigens auch vieler anderer halbwegs intakter Firmen Ostdeutschlands. An dort ansässige Privatleute durften erst 1949, im Gründungsjahr der DDR, die ersten BMW R 35 zum Preis von 2.235 DM Ost abgegeben werden. Die Wenigsten konnten sich das leisten.
Mit der Gründung der Bundesrepublik begann BMW 1949 diverse Prozesse gegen Importeure um das weiß-blaue Markensymbol zu führen und mit den ersten Exporterfolgen im Westen strengten die Münchner auch einen Prozess gegen den ehemaligen Eisenacher Ableger an. Dabei erlangten sie alle Marken- und Patentrechte rund um das Firmensignet und stellten Eisenach vor ein Problem. Die Thüringer machten aus der Not eine Tugend und änderten, fast gleichzeitig mit der Übergabe des Werkes an die IFA (Industrieverband Fahrzeugbau der DDR) im Juli 1952, die Bezeichnung des Werkes zunächst in »Eisenacher

Infolge der Rechtsstreitigkeiten mit BMW wechselten die Eisenacher einfach die Farben und aus BMW wurde EMW.

Diese Aufnahme aus dem Jahre 1947 zeigt die Montage der R 35 auf der ehemaligen R 75-Fertigungslinie.

Für Exportkunden konnte die R 35 mit viel Chrom und serienmäßigem Soziussitz geordert werden.

Motorenwerke (EMW)« und wenig später in »VEB IFA Automobilfabrik EMW Eisenach«. Aus BMW wurde also EMW und den blauen, rotierenden Propellerflügel des BMW-Zeichens tauchten die Thüringer nun in kommunistisches Rot. Tatsächlich wurden die Markenzeichen anfangs einfach übermalt.
Das Motorrad selbst erfuhr im gleichen Jahr (erste Maschinen gab es schon Ende 1951) mittels hydraulisch gedämpfter Teleskopgabel, Fußschaltung, verbesserter Elektrik und Sättel einige Detailverbesserungen und für wenige Monate die Typenbezeichnung R 35/2.
Ende des Jahres 1951 war die 25.000ste R 35 von den Bändern gerollt und im August 1953 waren es schon doppelt so viele. Jetzt mit der Bezeichnung R 35/3, weil endlich eine Geradweg-Hinterradfederung das Fahrwerk deutlich verbesserte und die Zylinderkopf-Schutzrohre auf zwei reduziert worden waren. Kleinere Änderungen betrafen in den letzten Produktionsjahren noch den Vorderradkotflügel, den Vergaser und die Hinterradnaben.
Nach noch einmal 58.000 R 35/3 war im April 1956 Schluss mit der Motorradfertigung in Eisenach. Nicht weil die gute alte R 35 konzeptionell ausgereizt war – moderne Neuentwicklungen, die bis zum Prototypenstadium gereift waren, hätten die Produktion fortsetzen können – sondern weil es im Ministerium für Maschinenbau als längst beschlossene Sache galt, zugunsten der »Großserienfertigung« des neuen DDR-Mittelklasse PKW »Wartburg 311« die Motorradfertigung in Eisenach einzustellen. Und weil ebenfalls schon längst der Plan gefasst war, Viertaktmotorräder gänzlich aus der eigenen Fertigung zu verbannen.

Unter anderem die hydraulisch gedämpfte Telegabel, hier in einem Gesamtprospekt von 1951 gezeigt, führte zwischenzeitlich zu der Bezeichnung R 35/2.

In der DDR wurden die R 35 und auch ihr Nachfolger fast überwiegend mit einem Beiwagen gefahren.

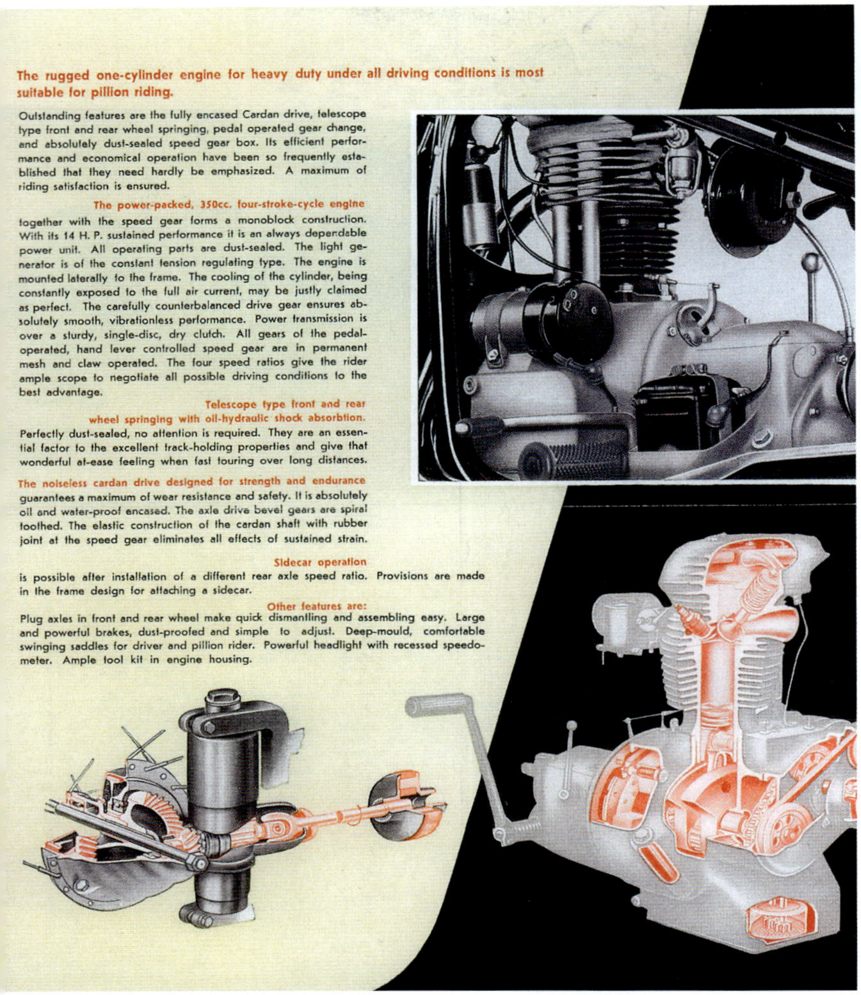

The rugged one-cylinder engine for heavy duty under all driving conditions is most suitable for pillion riding.

Outstanding features are the fully encased Cardan drive, telescope type front and rear wheel springing, pedal operated gear change, and absolutely dust-sealed speed gear box. Its efficient performance and economical operation have been so frequently established that they need hardly be emphasized. A maximum of riding satisfaction is ensured.

The power-packed, 350cc. four-stroke-cycle engine

together with the speed gear forms a monoblock construction. With its 14 H. P. sustained performance it is an always dependable power unit. All operating parts are dust-sealed. The light generator is of the constant tension regulating type. The engine is mounted laterally to the frame. The cooling of the cylinder, being constantly exposed to the full air current, may be justly claimed as perfect. The carefully counterbalanced drive gear ensures absolutely smooth, vibrationless performance. Power transmission is over a sturdy, single-disc, dry clutch. All gears of the pedal-operated, hand lever controlled speed gear are in permanent mesh and claw operated. The four speed ratios give the rider ample scope to negotiate all possible driving conditions to the best advantage.

Telescope type front and rear wheel springing with oil-hydraulic shock absorbtion.

Perfectly dust-sealed, no attention is required. They are an essential factor to the excellent track-holding properties and give that wonderful at-ease feeling when fast touring over long distances.

The noiseless cardan drive designed for strength and endurance

guarantees a maximum of wear resistance and safety. It is absolutely oil and water-proof encased. The axle drive bevel gears are spiral toothed. The elastic construction of the cardan shaft with rubber joint at the speed gear eliminates all effects of sustained strain.

Sidecar operation

is possible after installation of a different rear axle speed ratio. Provisions are made in the frame design for attaching a sidecar.

Other features are:

Plug axles in front and rear wheel make quick dismantling and assembling easy. Large and powerful brakes, dust-proofed and simple to adjust. Deep-mould, comfortable swinging saddles for driver and pillion rider. Powerful headlight with recessed speedometer. Ample tool kit in engine housing.

Fußschaltung, Hinterradfederung, zwei Zylinderkopf-Schutzrohre – mit der R 35/3 war das fast 20 Jahre alte Konzept ausgereizt.

Eine der Letzten: EMW R 35/3 von 1955.

Darunter litten nicht nur die möglichen Nachfolgemodelle der R 35, sondern auch ein geplantes schweres Militärkrad. Auf der Grundlage des Boxermodells R 75 startete Eisenach 1952 eine geheime Entwicklung für ein eigenes großes Boxer-Motorrad (R 70) zur militärischen Nutzung. Ab 1955 lief die Entwicklung dann bei Simson in Suhl weiter, da die Motorradfertigung in Eisenach eingestellt worden war. Drei weitere Jahre nahm die Entwicklung in Suhl in Anspruch, ehe nach Tausenden Testkilometern mit erfahrenen Kradfahrern und unter militärischen Nutzungsbedingungen die Serienfertigung hätte in Angriff genommen werden können. Wenn die Armeeführung nicht inzwischen zu der Erkenntnis gelangt wäre, dass schwere Gespanne für die künftige Ausrichtung der NVA keine Verwendung mehr finden. Zehn fertige Gespanne waren immerhin übergeben worden.

Die Eisenacher hätten auch gerne weiter Motorräder gebaut. Ein moderner Nachfolger stand in den Startlöchern.

Für die letzte Saison 1955 war das EMW-Symbol noch einmal überarbeitet worden.

Sehr stark an die BMW R 75 angelehnt, hatten Eisenach und Suhl diese R 70 entwickelt und zur Serienreife gebracht.

Modell	R 12	R 75	R 35	R 35/2	R 35/3
Bauart	Motorrad	Motorrad	Motorrad	Motorrad	Motorrad
Motor	BMW-Viertakt	BMW-Viertakt	BMW-Viertakt	EMW-Viertakt	EMW-Viertakt
Hubraum ccm	745	745	342	342	342
Leistung PS	18	26	14	14	14
bei Drehzahl 1/min	3.400	4.000	4.500	4.500	5.250
Zylinderzahl	2/Boxer	2/Boxer	1	1	1
Bohrung/Hub mm	78/78	78/78	72/84	72/84	72/84
Verdichtung :1	5,2	5,8	6	6	6
Gassteuerung	sv	ohv	ohv	ohv	ohv
Vergaser	SUM-Register	Graetzin	SUM-Dreidüsen	SUM-Dreidüsen	SUM-Dreidüsen
Durchlass mm	1x25	2x24	24	24	24
Starter	Kick	Kick	Kick	Kick	Kick
Zündung	Bosch-Magnet	Noris-Magnet	Bosch-Batterie	Batterie	Batterie
Kraftübertragung					
Getriebe/Gangzahl	4	4 Straße/4 Gelände/ 1 Rückwärts	4	4	4
Schaltung	Hand (Kulisse)	Fuß/Hand	Hand (Kulisse)	Fuß/Hand	Fuß/Hand
Übersetzung 1.Gang	3,18	3,22	3,4	3,4	3,4
2. Gang	2,06	1,83	2,18	2,18	2,18
3. Gang	1,42	1,21	1,35	1,35	1,35
4. Gang	1,09	0,90	1	1	1
Hinterradantrieb	Kardanwelle	Kardanwelle	Kardanwelle	Kardanwelle	Kardanwelle
Fahrwerk					
Rahmen	Doppelschleifen-Pressstahl	Doppelschleifen-Stahlrohr	Doppelschleifen-Pressstahl	Doppelschleifen-Pressstahl	Doppelschleifen-Pressstahl
Vordergabel	Teleskop	Teleskop	Teleskop	Teleskop	Teleskop
Federung vorn	Druckschraubenfedern	Druckschraubenfedern	Druckschraubenfedern	Druckschrauben-Federn	Druckschrauben-Federn
Federung hinten	keine	keine	keine	keine	Geradweg-Teleskop
Dämpfung vorn	hydraulisch	hydraulisch	keine	keine	hydraulisch
Dämpfung hinten	keine	keine	keine	keine	keine
Bremse vorn	Trommel 200 mm	Trommel 250 mm	Trommel 160 mm	Trommel 160 mm	Trommel 160 mm
Bremse hinten	Trommel 200 mm	Trommel 250 mm	Trommel 180 mm	Trommel 180 mm	Trommel 180 mm
Reifen vorn	3,50x19	4,50x16	3,50x19	3,50x19	3,50x19
Reifen hinten	3,50x19	4,50x16	3,50x19	3,50x19	3,50 x 19
Maße und Gewichte					
Tankinhalt Liter	14	24	12	12	12
Radstand mm	k. A.	k. A.	1.300	1.300/1.330	1.400
Leergewicht kg	185	420 (inkl. Seitenwagen)	162	162	175
Zul. Gesamtgewicht kg	k. A.	k. A.	350	350	365
Höchstgeschwindigkeit km/h	110	95	100	105	110
Verbrauch l/100 km	5,4	6,3	3	3	3
Farben	schwarz	schwarz	schwarz	schwarz	schwarz (Export auch braunrot o. silbergrau)
Linierung	cremeweiß	keine	cremeweiß	cremeweiß	cremeweiß (Export auch altweiß o. blau)
Baujahre	1945/46	1945/46	1945–51	1951/52	1952–55
Stückzahl	102 (in der SBZ)	232 (in der SBZ)	26.000	8.000	56.000
Preis DM/Ost	unverkäuflich	unverkäuflich	2.235,-	2.290,-	2.480,-

AWO / Simson-Viertaktmotorräder

1856 kaufte der gerade eingewanderte Jude Moses Simson die Eisenschmiede »Heinrichs-Hammer« und gründete mit seinem Bruder Löw das Suhler Eisenwerk, das als Produzent von Gewehren und Handfeuerwaffen sehr schnell expandierte. Die »Simsonwerke« wurden über Thüringens Grenzen hinaus ein Begriff. 1896 begann die Fertigung von Fahrrädern und ab 1911 wurden auch Automobile bis 3,5 Liter Hubraum und 45 PS gebaut. Schon 1914, mit Beginn des Ersten Weltkriegs, endete diese Episode und Simson konzentrierte sich auf das nach wie vor dominante Waffengeschäft, wo man schnell zum Hauptlieferanten für Polizei und Reichswehr wurde.
1924 tauchte mit dem Simson-Supra wieder ein Kraftwagen auf, den während der Weltwirtschaftskrise, zu Beginn der dreißiger Jahre, immer weniger Leute bezahlen konnten.
Im Übrigen war die Suhler Fabrik, als Eckpfeiler der deutschen Rüstungsindustrie, nach Hitlers Machtantritt für »höhere« Aufgaben vorgesehen. Natürlich waren die jüdischen Besitzer dafür nicht mehr »salonfähig«. Das Kommende ahnend, verpachteten die Simsons 1933 ihre Fabrik an die eigens zu diesem Zweck gegründete Waffen- und Fahrzeugwerke G.m.b.H. »Waffa«. Doch das brachte nur wenige Monate Schonfrist; bereits im Februar 1934 über-

Nach 1955 prangte das neue Simson-Symbol am Tank und am sehr oft mitgeführten Seitenwagen.

nahmen Treuhänder die Leitung des Werkes, dessen Name nun in »Berlin-Suhler Waffen- und Fahrzeugwerke Simson & Co« geändert wurde. Die Familie blieb wohl Kommanditist, hatte aber keinerlei Entscheidungsbefugnis mehr. Doch auch diese Konstellation hielt nur wenige Monate. In nationalsozialistischer Manier wurden die Besitzer unter fadenscheinigen Begründungen am 28. November 1935 enteignet und außerdem zur Rückzahlung von 1,75 Millionen RM »widerrechtlich erworbenen Geldes« verurteilt. Der Name Simson wurde unverzüglich aus der Firmenbezeichnung gestrichen; übrig blieb die »Berlin - Suhler Waffen- und Fahrzeugwerke G.m.b.H.« mit dem Warenzeichen »BSW«. Den Simsons gelang im Februar 1936 über verschiedene Stationen die Flucht in die USA.

In der zweiten Hälfte der dreißiger Jahre kam das sogenannte Motorfahrrad, ein leichtes Motorrad mit zusätzlichem Pedaltrieb, immer mehr in Mode, dessen Hauptantriebsquelle zu jener Zeit der Zweitakt-Sachs-Motor Modell 32 war, der mit 98 ccm Hubraum 2,25 PS leistete und in 30 verschiedenen deutschen Kleinmotorrädern werkelte. Eines davon war das von Martin Stolle konstruierte »BSW Motor-Fahrrad Modell 100«. Dabei handelte es sich um ein Fahrzeug der robusteren Art mit einem geringen Eigenfertigungsanteil; lediglich Rahmen und Blechteile kamen aus dem ehemaligen Simson-Werk. Neben dem Triebwerk mussten u. a. Scheinwerfer, indirekt beleuchteter Tachometer, Elastiksattel, Lenkerarmaturen und Tiger-Vordergabeln zugekauft werden.

Die Motorkraft wurde von einer Kette auf das Hinterrad übertragen, nachdem das Zweiganggetriebe die Übersetzung bestimmt hatte. Geschaltet wurde mit der Hand an der rechten Seite des sieben Liter fassenden Kraftstoffbehälters. Zusammengehalten wurde das Ganze von einem stabilen, gemufften Rohrrahmen. Die Bremsen waren eher fahrradmäßig dimensioniert: Torpedo-Freilaufnabe mit Rücktrittbremse hinten und nur eine kleine Innenbackenbremse vorn sollten das Zweirad aus maximal 55 km/h (Werksangabe 60 km/h) verzögern.

Bis 1939 liefen jährlich etwa 3.000 Motor-Fahrräder in Suhl vom Hängeband. Nach Kriegsbeginn wurden dann u. a. Maschinengewehre und Flak-Lafetten immer wichtiger. 1.550 Zweiräder waren es noch 1940, ehe die Produktion ein Jahr später eingestellt wurde.

Inzwischen war das Werk in die am 1. Januar 1939 gegründete »Wilhelm-Gustloff-Industriestiftung« integriert worden und trug jetzt die Firmenbezeichnung »Gustloff-Werke, Waffenwerk Suhl«. Ein »G« auf dem Tank der Motorfahrräder löste das »BSW« als Warenzeichen ab. Im Auftrag dieser neuen Firma hatte Martin Stolle auch noch ein Motorrad mit 125 ccm Hubraum konstruiert, das aber nicht zur Serienfertigung kam. Lediglich der Scheinwerfer dieses Modells gelangte noch zu besonderen Ehren: Die sowjetischen Verwalter des Werkes ließen noch 1945 aus vorhandenen Teilen Motorfahrräder zusammensetzen, die eben mit diesem Scheinwerfer bestückt wurden.

Das BSW-Motorfahrrad markierte 1936 den Beginn der Fertigung motorisierter Zweiräder im ehemaligen Simson-Werk.

Der bekannte Konstrukteur Martin Stolle baute für die Gustloff-Werke einige Prototypen eines 125-ccm-Motorrades mit spezieller Hinterradfederung auf.

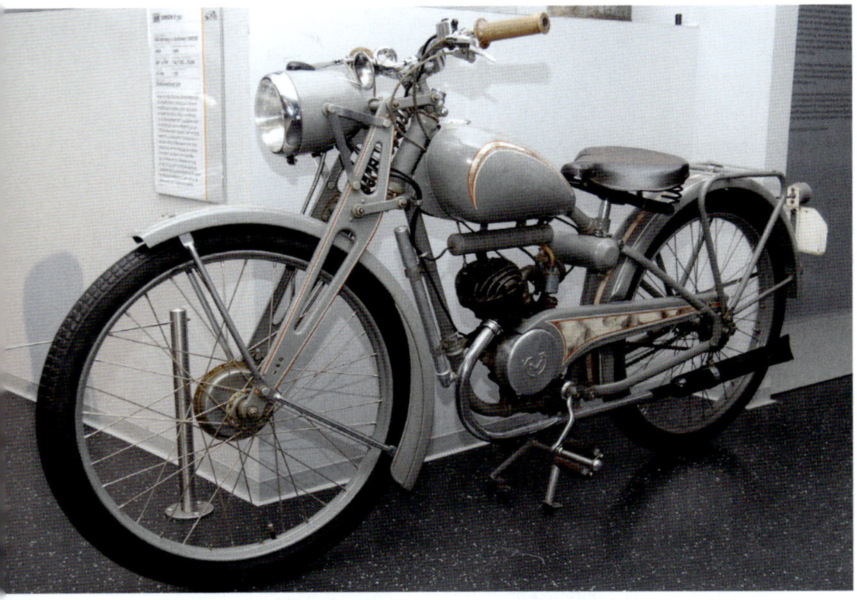

Aus Restteilen der BSW-Motorfahrräder entstanden 1945 noch einige Maschinen ohne Marken- und Typenbezeichnung.

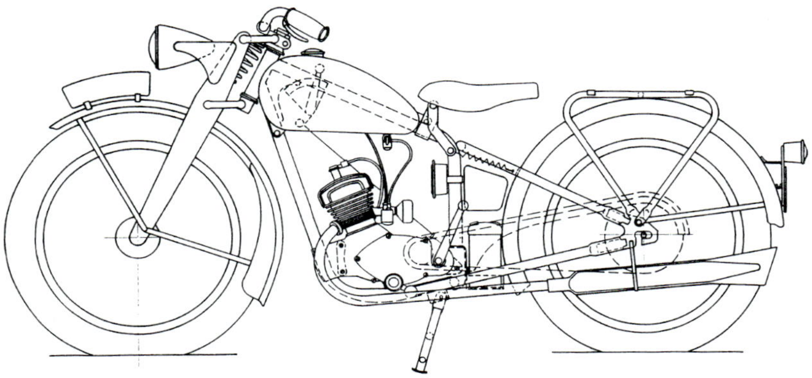

Ein Entwurf von 1947 zeigt, dass die Suhler Ingenieure zunächst an der Idee einer 125er Zweitaktmaschine festhalten wollten.

Am Typenschild schnitt man die Bezeichnung »Gustloff« einfach ab, und der Tank blieb ohne Beschriftung. Im Suhler Fahrzeugmuseum wird diese Maschine, die nun als erstes Suhler »Motorrad« nach dem Krieg gelten muss, heute nur als »Awtowelo« bezeichnet. Die technischen Daten entsprachen dem oben erwähnten BSW-Motorfahrrad. Der Motor im Suhler Museumsstück stammte von KMC (Kiewski Motorowni Zawod) und wurde im ehemaligen Fichtel & Sachs-Zweigwerk in Reichenbach/Vogtland, das nach dem Krieg auch der Awtowelo zugefallen war, gefertigt.
Am ersten Juli 1945 zogen sich die Amerikaner, die dem Kriegsverlauf entsprechend in Thüringen eingewandert waren, hinter die Werra zurück und hinterließen der Sowjetischen Militär-Administration in Deutschland (SMAD) unter anderem das Gustloff-Werk. Als bedeutendem Rüstungsproduzenten im Dritten Reich ging es diesem Werk wie vielen anderen im Osten Deutschlands zu dieser Zeit auch: Ab April wurde mit der völligen Demontage des Maschinenparks begonnen und die meisten Gebäude anschließend dem Erdboden gleich gemacht. Alles, was nicht niet- und nagelfest war, fuhr per Bahn in die UdSSR. Reste des Betriebes, in denen trotz allem bald wieder Jagdwaffen, Fahrräder und Kinderwagen, selbstverständlich als Reparationsleistung ausschließlich für den Sowjetmarkt bestimmt, gefertigt wurden, gliederten die neuen Machthaber am 5. März 1947 in die »SAG (Sowjetische Aktiengesellschaft) AWTOWELO Moskau, Zweigstelle Weimar« ein. Mit der bald gebräuchlichen Bezeichnung

Ein Vorserienmodell der AWO 425 – gelegentlich »Ur-AWO« genannt – mit noch deutlichen Unterschieden zum später in der Serie verbauten Triebwerksblock.

»SAG, Werk Simson« oder »AWTOWELO, Werk Simson« kehrte der traditionsreiche Name nach Suhl zurück.
Ende 1947 versuchten deutsche Führungskräfte des Werks die Besatzer vom Bau eines 125-ccm-Motorrades, zu dem es bereits einen Rohentwurf gab, zu überzeugen. Allein, die Russen ließen eine Wiederaufnahme der Motorrad-(Motor-Fahrrad-) Produktion (noch) nicht zu.
Ein Jahr später, im Dezember 1948 (das Werk hieß inzwischen offiziell »Suhler Fahrradfabrik der Sowjetischen Staatlichen AG Awtowelo«), ordneten dann überraschenderweise die Sowjets ihrerseits an, ein Mittelklasse-Motorrad zu entwickeln. Die Vorgaben an die deutschen Konstrukteure (250 ccm, 12 PS, Einzylinder-Viertakt-Ohv-Motor, Viergang-Blockgetriebe, Kardanantrieb sowie geschlossene Teleskopfederung vorn und hinten) erinnerten stark an die fast gleichzeitig in München in Entwicklung befindliche BMW R 25. Und das kam nicht ganz von ungefähr; gehörte doch auch das BMW-Werk in Eisenach zur Awtowelo-Gruppe und die alten Verbindungen waren noch nicht ganz abgerissen.

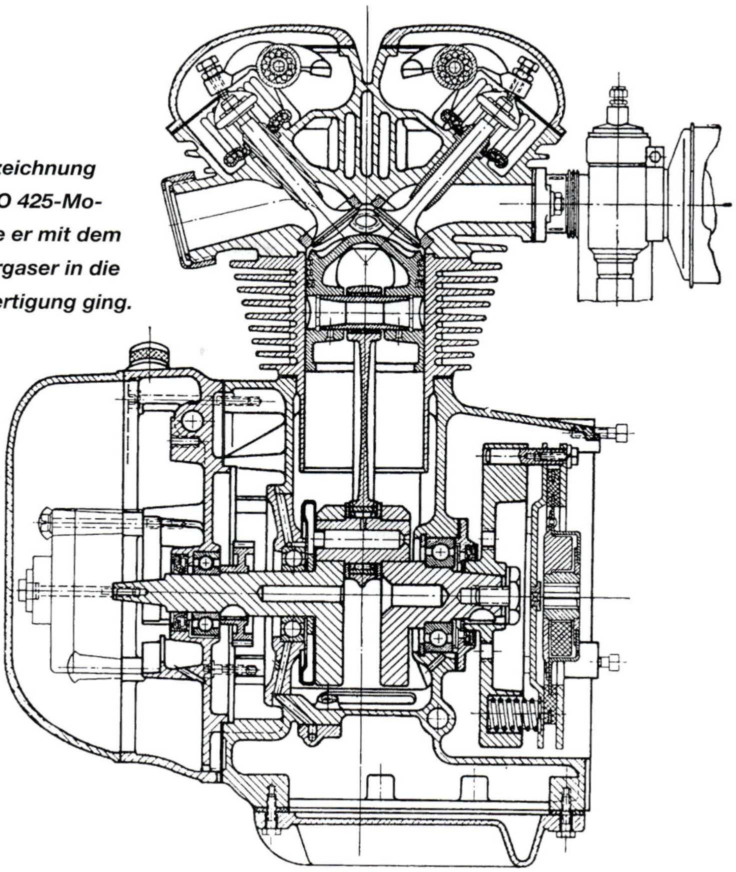

Schnittzeichnung des AWO 425-Motors, wie er mit dem BVF-Vergaser in die Serienfertigung ging.

Der 1954er Jahrgang der AWO war am neuen Zigarren-Auspuff zu erkennen; schon im Jahr zuvor war der grüne Tankaufkleber durch eine goldene Plakette ersetzt worden.

Das Singledasein war damals längst nicht so ausgeprägt wie heute, der optionale Soziussitz wurde deshalb meist gleich mitgeordert.

Der Motor geriet dann aber doch recht eigenwillig, äußerlich deutlich am geteilten Zylinderkopf erkennbar, in dem die Ventile V-förmig, hängend angeordnet waren. Alles in allem eine reife Leistung, die da unter Leitung der Ingenieure Helmut Pilz und Ewald Dähn vollbracht worden war. Und das galt sowohl für die Konstruktion als auch für die Umsetzung in die Produktion. Schon im Juli 1949 konnten die ersten drei Versuchsmuster vorgestellt werden; ein Jahr später standen 25 fertige Maschinen auf dem inzwischen wieder gewachsenen Werksgelände. Am 21. Dezember 1950 lief bereits die 1.000ste »AWO 425« (Awtowelo, 4-Takt, 250 ccm) vom Montageband – und via Eisenbahn in das Reich Stalins. Ab 1951 tauchte das Motorrad, vorerst nur an staatliche Behörden ausgeliefert, dann auch auf den Straßen der DDR auf.
Die ersten Vorserien-AWOs mit rotem Tank und grünem Markenzeichen gelten heute als die »Ur-AWOs«. Auf Wunsch konnte die AWO ab Werk mit einem Seitenwagen von Stoye geliefert werden.
Ständig wurde die Konzeption weiterentwickelt, wobei die grundlegenden Leistungsdaten immer gleich blieben. So erhielt die Teleskopgabel 1952 eine hydraulische Dämpfung, der Auspuff 1954 eine Zigarrenform und der Antriebsblock ein besser zu schaltendes Getriebe. 1953 ging man auch vom grünen Tankabziehbild zur goldunterlegten Plakette mit schwarzem AWO-Schriftzug und rotem Blitz über.
Bei Simson in Suhl hatte 1955 die Fertigung des ersten Mopeds begonnen und die Produktion dieser Fahrzeugklasse wurde nun ständig ausgebaut. Der Markenname Simson rückte jetzt in den Vordergrund und so erhielten auch die Viertaktmotorräder neue Bezeichnungen. Die alte AWO hatte zunächst die Bezeichnung AWO 425 T erhalten, um sich so vom Sportmodell zu unterscheiden. Das T

Die sportliche Variante des Tourenmodells erschien zunächst als AWO 425 S, vorzugsweise in sehr hellen Farben.

stand in diesem Fall für Tourenmodell. Noch 1955 wurde die Maschine in Simson 425 T umbenannt. Außer der dritten Änderung des Tankemblems blieb die alte AWO mit ihren 12 PS unverändert. Und das bis 1959, dem Jahr, in dem die Fertigung der nicht mehr zeitgemäßen Maschine auslief.
1955 präsentierte Simson die AWO 425 S. Das S stand für Sport, was eine völlig neue Fahrwerkskonzeption mit gefälliger Linienführung und durchgehender Sitzbank bedeutete. Das Hinterrad wurde jetzt von einer ölgedämpften Schwinge statt der Geradwegfederung gehalten. Motor und Kardanantrieb blieben fast gleich; die Überarbeitung von Zylinder und Zylinderkopf hatte eine Leistungssteigerung auf 14 PS ermöglicht.

Das Schnittmodell des Sport-AWO-Motors zeigt den geänderten Zylinder samt Zylinderkopf gegenüber dem Touren-Modell.

Noch 1955 erhielt auch das Sportmodell das neue Simson-Logo; die Sitzbank blieb zunächst noch unverändert durchgehend.

Die beiden Motoren waren an ihren unterschiedlichen Zylinderköpfen auch äußerlich gut zu unterscheiden. Noch im Erscheinungsjahr wechselte die Bezeichnung von AWO zu Simson 425 S. Die S-Modelle kennzeichneten ab 1956 zwei, eine flüssige Linie bildende Einzelsitze, neue Lackierungen und Chromspiegel an den Tanks der Exportvarianten. 1958 gab es unter anderem einen längeren Schalldämpfer.

Durch die völlige Neukonstruktion von Kolben und Zylinder konnte die Motorleistung der »S« ab Frühjahr 1961 auf 15,5 PS gesteigert werden. Eine Gummilagerung der Antriebseinheit verringerte die Schwingungen und eine neue Lichtmaschine mit 60/90 Watt (vorher 45/60) sorgte ebenso für eine Gebrauchswertsteigerung wie die doppelt wirkenden, hydraulischen Stoßdämpfer.

Ab 1956 wurden für die Simson-Sport Einzelsitze eingeführt und ab 1958 gab es – wie hier im Bild – einen neuen Auspuff mit längerem Schalldämpfer.

Komplettprogramm: Auch die Simson-Sport wurde gerne mit einem Seitenwagen gefahren; der Campi-Anhänger, der eigentlich für die IWL-Roller gedacht war, brauchte hier eine Sondergenehmigung.

Von der Simson Eskorte-Maschine mit auf 350 ccm vergrößertem Hubraum entstanden 30 Exemplare.

1952, noch in der Awtowelo-Zeit, mussten die Simson-Techniker drei Prototypen einer 750er Boxermaschine mit Beiwagen aufbauen.

Der Motor stammte aus der sowjetischen M 72, er war eine getreue Kopie des BMW-Triebwerks der R 71.

In der Kleinseriensportabteilung, in der die GS-Modelle entstanden, wurden 1957 unter der Leitung von Meister Gustav Knapp auch 30 Eskorte-Motorräder für das Ministerium des Innern, also für die Polizei, gefertigt. Ausgangsbasis für dieses Modell waren die Simson 425 S und die GS, allerdings erhielt die Eskorte-Maschine den 350-ccm-Geländesportmotor mit 23 PS. Die einsitzigen Motorräder wurden bis 1967 bei Staatsbesuchen und Repräsentationsveranstaltungen des MDI der DDR eingesetzt. Werbung wurde für diese Motorräder nicht gemacht, die hier gezeigte Maschine steht im Fahrzeugmuseum in Suhl.
Die Simson 425 war zweifellos das beste und schönste Motorrad, das es je in der DDR gegeben hatte. Die staatliche Weisung von 1961, die Produktion des Viertakters zugunsten der Mopedfertigung einzustellen, war eine Tragödie und eines der schwärzesten Kapitel der DDR-Kraftfahrzeuggeschichte. Bis Januar 1962, dem letzten Produktionsmonat, verließen etwa 209.000 »AWOs« das Suhler Simson-Werk.
Bleibt nachzutragen, dass natürlich auch bei Simson an der Nachfolge der Viertaktmotorräder gearbeitet wurde. 1952 hatte es ein kurzes Intermezzo mit einer AWO 750 gegeben, bei dem ein M 72-Motor aus der Sowjetunion, der wiederum ein BMW-Plagiat war, in ein AWO-Fahrgestell gesetzt worden war. Drei Maschinen entstanden, die aber von dem Moment an keine Beachtung mehr fanden, als das Simson-Werk an die DDR zurückgegeben wurde. Für die Nachfolge der 425 S war noch 1960 ein teilverkleidetes Motorrad mit dem 350er Motor des Eskorte-Modells entstanden, das fahrwerkseitig auf der 425 S basierte. Es entstanden einige Musterfahrzeuge, die nach dem Beschluss, die Motorradfertigung in Suhl zu beenden, ohne Wert waren.

So hätte ein neues Simson-Motorrad mit einer damals als »cool« geltenden Verkleidung aussehen können. Aber von offizieller Seite hieß es, dass in der DDR-Bevölkerung kein Bedarf mehr an Viertaktmotorrädern bestünde.

Modell	AWO 425	Simson 425 T	Simson 425 S	Simson-Eskorte
Bauart	Motorrad	Motorrad	Motorrad	Motorrad
Motor	Simson-Viertakt	Simson-Viertakt	Simson-Viertakt	Simson-Viertakt
Hubraum ccm	247	247	247	350
Leistung PS	12	12	14 / 15,5 ab 1961	23
bei Drehzahl 1/min	5.500	5.500	6.300	7.200
Zylinderzahl	1	1	1	1
Bohrung/Hub mm	68/68	68/68	68/68	k. A.
Verdichtung :1	6,7	6,7	7,2	8
Gassteuerung	ohv	ohv	ohv	ohv
Vergaser	BVF Flachschieber	BVF Rundschieber	BVF Rundschieber	BVF Flachschieber
Durchlass mm	22	22	25,5	26
Starter	Kick	Kick	Kick	Kick
Zündung	IKA Magnet	IKA-Magnet	IKA-Magnet	IKA-Magnet
Kraftübertragung				
Getriebe/Gangzahl	Zahnrad/4	Zahnrad/4	Zahnrad/4	Zahnrad/4
Schaltung	Fuß	Fuß	Fuß	Fuß
Untersetzung 1. Gang	4,59:1	4,59:1	4,59:1	k. A.
2. Gang	2,88:1	2,88:1	2,88:1	k. A.
3. Gang	2,11:1	2,11:1	2,11:1	k. A.
4. Gang	1,65:1	1,65:1	1,65:1	k. A.
Hinterradantrieb	Kardanwelle	Kardanwelle	Kardanwelle	Kardanwelle
Fahrwerk				
Rahmen	Stahlrohr mit doppeltem Unterzug	Stahlrohr mit doppeltem Unterzug	Stahlrohr mit doppeltem Unterzug	Stahlrohr mit doppeltem Unterzug
Vordergabel	Teleskopgabel	Teleskopgabel	Teleskopgabel	Teleskopgabel
Federung vorn	Schrauben	Schrauben	Schrauben	Schrauben
Federung hinten	Geradweg-Teleskop	Geradweg-Teleskop	Schwinge mit Federbeinen	Schwinge mit Federbeinen
Dämpfung vorn	keine	Reibung	hydraulisch	hydraulisch
Dämpfung hinten	keine	Reibung	hydraulisch	hydraulisch
Bremse vorn	Halbnabe 160 mm	Trommel 180 mm	Vollnabe 180 mm	Vollnabe 180 mm
Bremse hinten	Halbnabe 180 mm	Trommel 180 mm	Vollnabe 180 mm	Vollnabe 180 mm
Reifen vorn	3,25x19	3,25x19	3,25x18	3,25x18
Reifen hinten	3,25x19	3,25x19	3,25x18	3,25x18
Maße und Gewichte				
Tankinhalt Liter	12	12	16	16
Radstand mm	1.361	1.361	1.375	1.375
Leergewicht kg	140	140	162	157
Höchstgeschwindigkeit km/h	100	100	110	130
Verbrauch l/100 km	3,3	3,3	3,7	k. A.
Farben	schwarz	schwarz	schwarz, beige, weinrot, blau	schwarz
Linierung	weiß	weiß	weiß, gold, weiß, weiß	weiß
Baujahre	1949–55	1955–60	1955–62	1957
Stückzahl	124.000		84.600	30
Preis Mark (Ost)	2.420,-	2.420,-	3.200,-	unverkäuflich

IFA / MZ

Der dänische Ingenieur Jörgen Skaffte Rasmussen, der, 26-jährig, mit einem Freund 1904 in Chemnitz die Firma »Rasmussen & Ernst GmbH« gegründet hatte, erwarb drei Jahre später im Dischautal bei Zschopau eine stillgelegte Tuchfabrik, um dort seine Produktionskapazitäten zu erweitern. Die Firma stellte hauptsächlich Dampf- und Wasserarmaturen für die Industrie her. Doch der begeisterte Kraftfahrer Rasmussen hatte schnell die Bedeutung der aufkommenden Motorisierung erkannt und wollte auf jeden Fall auch von dieser Entwicklung profitieren. Während des Ersten Weltkrieges stellte man in Zschopau Granatzünder her, beschäftigte sich aber auch mit der Entwicklung von Automobilen mit Dampfantrieb. Nach den Plänen des dänischen Ingenieurs Matthiesen entstanden Prototypen so genannter Dampfkraftwagen, die den Zschopauern außer dem künftigen Markennamen DKW nichts weiter einbrachten.
Andere Wege, die man mit dem Apoldaer Konstrukteur Hugo Ruppe einschlug, brachten ab 1918 mehr Erfolg für

Mit dem sogenannten »Reichsfahrtmodell« von DKW wurde 1922 nach heutiger Lesart der Motorradbau in Zschopau begründet.

Die steuer- und führerscheinfreie E 200 hatte einen wesentlichen Anteil daran, dass DKW im Jahre 1928 mehr Motorräder baute als irgendein anderer Hersteller auf der Welt.

das sächsische Unternehmen. Sein als Spielzeugmotor ausgelegter Zweitakter (DKW jetzt Des Knaben Wunsch) konnte in einer größeren Ausführung mit liegendem Zylinder 1919 als erster Stationärmotor von Rasmussen angeboten werden. Der Motor taugte auch zum Fahrrad-Hilfsmotor mit 118 ccm und 1 PS Leistung, der ab 1920 serientauglich war. Dank Rasmussens perfekter Werbestrategie lief am Jahresende schon der 20.000ste Motor mit der Bezeichnung »Das Kleine Wunder« (so die neue Interpretation des Markennamens DKW) vom Band und an die Rahmen verschiedenster Hersteller.
Das Jahr 1922 war dann ein entscheidender Wendepunkt für DKW. Der 28-jährige Österreicher Carl Hahn wurde für Vertrieb und Marketing, der Chemnitzer Jungingenieur Hermann Weber als Konstruktionsleiter eingestellt. Beide sollten in den folgenden zwei Jahrzehnten das Gesicht der Marke DKW nachhaltig prägen. Dass man bei DKW mit allen Neuentwicklungen grundsätzlich dem Zweitaktprinzip treu blieb, muss an dieser Stelle vielleicht noch einmal ausdrücklich erwähnt werden.
Eine ausgeklügelte Vertriebsstrategie sicherte eine enorme Absatzsteigerung, die schon 1924 zum 50.000sten DKW-Motorrad führte. Für die damalige Zeit ein großer Erfolg. Zu einem solchen wurde auch die 1926 auf den Markt gebrachte E 206. Sie war das erste DKW-Motorrad mit Mittelständer – und das erste deutsche Motorrad, das auf einem Fließband montiert wurde.
Die Zschopauer konnten bald eine ungeheure Vielfalt anbieten; vom simpelsten und billigsten Volksmotorrad bis zur luxuriösen Zweizylinder-Sportmaschine. Alles Voraussetzungen für ein Superlativ aus dem Erzgebirge: Mit 40.000 produzierten Motorrädern avancierte DKW 1928 zur erfolgreichsten Motorrad-Marke der Welt.
Doch dann kam die Weltwirtschaftskrise: Hatten die Zschopauer 1929 noch 60.000 Motorräder gebaut, waren es zwei Jahre später nur noch gut 20 % davon. Dennoch blieb DKW weiterhin der führende deutsche Motorradhersteller. Das Konzept, billige Allerweltsmotorräder herzustellen, aber dennoch technisch innovativ zu sein, ging auch weiterhin auf. Die Umkehrspülung nach dem Prinzip Schnürle revolutionierte zu Beginn der 1930er Jahre gar den Zweitaktmotorenbau und machte DKW durch einen geschützten Lizenzvertrag erst recht konkurrenzlos.
Dennoch konnte der Weg aus der Krise nur durch eine Konzentration der Kräfte im westsächsischen Raum gefunden werden. So betrieb die Sächsische Staatsbank den Zusammenschluss der Kraftfahrzeughersteller Horch und Audi (gehörte schon zu DKW) in Zwickau, DKW in Zschopau und Wanderer (Automobilabteilung) in Chemnitz. Es entstand einer der größten deutschen Fahrzeughersteller – die Auto Union. Markenzeichen wurden die noch heute von Audi her bekannten, vier ineinander verschlungenen Ringe, die die vier beteiligten Firmen symbolisieren sollten.
Es ging wieder aufwärts und nicht zuletzt die Einführung der RT 100 für nur 333 RM ließ die Produktion erneut stark anwachsen und den DKW-Zulassungsanteil in Deutschland auf konstant über 30 % stehen. Rasmussen selbst konnte am Erfolg seiner Marke allerdings nicht mehr teilhaben: Nach ständigen Querelen mit den von den Banken eingesetzten Vorständen schied er 1934 aus dem Unternehmen aus.
Die ab 1938 erscheinenden NZ-Typen setzten völlig neue Maßstäbe im Motorradbau und DKW hatte sich den Titel als weltgrößte Motorradfabrik inzwischen wieder zurückerobert. Im Kriegsjahr 1940 ging die letzte und wohl genialste Neuschöpfung Webers, die RT 125 zwar noch in Produktion, um im Jahr darauf aber wichtigeren Rüstungsgütern Platz zu machen. 1942 wurde die zivile Motorradfertigung gänzlich eingestellt. Die NZ 350 und schließlich auch die RT 125 kehrten aber im militärischen Gewand ab 1943/44 wieder auf die Montagebänder zurück.
Bekanntermaßen konnten auch die robusten Zweitakter den Kriegsverlauf nicht mehr ändern und in den ersten Maitagen des Jahres 1945 setzte sich der gesamte Vorstand der Auto Union, vor den heranrückenden Russen fliehend, in den Westen ab. Dies schafften DKW-Werkdi-

Die RT 125 war die letzte und zugleich genialste Schöpfung von DKW-Konstrukteur Hermann Weber.

Schnittmodell des RT 125-Motors, der nahezu unverändert auch in den ersten Nachkriegsmaschinen der IFA seinen Dienst tat.

L 60 nannten ihre Schöpfer diese kleine Maschine, wobei das L für Ladepumpe und die 60 für den zu dieser Zeit von den Alliierten begrenzten Hubraum standen.

rektor Hoffmann und Chefkonstrukteur Weber nicht; mitsamt den komplett demontierten Produktionseinrichtungen wurden sie in die Sowjetunion abtransportiert. Hermann Weber sah Deutschland nicht mehr wieder.

RT 125

Das Zschopauer Motorradwerk war bis auf den letzten Lichtschalter demontiert worden und entging nur knapp der Sprengung. Reste der Belegschaft begannen 1947 in einem DKW-Zweigwerk in Wilischthal mit einer bescheidenen Produktion von allerlei Hauswirtschaftsgütern, sie reparierten aber auch Fahrzeuge und Eisenbahnwaggons. Natürlich kam der Wunsch auf, auch wieder Motorräder bauen zu dürfen. Da die alliierten Besatzungsmächte in Deutschland kurzzeitig eine Obergrenze von 60 ccm Hubraum für neue Motorräder verfügt hatten, konstruierten die Sachsen ein Kleinmotorrad mit Zweitaktmotor und angeflanschter Ladepumpe, Kardanantrieb (wegen der fehlenden Ketten – ein noch Jahre währendes Problem) Pendelgabel und Hinterradschwinge. Ein Prototyp wurde auf der Leipziger Frühjahrsmesse 1948 gezeigt und anschließend eingemottet, da das Hubraumlimit wieder aufgehoben worden war.
Nun ging es an die Wiederaufnahme der RT-Fertigung, nachdem das alte DKW-Modell aber erst mal technisch aufgewertet worden war.
Im Frühjahr 1949 erschien die RT 125 also wieder anlässlich der Leipziger Messe. Da steckte man aber noch in der Prototypenfertigung; in Serie ging die Maschine, die nun – entgegen dem früheren DKW-Modell – über eine Telegabel und eine ungedämpfte Geradweg-Hinterradfederung verfügte, erst im März 1950. 15 DKW RT 125, wie die Maschine immer noch hieß, verließen in diesem Monat das Werk; bis zum Jahresende waren es immerhin 1.700. Trotzdem blieb man weit von den Planvorgaben entfernt, aber wie sollte trotz Arbeitszeitverlängerung und Sonderschichten die Stückzahl erhöht werden, wenn die Rucksackträger mit der Lieferung von Kugellagern, Speichen und Antriebsketten aus dem Westen nicht nachkamen? Außerdem konnten die nach Russland abtransportierten Produktionseinrichtungen nur sehr schwer ersetzt werden.
1951 zur DKW-IFA RT 125 geworden und ein Jahr später gekürzt in IFA RT 125 umbenannt, blieb die Maschine mit den Leistungsdaten des Vorkriegsmodells bis 1954 nahezu unverändert. In dieser Zeit kamen insgesamt fünf Tankembleme, angefangen mit dem originalen Auto-Union-DKW-Zeichen, das dann einige Modifikationen mit den IFA-Buchstaben erfuhr, zum Einsatz. Denn einerseits war das Zschopauer Werk, wie die meisten anderen ehemaligen Auto-Union-Betriebe, in die IFA (Industrieverwaltung Fahrzeugbau) integriert worden, andrerseits behielten diese Firmen vorläufig noch ihre alten Markennamen.
1954 änderte sich die Typenbezeichnung in RT 125/1, da der Rahmen nun nicht mehr geschweißt, sondern gemufft und verlötet wurde, verschiedene Verbesserungen an Motor und Getriebe die Leistung von 4,75 auf 5,5 PS steigen ließen und erstmals der später berühmte, patentierte Kettenschutz (Kette vollständig in einem Kunststoff-Gummi-Gehäuse gekapselt) zum Einsatz kam.

Im Gegensatz zur Weberschen Konstruktion wartete die erste DKW IFA RT 125 sowohl mit einer Telegabel als auch mit einer Geradweg-Teleskopfederung auf.

Es gab mehrere Varianten, die versuchten, das alte DKW-Symbol mit der neuen IFA-Raute zu kombinieren.

An der IFA RT 125/1 war erstmals der patentierte und aus Hartgummi bestehende Kettenschutz zu sehen, der die vielleicht überhaupt wichtigste Erfindung der Zschopauer Motorradbauer nach dem Krieg war.

Zwei Jahre später, Anfang Januar 1956, erschien der Dauerbrenner mit einer verbesserten Geräuschdämpfung und weiter gesteigerter Motorleistung (6 PS) nun als MZ RT 125/2. Bis dahin hatten nach 1945 mehr als 64.000 RT 125 die Zschopauer Werkhallen verlassen.
6,5 Millionen Mark, so rechnete MZ später nach, kostete die Einführung des neuen Warenzeichens, das die Motorräder aus dem Erzgebirge ab 1956 trugen. Den Aufwand betrieb man hauptsächlich, um Exportkunden davon zu überzeugen, dass der neue Markenname »MZ« (Motorradwerk Zschopau), mit der stilisierten Vorderradschwinge als Markenzeichen, altbewährte Tugenden Zschopauer Motorräder weiterhin in sich vereinte. 1958 erhielt die nun MZ 125/2 genannte RT Vollnabenbremsen.
Die unverwüstliche RT 125 durfte sogar noch ihren dritten Frühling erleben: Als MZ 125/3 ging sie 1959 mit minimaler Leistungssteigerung und vier Getriebegängen erneut ins Rennen. Frische Farben, eine überarbeitete Optik und wahlweise eine Sitzbank hielten die Nachfrage weiter auf hohem Niveau.
1962, mit der Einführung der ES 125/150, war dann aber doch Schluss mit der guten, alten RT. Wenngleich es später – ausschließlich für den Export bestimmt – noch einmal eine kleine Serie RT 125/4 gab.

Der Motor der RT 125/2 leistete nun 6 bis 6,3 PS und mit dem Markenwechsel mutierte die IFA RT 125 zur MZ RT 125.

1958 führte MZ für die RT 125/2 Vollnaben-Bremstrommeln ein.

Äußerlich war die neue MZ RT 125/3 durch die Lenkerabdeckung gekennzeichnet; technisch hob sie sich durch ein neues Viergang-Getriebe von den Vorgängern ab.

Detailaufnahme der RT 125/3, unter anderem mit dem MZ-typischen Kettenschutz.

Die RT 125 konnte später auch wahlweise mit einer durchgehenden Sitzbank geordert werden.

Trautes Miteinander: RT 125/2 (erste Ausführung) rechts, daneben die RT 125/3.

Modell	RT 125	RT 125/1	RT 125/2	RT 125/3
Bauart	Motorrad	Motorrad	Motorrad	Motorrad
Motor	DKW-Zweitakt	IFA-Zweitakt	MZ-Zweitakt	MZ-Zweitakt
Hubraum ccm	123	123	123	123
Leistung PS	5	5,5	6/6,3	6,5
bei Drehzahl 1/min	4.800	5.200	5.200	5.200
Drehmoment Nm	7	8	8,7	9,5
bei Drehzahl 1/min	3.500	3.500	4.000	3.600
Zylinderzahl	1	1	1	1
Bohrung/Hub mm	52/58	52/58	52/58	52/58
Verdichtung :1	6	6,5	7,25	8
Gassteuerung	Schnürle-Umkehrspülung	Schnürle-Umkehrspülung	Schnürle-Umkehrspülung	Schnürle-Umkehrspülung
Vergaser	BVF	BVF	BVF	BVF
Durchlass mm	17	20	20	22
Starter	Kick	Kick	Kick	Kick
Zündung	Batteriezündung			
Kraftübertragung				
Getriebe/Gangzahl	3	3	3	4
Schaltung	Fuß	Fuß	Fuß	Fuß
Übersetzung 1.Gang	1:23	1:23	1:23	1:22,4
2. Gang	1:11,7	1:11,7	1: 11,7	1:13,2
3. Gang	1:7,88	1:7,85	1:7,85	1:9,4
4. Gang	kein	kein	kein	1:7,3
Hinterradantrieb	Kette	Kette	Kette	Kette
Fahrwerk				
Rahmen	Einrohr, geschlossen	Einrohr, geschlossen	Einrohr, geschlossen	Einrohr, geschlossen
Vordergabel	Telegabel	Telegabel	Telegabel	Telegabel
Federung vorn	Schraubenfedern	Schraubenfedern	Schraubenfedern	Schraubenfedern
Federung hinten	Geradweg-Teleskop	Geradweg-Teleskop	Geradweg-Teleskop	Geradweg-Teleskop
Dämpfung vorn	keine	keine	keine	keine
Dämpfung hinten	keine	keine	keine	keine
Bremse vorn	Trommel 125 mm	Trommel 125 mm	Trommel 125/150 mm	Vollnabe 150 mm
Bremse hinten	Trommel 125 mm	Trommel 125 mm	Trommel 125/150 mm	Vollnabe 150 mm
Reifen vorn	2,50x19	2,75x19	2,75x19	2,75x19
Reifen hinten	2,50x19	2,75x19	2,75x19	3,00x19
Maße und Gewichte				
Tankinhalt Liter	8	11	11	11
Radstand mm	1.220	1.250	1.250	1.310
Leergewicht kg	78	85	90	109
Zul. Gesamtgewicht kg	228	253	253	250
Höchstgeschwindigkeit km/h	75	80	80	85
Verbrauch l/100 km	2,25	2,3	2,3	2,3
Baujahre	1950–54	1954–56	1956–59	1959–62
Stückzahl	30.199	33.148	55.424	143.035
Preis DM (Ost)	1.680,-	1.765,-	1.830,-	1.875,-

BK 350

Bescheidener als bei der RT 125 fielen die Stückzahlen des zweiten Zschopauer Nachkriegstyps, der völlig neu entwickelten BK 350, aus. BK stand für Boxermotor und Kardanwelle (als alternativer Hinterradantrieb für das in der DDR lange währende Kettenproblem), die 350 für den Hubraum der beiden Zylinder. Seit 1949 hatten die Techniker im Erzgebirge, allen voran der schon lange für DKW tätige Konstrukteur Kurt Bang, an dieser Maschine gefeilt, aber erst 1953 schaffte man die Überführung in die Serienproduktion. Das in der DDR hubraumgrößte Motorrad war dort fortan der Traum aller Freunde motorisierter Zweiräder und blieb es angesichts des stolzen Preises auch für die meisten.
15 PS waren damals eine stolze Hausnummer, die aber für einen Zweitakter mit 350 ccm Hubraum dennoch nicht zu viel waren. Der wuchtige Antriebsblock mit fußgeschaltetem Vierganggetriebe saß in einem stabilen Doppelrohrrahmen. Eine hydraulisch gedämpfte Telegabel führte das Vorderrad, während die in jener Zeit immer noch standesgemäße Geradweg-Federung des Hinterrades ohne Dämpfung blieb. Knapp 1000 IFA BK 350 konnten noch 1953 montiert werden; mit etwa 10.200 Stück im Jahre 1956 erreichte die BK-Fertigung ihren Höhepunkt. Viele der mittelschweren Maschinen waren für den Beiwagenbetrieb vorgesehen.
1955 verließen rund 30.000 Motorräder den VEB IFA Motorradwerk Zschopau. Damit war das Vorkriegsniveau wieder erreicht. Auch an alte Exportverbindungen konnte wieder angeknüpft werden: Schweden, Holland, Dänemark, Finnland, Schweiz und Belgien hießen unter anderem die Ausfuhrländer, in die die Zschopauer Zweitakter bis in das Jahr 1956 hinein nicht ohne Grund mit einem DKW-ähnlichen Tankemblem geliefert wurden. Die MZ BK 350 erhielt mit dem neuen Namen auch eine neue Auspuffanlage und die Motorleistung erhöhte sich auf 17 PS. Nach über 41.000 Fahrzeugen wurde zum Bedauern vieler Enthusiasten im März 1959 die Produktion der BK 350 eingestellt. Wohl gab es Nachfolgekonzeptionen mit Vollschwingenfahrwerk, die als BK 351 jedoch im Prototypenstadium endeten.

Bei der IFA BK 350 standen das B für Boxer, das K für Kardan und die 350 natürlich für den Hubraum.

Mit dem Markenwechsel 1956 wurde aus der IFA BK 350 logischerweise die MZ BK 350.

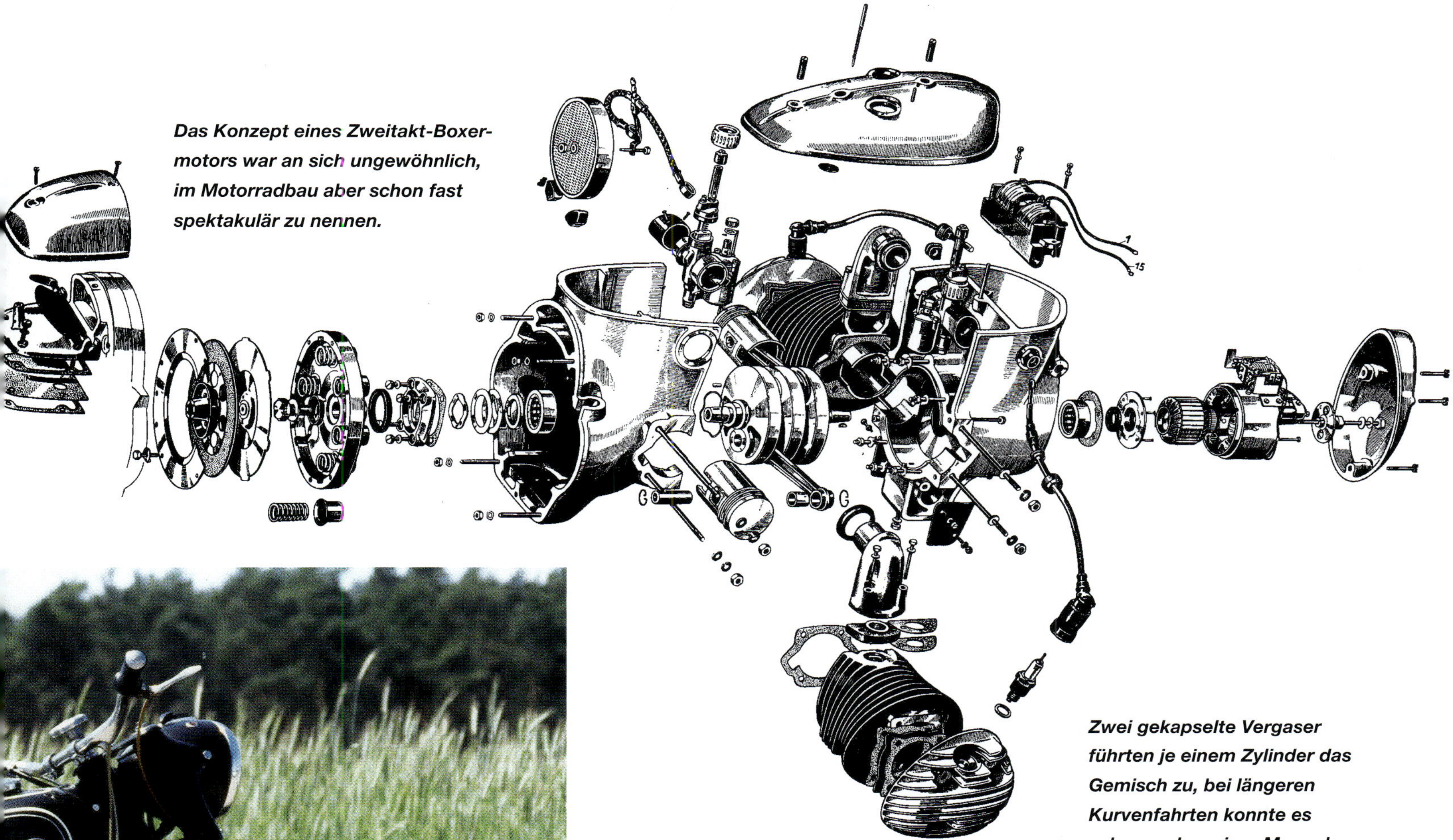

Das Konzept eines Zweitakt-Boxermotors war an sich ungewöhnlich, im Motorradbau aber schon fast spektakulär zu nennen.

Zwei gekapselte Vergaser führten je einem Zylinder das Gemisch zu, bei längeren Kurvenfahrten konnte es schon mal zu einer Mangelversorgung kommen.

Zwar eher als sportliche Solomaschine konzipiert, konnte der 350er Zweitakter durchaus auch einen Beiwagen mitziehen.

Ein BK-Nachfolgemodell mit Vollschwingenfahrwerk à la MZ ES gelangte bis ins Prototypenstadium, aber keinen Schritt weiter.

Auch eine Variante mit Telegabel, »Büffeltank« und durchgehender Sitzbank wäre denkbar gewesen – zehn Jahre später wurde dieses Konzept mit der ETS 250 realisiert.

Modell	BK 350	MZ BK 350	ES 250	ES 175	ES 250 (Einport)
Bauart	Motorrad	Motorrad	Motorrad	Motorrad	Motorrad
Motor	IFA-Zweitakt	MZ-Zweitakt	MZ-Zweitakt	MZ-Zweitakt	MZ-Zweitakt
Hubraum ccm	343	343	250	172	250
Leistung PS	15	17	12,5	10	14,25
bei Drehzahl 1/min	5.000	5.000	5.000	5.000	5.100
Drehmoment Nm	27	30	20,5	15,8	21,3
bei Drehzahl 1/min	3.500	3.400	3.600	3.600	3.700
Zylinderzahl	2/Boxer	2/Boxer	1	1	1
Bohrung/Hub mm	58/65	58/65	70/65	58/65	70/65
Verdichtung :1	6,5	7	7	7,5	7
Gassteuerung	Schnürle-Umkehrspülung	Schnürle-Umkehrspülung	Schnürle-Umkehrspülung	Schnürle-Umkehrspülung	Schnürle-Umkehrspülung
Vergaser	BVF	BVF	BVF	BVF	BVF
Durchlass mm	2x22	2x22	27	26	27
Starter	Kick	Kick	Kick	Kick	Kick
Zündung	Batterie	Batterie	Batterie	Batterie	Batterie
Kraftübertragung					
Getriebe/Gangzahl	4	4	4	4	4
Schaltung	Fuß	Fuß	Fuß	Fuß	Fuß
Übersetzung 1.Gang	1:17,93	1:17,93	1,277:1	1,277:1	1,277:1
2. Gang	1:9,81	1:9,81	1,163:1	1,163:1	1,163:1
3. Gang	1:6,44	1:6,44	1,123:1	1,123:1	1,123:1
4. Gang	1:5,00	1:5,00	0,920:1	0,92:1	0,92:1
Hinterradantrieb	Kardanwelle	Kardanwelle	Kette	Kette	Kette
Fahrwerk					
Rahmen	Doppelrohr, geschlossen	Doppelrohr, geschlossen	Einrohr, geschlossen	Einrohr, geschlossen	Einrohr, geschlossen
Vordergabel	Telegabel	Telegabel	Langschwinge	Langschwinge	Langschwinge
Federung vorn	Schraubenfedern	Schraubenfedern	Federbeine	Federbeine	Federbeine
Federung hinten	Geradweg	Geradweg	Schwinge mit Federbeinen	Schwinge mit Federbeinen	Schwinge mit Federbeinen
Dämpfung vorn	hydraulisch	hydraulisch	hydraulisch	hydraulisch	hydraulisch
Dämpfung hinten	keine	keine	hydraulisch	hydraulisch	hydraulisch
Bremse vorn	Vollnabe 200 mm	Vollnabe 200 mm	Vollnabe 160 mm	Vollnabe 160 mm	Vollnabe 160 mm
Bremse hinten	Vollnabe 200 mm	Vollnabe 200 mm	Vollnabe 160 mm	Vollnabe 160 mm	Vollnabe 160 mm
Reifen vorn	3,25x19	3,25x19	3,25x16	3,25x16	3,25x16
Reifen hinten	3,25x19	3,25x19	3,25x16	3,25x16	3,25x16
Maße und Gewichte					
Tankinhalt Liter	18	18	16	16	16
Radstand mm	1.400	1.400	1.325	1.325	1.325
Leergewicht kg	142	142	150	141	148
Zul. Gesamtgewicht kg	330	330	330	330	330
Höchstgeschwindigkeit km/h	110	115	110	95	115
Verbrauch l/100 km	3,8	3,8	3,2	3,6	3,2
Baujahre	1952–56	1956–59	1956/57	1957–62	1957–62
Stückzahl	42.983 (BK 350 gesamt)		150.326 (ES 250 gesamt)	43.222	150.326 (ES 250 gesamt)
Preis DM (Ost)	3.460,-	3.460,-	3.010,-	2.475,-	3.010,-

Die MZ ES-Reihe

Höhepunkt des Jahres 1956 und die Verkörperung des neuen MZ-Symbols war die ab Juni in Serie gebaute ES 250. Dabei stand das E für Einzylinder und das S für Schwinge, denn die neue MZ verfügte über ein zu dieser Zeit hochmodernes Vollschwingenfahrwerk. Dazu kamen eine Doppelport-Auspuffanlage, Vollnabenbremsen und ein dem Stil jener Jahre angepasstes Finish. Letzteres bedeutete üppige Blechverkleidungen und insgesamt fast drei Zentner Gewicht, mit denen es der 14,5 PS leistende Zweitakter nicht leicht hatte.
Noch im Dezember lief die Fertigung der ES 175 an. Als kleinere Schwester der 250er kam sie mit weniger Blech aus, musste aber auf die praktischen Packtaschen, die bei der größeren Maschine am Heck serienmäßig waren, ganz verzichten. Der Motor blieb bis auf den reduzierten Hubraum identisch, und kam mit nur einem Auspuff aus. Seitenwagenspezialist Stoye aus Leipzig hatte zusammen mit MZ einen speziell für die neue ES 250 zugeschnittenen Seitenwagen entwickelt, dessen besonderer Clou die Verbindung der langhubigen Wagenschwinge mit der Hinterradschwinge des Krades war. »Elastik-Seitenwagen« und später »Superelastik-Seitenwagen« nannte man das, was künftig an drei Punkten an die hubraumgrößten MZ-Motorräder befestigt werden konnte.
Seit 1958 konnte bei der ES 250 durch eine verbesserte Auslassschlitz-Steuerung auf das zweite Abgasrohr verzichtet werden. Ab 1959 wurde die 250er als ES 250/A auch an die Nationale Volksarmee geliefert.

Mit der ES 250 hatten die Zschopauer 1956 ein sehr modernes Motorrad mit Vollschwingen-Fahrwerk auf die Räder gestellt, das zum Symbol für die neue Marke MZ wurde.

Die ersten ES 250 wurden noch mit einer Doppelport-Auspuffanlage ausgeliefert – ein heute nur noch sehr selten anzutreffendes Modell.

Das originale MZ-Werksfoto der ab Ende 1956 gefertigten ES 175 zeigt die schlankere Linie gegenüber dem größeren Schwestermodell.

Ab 1958 hatten die Ingenieure den neuen ES-Motor soweit im Griff, dass auf den zweiten Ausgang verzichtet werden konnte.

Für den alltäglichen Einsatz waren Knieschutzbleche wie an dieser ES 250 ein weitverbreitetes Zubehör.

Für kurze Zeit war die ES 300 das hubraumstärkste Motorrad in der DDR.

Natürlich sollte die große 300er in erster Linie den neuen »Superelastik-Seitenwagen« ziehen. Die Verkaufszahlen blieben aber bescheiden und die Maschine nur bis 1965 im Programm.

Das Modelljahr 1962/63 brachte den Zschopauern die bis dahin größte Modellpalette seit dem Zweiten Weltkrieg. Dabei kamen die ES-Serienmodelle von Januar 1962 an überarbeitet und bald darauf mit einer zusätzlichen 300-ccm-Variante in den Handel. Der Quadrathuber (72 mm) leistete 18,5 PS und sollte im Gespannbetrieb die Nachfolge der BK 350 antreten. Die nun hubraumgrößte MZ erbte die großen Seitenverkleidungen samt Packtaschen von der 250er, die nun ihrerseits als ES 250/1 im gleichen, abgespeckten Look wie die neue ES 175/1 auf dem Markt erhältlich war.
Äußerlich hatte sich bei den /1-Varianten ansonsten wenig verändert. Zweifarblackierungen mit verschiedenen Chromspiegeln am Tank waren ebenso auffällig wie die (wahlweise erhältliche) durchgehende Sitzbank. Eine Reihe technischer Änderungen verbesserte die inneren Werte und ließ die Motorleistung auf 12 bzw. 16 PS steigen. Für den Einsatz in der Truppe erhielten die ES-Modelle (jetzt ES 250/1 A) neben der NVA-Lackierung eine kürzere Sekundärübersetzung für mehr Zugkraft, Packtaschen und eine Nachtmarschanlage. Während die zivilen Maschinen mit einer durchgehenden Sitzbank geordert werden konnten, blieb es bei den Armeemaschinen immer bei zwei Einzelsitzen.

Die neuen ES 250/1 und ES 175/1 traten nun äußerlich identisch auf, die durchgehende Sitzbank konnte wahlweise gegen Einzelsitze getauscht werden.

Für die Armeeausführung der ES 250/1 wurden stets Einzelsitze montiert.

Vollschwingen-fahrwerk, Pressstahlrahmen mit einem Heckteil aus Alu-Guss, rahmenfestes Lampengehäuse und andere Spezialitäten – eine solche Zweitaktmaschine mit 125/150 ccm hatte die Welt noch nicht gesehen.

Nachdem Mitte des Jahres 1962 das vorläufige Aus für die gute alte RT 125 (bis auf die erwähnte RT 125/4) gekommen war, hießen die Nachfolger mit Vollschwingenfahrwerk ES 125 und ES 150. Mit ihrem Blechprägerahmen waren sie bis auf Kleinigkeiten völlige Neukonstruktionen. Die Motoren der neuen kleinen Zschopauer waren abgesehen von Hubraum, Vergaserdurchlass und Ritzel völlig identisch und leisteten 8,5 bzw. 10 PS. In der kantigen Linienführung fiel besonders das rahmenfeste Lampengehäuse mit seinem Übergang zum Tank auf. Und was auch noch erwähnenswert ist: Die ES 125/150 war das erste Motorrad der Welt, das über eine Lichthupe und asymmetrisches Abblendlicht verfügte!
1940 Mark kostete die neue RT-Hubraumklasse (RT 125/3 = 1.875 Mark), 215 Mark mehr die 150er. Die neuen Kleinen waren sofort der Schlager auf dem DDR-Motorradmarkt, der ein völlig anderes Bild bot, als das zu dieser Zeit im Westen der Fall war, wo man von 61.000 im Jahr 1962 produzierten Motorrädern nur träumen konnte. Dabei fristete die 125er doch eher ein Schattendasein gegenüber der ES 150. Nicht zuletzt deshalb, weil Letztere, wie die 125er auch, mit Motorradführerschein ab 16 Jahren gefahren werden durfte und sich die Jugend eher für die stärkere Maschine entschied. Bis 1969 – ab 1965 mit neuem Breitrippen-Zylinder – wurde die 150er MZ weit über 190.000 Mal gebaut – bis zu diesem Zeitpunkt ein einsamer Rekord in der gesamten deutschen Motorradgeschichte! Der dann aber von den /1-Modellen noch einmal deutlich überboten wurde.

Drei bewegliche Teile und Schlitzsteuerung mit Schnürle-Umkehrspülung – im Prinzip hatte sich an den Zschopauer Zweitaktmotoren seit 30 Jahren wenig geändert.

Modell	ES 175/1	ES 250/1	ES 125	ES 150	ES 300
Bauart	Motorrad	Motorrad	Motorrad	Motorrad	Motorrad
Motor	MZ-Zweitakt	MZ-Zweitakt	MZ-Zweitakt	MZ-Zweitakt	MZ-Zweitakt
Hubraum ccm	172	247	123	143	293
Leistung PS	12	16	8,5	10	18,5
bei Drehzahl 1/min	5.250	5.200	5.500	5.500	5.200
Drehmoment mkg	1,7	2,3	1,1	1,35	2,7
bei Drehzahl 1/min	k. A.	4.000	4.000	4.000	4.000
Zylinderzahl	1	1	1	1	1
Bohrung/Hub mm	58/65	70/65	52/58	56/58	72/72
Verdichtung :1	9	8,5	9	9	8,8
Gassteuerung	Umkehrspülung	Umkehrspülung	Umkehrspülung	Umkehrspülung	Umkehrspülung
Kühlung	Fahrtwind	Fahrtwind	Fahrtwind	Fahrtwind	Fahrtwind
Vergaser	BVF	BVF	BVF	BVF	BVF
Durchlass mm	25,5	28,5	22	24	30
Starter	Kick	Kick	Kick	Kick	Kick
Zündung	Batterie	Batterie	Batterie	Batterie	Batterie
Kraftübertragung					
Getriebe/Gangzahl	4	4	4	4	4
Hinterradantrieb	Kette	Kette	Kette	Kette	Kette
Fahrwerk					
Rahmen	Stahlrohr	Stahlrohr	Pressstahl mit Alu-Guss-Heck	Pressstahl mit Alu-Guss-Heck	Stahlrohr
Federung vorn	Langschwinge mit Federbeinen	Langschwinge mit Federbeinen	Langschwinge mit Federbeinen	Langschwinge mit Federbeinen	Langschwinge mit Federbeinen
Federung hinten	Schwinge mit Federbeinen	Schwinge mit Federbeinen	Schwinge mit Federbeinen	Schwinge mit Federbeinen	Schwinge mit Federbeinen
Bremse vorn	Trommel 160 mm	Trommel 160 mm	Trommel 150 mm	Trommel 150 mm	Trommel 160 mm
Bremse hinten	Trommel 160 mm	Trommel 160 mm	Trommel 150 mm	Trommel 150 mm	Trommel 160 mm
Reifen vorn	3.25-16	3.25-16	3.00-18	3.00-18	3.25-16
Reifen hinten	3.50-16	3.50-16	3.00-18	3.00-18	3.50-16
Maße und Gewichte					
Tankinhalt Liter	16	16	9	9	16
Radstand mm	1.325	1.325	1.270	1.270	1.325
Leergewicht kg	149	153	115	115	158
Höchstgeschwindigkeit km/h	100	115	90	95	120
Baujahre	1962–67	1962–67	1962–69	1962–69	1962–65
Stückzahl	46.086	49.973	63.526	190.585	7.786
Preis DM (Ost)	2.865,-	3.035,-	1.940,-	2.090,-	3.385,-

Der schnörkel- und zierratlosen, kantigen Form der kleinen ES angepasst, erschienen 1967 auch die größeren Modelle als ES 175/2 und ES 250/2 in überarbeiteter Form. Die 300er war dagegen mangels Nachfrage und wegen technischer Probleme wieder aus dem Programm genommen worden. 250 ccm Hubraum blieben nun 22 Jahre lang das Maximum, das Serienmotorräder aus der DDR zu bieten hatten.

Die Leistung des einfachen Zweitakters, dessen Grundaufbau sich praktisch seit Anfang der dreißiger Jahre kaum verändert hatte, stieg indes ständig und betrug bei der neuen 250er schon 17,5 PS, während es der kleinere 175er Motor auf 13,5 PS brachte. Wie zuvor bei den kleineren ES-Modellen kam zur besseren Luftkühlung ein Breitrippenzylinder zum Einsatz, und eine mittels zweier Silentblöcke elastische Motoraufhängung machte die Kräder vibrationsfreier.

1967 erschienen die ES 175 und 250 als /2-Modelle mit Breitrippen-Zylinder, elastischer Motoraufhängung und feststehendem, kantigem Scheinwerfer.

Ab 1969 kam der »trophy«-Schriftzug an die Tanks; mit rot-weißer Tank-Sitzbank-Kombination, schwarzer Lackierung der übrigen Teile und auf dem Seitendeckel noch zusätzlich ein »de luxe«.

Mit neuem breitverripptem Leichtmetall-Zylinder und nadelgelagertem Kolbenbolzen war der neue ES-Motor vor allem im Gespannbetrieb standfester geworden.

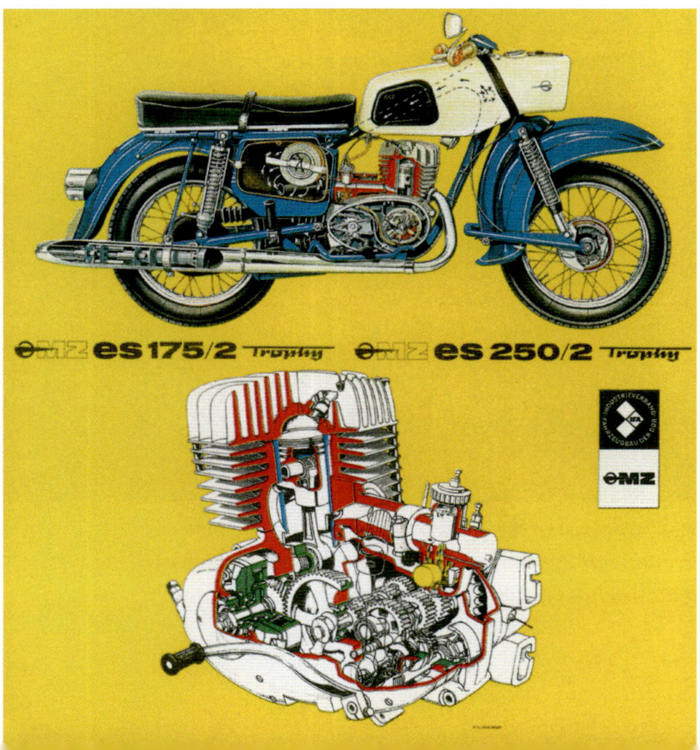

Mit der Einführung der ES 250/2 im Jahre 1967 stellte Zschopau erstmals offiziell eine Militärversion unter der Bezeichnung ES 250/2 A vor. Gegenüber der Serienversion hatte diese Maschine einen hohen Lenker mit Verbindungsrohr, einen hinten leicht hochgezogenen Auspuff und grundsätzlich Einzelsitze statt der Sitzbank. Packtaschen und Kanisterhalter vervollständigten die mit verstärkten Federbeinen ausgerüstete Maschine.
Angesichts der Erfolge im Motorradgeländesport (MZ gewann in den sechziger Jahren sechs Mal die Internationale 6-Tage-Fahrt!) erhielten alle ES-Modelle ab 1969 den Zusatz »trophy« und die kleinen Maschinen noch ein /1 in der Typenbezeichnung. Dafür gab es neue Auspuffrohre, etwas später offene Federbeine und auch die neue Motoraufhängung der größeren Schwestern.
Die Motorleistung beider Maschinen stieg um 15 %. Die Fertigung der ES 125/1 und ES 150/1 endete 1978, nach fast 650.000 produzierten Exemplaren! Die Begeisterung der Jugendlichen für die Maschine hielt sich zu dieser Zeit schon sehr in Grenzen, bei Behörden, in Betrieben und vor allem als Dienstmotorrad in der Landwirtschaft erfreuten sich die alten MZ-Modelle aber noch lange großer Beliebtheit. Ebenso wie in vielen Exportländern.

Erst mit der ES 250/2 durfte offiziell eine NVA-Version der Zschopauer Zweitakter vorgestellt werden.

Mit dem Funkkrad der Volkspolizei wurde dagegen noch nicht geworben.

So wurden die ES 125/1 und 150/1 zu Hunderttausenden verkauft: blau-weiße Lackierung und Beinschild für den Alltagseinsatz.

In den letzten Produktionsjahren der kleinen /1-Modelle kam mehr Farbe ins Spiel, die Federbeine lagen offen und der Schalldämpfer war nicht mehr zigarrenförmig.

Fahrschulmaschinen wie hier für die GST (Gesellschaft für Sport und Technik) hatten stets zwei Einzelsitze anstatt der sonst üblichen Sitzbank.

Modell	ES 175/2	ES 250/2	ES 250/2 A	ES 125/1	ES 150/1
Bauart	Motorrad	Motorrad	Motorrad	Motorrad	Motorrad
Motor	MZ-Zweitakt	MZ-Zweitakt	MZ-Zweitakt	MZ-Zweitakt	MZ-Zweitakt
Hubraum ccm	172	243	243	123	143
Leistung PS	14	17,5 /(ab 1969) 19 / BRD: 17	17,5 /(ab 1969) 19	10	11,5
bei Drehzahl 1/min	5.200	5.350 / 5.350 /5.400	5.350	6.150	6.150
Drehmoment mkg	2,0	2,6	2,6	1,25	1,4
bei Drehzahl 1/min	4.900	4.900	4.900	5.250	5.250
Zylinderzahl	1	1	1	1	1
Bohrung/Hub mm	58/65	69/65	69/65	52/58	56/58
Verdichtung :1	10	10	10	10	10
Gassteuerung	Umkehrspülung	Umkehrspülung	Umkehrspülung	Umkehrspülung	Umkehrspülung
Kühlung	Fahrtwind	Fahrtwind	Fahrtwind	Fahrtwind	Fahrtwind
Vergaser	BVF	BVF	BVF	BVF	BVF
Durchlass mm	26	28	28	22	24
Starter	Kick	Kick	Kick	Kick	Kick
Zündung	Batterie	Batterie	Batterie	Batterie	Batterie
Kraftübertragung					
Getriebe/Gangzahl	4	4	4	4	4
Hinterradantrieb	Kette	Kette	Kette	Kette	Kette
Fahrwerk					
Rahmen	Stahlrohr	Stahlrohr	Stahlrohr	Pressstahl mit Alu-Guss-Heck	Pressstahl mit Alu-Guss-Heck
Federung vorn	Langschwinge mit Federbeinen	Langschwinge mit Federbeinen	Langschwinge mit Federbeinen	Langschwinge mit Federbeinen	Langschwinge mit Federbeinen
Federung hinten	Schwinge mit Federbeinen	Schwinge mit Federbeinen	Schwinge mit Federbeinen	Schwinge mit Federbeinen	Schwinge mit Federbeinen
Bremse vorn	Trommel 160 mm	Trommel 160 mm	Trommel 160 mm	Trommel 150 mm	Trommel 150 mm
Bremse hinten	Trommel 160 mm	Trommel 160 mm	Trommel 160 mm	Trommel 150 mm	Trommel 150 mm
Reifen vorn	3.00-16	3.00-16	3.50-16	2.75-18	2.75-18
Reifen hinten	3.50-16	3.50-16	3.50-16	3.00-18	3.00-18
Maße und Gewichte					
Tankinhalt Liter	16	16	16	9	9
Radstand mm	1.325	1.325	1.325	1.325	1.325
Leergewicht kg	155	155	155	115	115
Höchstgeschwindigkeit km/h	110	115 / 120 / 115	115 / 120	100	105
Baujahre	1967–72	1967–73	1967–73	1969–78	1969–78
Stückzahl	40.500	128.989	20.000	336.473	309.414
Preis DM Ost (West)	2.910,-	3.015,- (1.690,-)	k. A.	1.940,-	2.160,- (1.098,-)

Die MZ ETS-Modelle

Inzwischen hatte es im internationalen Motorradbau einen Wandel weg vom Gebrauchsmotorrad und hin zum sportlichen Hobby- und Freizeitobjekt gegeben, der die Renaissance der Telegabel mit sich brachte. Auch MZ reagierte auf diesen Trend und stellte 1969 die ETS 250 Trophy-Sport vor. Während der Hinterbau und die Antriebseinheit nahezu unverändert von der ES 250/2 stammten (nur die Sitzbank geriet jetzt keilförmiger), veränderten Telegabel, 22-Liter-Büffeltank, 18-Zoll-Vorderrad (hinten 16 Zoll) und die freistehende Lampe das Gesamterscheinungsbild nachdrücklich. Die schönste MZ aller Zeiten befanden viele Motorradfreunde und trotz des damals stolzen Preises von 3.280 Mark verkaufte sich das Modell bis 1973 über 16.000 Mal. Verglichen mit den anderen MZ-Serienmodellen war dies dennoch eine eher geringe Stückzahl, die dafür sorgte, dass die große ETS heute rar und teuer geworden ist. Seitenwagentauglich war diese 250er übrigens nicht.

Mit verhältnismäßig wenig Aufwand entstand aus der ES 250/2 die ETS 250, für viele heute das schönste MZ-Motorrad. Hier mit dem Tankemblem von 1969.

Die ETS 250 konnte in Rot/Schwarz oder Gelb/Schwarz (später auch mit silbernen Schutzblechen), mit hohem oder tiefem Lenker geordert werden. Nach 1970 kam das poppige Emblem an den Tank.

Die ETS 125/150 lehnte sich optisch an die größere Schwester an, der Tank war weniger spektakulär.

Wenig später gingen die kleinen Motorräder ebenfalls mit geändertem Vorderbau – wenn auch nicht so spektakulärem Tank – als ETS 125/150 in Serie. Der Produktionszeitraum bis 1973 war – zumindest für MZ-Verhältnisse – recht kurz. Allerdings war eine grundlegende Neuentwicklung dringend notwendig und so sprach MZ von einer »Zwischenlösung«. Wie auch immer, die neuen Modelle (inklusive der ES-Reihe) waren auch im Ausland sehr gefragt und gingen in 65 Länder. 1971 erreichte der Exportanteil erstmals die 50-Prozent-Marke. Seit 1969 versuchte der Neckermann-Versand – mit gutem Servicenetz – die MZ-Modelle auch in Westdeutschland zu verkaufen. Obwohl dies durchaus erfolgreich verlief, war das Versandhaus-Image für MZ nicht unbedingt zuträglich. Für die im Westen Deutschlands angebotenen Maschinen sind die Preise vom Ersterscheinungsjahr in den Tabellen in Klammern gesetzt.

Auf Betreiben des Ministeriums für Staatssicherheit entstanden von der ETS 250 insgesamt 60 Eskort-Modelle. Die Maschinen waren mit einer voluminösen Gfk-Vollverkleidung versehen, in die ein rechteckiger Wartburg-Scheinwerfer integriert war. Schwarzer Lack und viel Chrom sorgten dafür, dass die Maschinen repräsentativ waren und z. B. bei Staatsbesuchen eine gute Figur machten. Für etwas mehr Vortrieb sorgte ein Motor aus der Geländesportabteilung, der auch mit einem Fünfgang-Getriebe versehen war.

Auch bei den kleinen ETS-Modellen gab es die Farbkombinationen analog zur 250er und auch hier waren tiefe wie hohe Lenker möglich.

Unter anderem mit einem Wartburg-Scheinwerfer versehen, entstanden in Abwandlung der ETS 250 etwa 60 Escort-Maschinen.

Modell	ETS 250	ETS 250 Eskort	ETS 125	ETS 150
Bauart	Motorrad	Motorrad	Motorrad	Motorrad
Motor	MZ-Zweitakt	MZ-Zweitakt	MZ-Zweitakt	MZ-Zweitakt
Hubraum ccm	243	243	123	143
Leistung PS	19 (BRD 17)	27,5	10	11,5
bei Drehzahl 1/min	5.350 (5.400)	5.500–6.000	6.150	6.150
Drehmoment mkg	2,6	k. A.	1,25	1,4
bei Drehzahl 1/min	4.900	k. A.	5.250	5.250
Zylinderzahl	1	1	1	1
Bohrung/Hub mm	69/65	69/65	52/58	56/58
Verdichtung :1	10	10	10	10
Gassteuerung	Umkehrspülung	Umkehrspülung	Umkehrspülung	Umkehrspülung
Kühlung	Fahrtwind	Fahrtwind	Fahrtwind	Fahrtwind
Vergaser	BVF	BVF	BVF	BVF
Durchlass mm	28	30	22	24
Starter	Kick	Kick	Kick	Kick
Zündung	Batterie	Batterie	Batterie	Batterie
Kraftübertragung				
Getriebe/Gangzahl	4	5	4	4
Hinterradantrieb	Kette	Kette	Kette	Kette
Fahrwerk				
Rahmen	Stahlrohr	Stahlrohr	Pressstahl mit Alu-Guss-Heck	Pressstahl mit Alu-Guss-Heck
Federung vorn	Telegabel	Telegabel	Telegabel	Telegabel
Federung hinten	Schwinge mit Federbeinen	Schwinge mit Federbeinen	Schwinge mit Federbeinen	Schwinge mit Federbeinen
Bremse vorn	Trommel 160 mm	Trommel 160 mm	Trommel 150 mm	Trommel 150 mm
Bremse hinten	Trommel 160 mm	Trommel 160 mm	Trommel 150 mm	Trommel 150 mm
Reifen vorn	2.75-18	3.00-18	2.75-18	2.75-18
Reifen hinten	3.50-16	3.50-16	3.00-18	3.00-18
Maße und Gewichte				
Tankinhalt Liter	22	22	9	9
Radstand mm	1.380	1.380	1.305	1.305
Leergewicht kg	151	160	117	117
Höchstgeschwindigkeit km/h	120 (105)	120	100	105
Baujahre	1969–73	1969–73	1969–73	1969–73
Stückzahl	16.266	60	4.860	14.042
Preis DM Ost (West)	3.280,- (2.250,-)	k. A.	2.350,-	2.530,- (1.498,-)

Die TS-Reihe

Im April 1973 erschien mit der TS 250 ein komplett überarbeitetes Motorrad mit Zentral-Brückenrohrrahmen, neuer Telegabel und unterschiedlichen Ausstattungsvarianten (u. a. hoher oder flacher Lenker). Der Motor sollte ursprünglich eine völlige Neukonstruktion werden; es blieb dann aber aus Mangel an Investitionsmitteln bei dem – wenn auch detailverbesserten – Triebwerk der ES 250/2. Es war nun drehbar um die Schwinge gelagert und vorne mittels Gummielement zwischen Zylinderkopf und Rahmen befestigt. 19 PS leistete der Motor jetzt und brauchte nur noch im Verhältnis 1:50 geschmiert werden.
Mit dem Ende der Produktion der ES /2-Modelle endete auch die Ära der 175er in Zschopau, so dass bei den Serienmaschinen bis zur politischen Wende in der DDR nur noch die Hubraumgrößen 125, 150 und 250 ccm angeboten wurden.
Im Juni 1973 bekamen die kleinen ETS-Modelle einen ähnlichen Tank wie die 250er und mit einer neuen Sitzbank avancierten sie ansonsten unverändert zur TS 125/150. Das bedeutete, Rahmen und Hinterbau stammten immer noch von den ES-Modellen aus dem Jahre 1962. Und selbst wenn es ab 1978 eine Luxusausführung mit Drehzahlmesser gab, blieben diese Maschinen nahezu unverändert bis 1985 im Angebot.
1973 wurden in Zschopau erstmals über 80.000 Motorräder gebaut und mit mehr als 90.000 Zweirädern erreichte die Produktion 1975 ihren Höhepunkt.
Mit der Einführung der TS 250/1 erfuhren auch die kleinen Modelle 1976 kleine Fahrwerkverbesserungen, ohne dass sich die Typenbezeichnung änderte.
1976 erschien die überarbeitete 250er als TS 250/1 mit 18-Zoll-Vorderrad, neuem Kotflügel und überarbeitetem Trieb- und Fahrwerk. Charakteristisch waren der horizontal verrippte Zylinderkopf und ein Drehzahlmesser auf einem »Instrumentenbord« für die Luxusausführung. Endlich konnten fünf Gänge eingelegt und auch wieder ein Seitenwagen angebaut werden (die TS 250 galt anfangs als nicht seitenwagentauglich, was bedeutete, dass MZ – und damit die DDR – einige Zeit lang keine Seitenwagenmaschine anbieten konnte!).

1973 löste die TS 250 gleichzeitig die ES und die ETS in dieser Hubraumklasse ab.

Auf Grund fehlender Investitionsmittel musste der Motor der neuen TS im Wesentlichen von der ES 250/2 übernommen werden. Hier das Modell mit hohem Lenker.

Mit der Tank-Scheinwerfer-Optik der 250er TS, aber immer noch mit dem gesamten Hinterbau der ES-Modelle, erschienen im Sommer 1973 die TS 125 und 150.

In der »de Luxe«-Variante hatten die kleinen Maschinen ab 1978 einen Drehzahlmesser auf dem »Instrumentenboard«.

Tachometer und Drehzahlmesser auf dem »Instrumentenboard« der TS-de Luxe-Modelle.

Die TS 250/1 ist leicht an ihrem charakteristischen Zylinderblock erkennbar. Das Fünfganggetriebe galt als wesentliche Weiterentwicklung.

Nach dem Modellwechsel in Zschopau und dem Ende der ES 250/2 wurde für die Nationale Volksarmee (NVA) die TS 250 A ausgeliefert. Gegenüber dem normalen Serienmodell waren eine straffere Federung, ein verstärkter Rahmen, Kofferhalter, sowie ein höher verlegter, kürzerer Auspuff und Einzelsitze obligatorisch. Mit dem Wechsel zum /1-Modell erhielt dann auch die TS 250/1 A die Neuerungen der zivilen Variante, behielt aber das 16-Zoll-Vorderrad an Stelle des 18ers bei.
Mit der Einführung der TS erschien 1973 auch eine offizielle Variante für die Volkspolizei. Die TS 250 VP wies die Einzelsitze und Kofferhalter der Armee-Variante auf und war vor allem durch die Beinschilder (gab es auf dem Zubehörsektor auch für die zivilen Modelle) und die hohe Windschutzscheibe gekennzeichnet.

Die TS 250 in Armeeausführung und in diesem speziellen Fall als Exportmodell für die Vereinigten Arabischen Emirate.

Modell	TS 250	TS 125	TS 150	TS 250 A
Bauart	Motorrad	Motorrad	Motorrad	Behörden
Motor	MZ-Zweitakt	MZ-Zweitakt	MZ-Zweitakt	MZ-Zweitakt
Hubraum ccm	243	123	143	243
Leistung PS	19 (BRD 17)	10	11,5	19
bei Drehzahl 1/min	5.350 (5.400)	6.150	6.150	5.350
Drehmoment mkg	2,6	1,25	1,4	2,6
bei Drehzahl 1/min	4.900	5.250	5.250	4.900
Zylinderzahl	1	1	1	1
Bohrung/Hub mm	69/65	52/58	56/58	69/65
Verdichtung :1	10	10	10	10
Gassteuerung	Umkehrspülung	Umkehrspülung	Umkehrspülung	Umkehrspülung
Kühlung	Fahrtwind	Fahrtwind	Fahrtwind	Fahrtwind
Vergaser	BVF	BVF	BVF	BVF
Durchlass mm	30 (26)	22	24	30
Starter	Kick	Kick	Kick	Kick
Zündung	Batterie	Batterie	Batterie	Batterie
Kraftübertragung				
Getriebe/Gangzahl	4	4	4	4
Hinterradantrieb	Kette	Kette	Kette	Kette
Fahrwerk				
Rahmen	Parallelrohr-Brückenr. m. angeschw. Heckteil	Pressstahl mit Alu-Guss-Heck	Pressstahl mit Alu-Guss-Heck	Parallelrohr-Brückenr. m. angeschw. Heckteil
Federung vorn	Telegabel	Telegabel	Telegabel	Telegabel
Federung hinten	Schwinge mit Federbeinen	Schwinge mit Federbeinen	Schwinge mit Federbeinen	Schwinge mit Federbeinen
Bremse vorn	Trommel 160 mm	Trommel 150 mm	Trommel 150 mm	Trommel 160 mm
Bremse hinten	Trommel 160 mm	Trommel 150 mm	Trommel 150 mm	Trommel 160 mm
Reifen vorn	3.00-16	2.75-18	2.75-18	3.50-16
Reifen hinten	3.50-16	3.00-18	3.00-18	3.50-16
Maße und Gewichte				
Tankinhalt Liter	12,5 o. 17,5	12,5	12,5	17,5
Radstand mm	1.355	1.305	1.305	1.355
Leergewicht kg	140 o. 144	114	114	155
Höchstgeschwindigkeit km/h	120 (115)	100	105	115
Baujahre	1973–76	1973–85	1973–85	1973–76
Stückzahl	110.899	200.000	200.000	k. A.
Preis DM Ost (West)	3.220,- (2.490,-)	2.350,- (1.675,-)	2.375,- / de luxe 2.700,- (1.675,-)	k. A.

Und so sah die TS 250/1 A für die Kradmelder der Nationalen Volksarmee der DDR aus.

Das weiterentwickelte Funkkrad der Volkspolizei auf Basis der TS 250/1.

Modell	TS 250 VP	TS 250/1	TS 250/1 A
Bauart	Polizei	Motorrad	Behörden
Motor	MZ-Zweitakt	MZ-Zweitakt	MZ-Zweitakt
Hubraum ccm	243	243	243
Leistung PS	19	19 (BRD 17)	19
bei Drehzahl 1/min	4.350	5.350 (5.400)	5.350
Drehmoment mkg	2,6	2,6	2,6
bei Drehzahl 1/min	4.900	4.900	4.900
Zylinderzahl	1	1	1
Bohrung/Hub mm	69/65	69/65	69/65
Verdichtung :1	10	10	10
Gassteuerung	Umkehrspülung	Umkehrspülung	Umkehrspülung
Kühlung	Fahrtwind	Fahrtwind	Fahrtwind
Vergaser	BVF	BVF	BVF
Durchlass mm	30	30	30
Starter	Kick	Kick	Kick
Zündung	Batterie	Batterie	Batterie
Kraftübertragung			
Getriebe/Gangzahl	4	5	5
Hinterradantrieb	Kette	Kette	Kette
Fahrwerk			
Rahmen	Parallelrohr-Brückenr. m. angeschw. Heckteil	Parallelrohr-Brückenr. m. angeschw. Heckteil	Parallelrohr-Brückenr. m. angeschw. Heckteil
Federung vorn	Telegabel	Telegabel	Telegabel
Federung hinten	Schwinge mit Federbeinen	Schwinge mit Federbeinen	Schwinge mit Federbeinen
Bremse vorn	Trommel 160 mm	Trommel 160 mm	Trommel 160 mm
Bremse hinten	Trommel 160 mm	Trommel 160 mm	Trommel 160 mm
Reifen vorn	3.00-16	2.75-18	3.50-16
Reifen hinten	3.50-16	3.50-16	3.50-16
Maße und Gewichte			
Tankinhalt Liter	17,5	17,5	17,5
Radstand mm	1.355	1.355	1.355
Leergewicht kg	160	145	160
Höchstgeschwindigkeit km/h	115	120 (115)	120
Baujahre	1973–76	1976–81	1976–81
Stückzahl	k. A.	140.000	k. A.
Preis DM Ost (West)	k. A.	de luxe 3.322,- (2.690,-)	k. A.

Die ETZ-Reihe

1981 erschien endlich ein neues Top-Modell aus Zschopau: Die ETZ 250 (ETZ stand für Einzylinder Telegabel Zentralkastenrahmen) ging ab April in die Serienproduktion. Neue, gestreckte Linienführung mit 18-Zoll-Rädern vorn und hinten, Kastenprofil-Brückenrahmen ohne Unterzug, 12-V-Bordspannung mit Drehstromlichtmaschine sowie Scheibenbremsen vorn und H4-Scheinwerfer für die Luxusausführung waren die wichtigsten Eckpunkte. Das Triebwerk blieb in seinem Grundkonzept weiter unverändert; für den Export konnte aber nun eine Getrenntschmierung geordert werden. Die Leistung war jetzt auf 21 PS gestiegen.
Inzwischen war die Zeit der über Jahrzehnte festgeschriebenen Endverbraucherpreise in der DDR vorbei. Gebrauchswerterhöhung gleich Preiserhöhung hieß die Devise der Wirtschaftspolitik, um die hohe Kaufkraft des Volkes abzuschöpfen. Daran hielt man sich natürlich auch bei MZ. Hatte die TS 250/1 de luxe noch 3.322 Mark gekostet, mussten Käufer für die neue ETZ de luxe fast 1.000 Mark mehr hinblättern!
Mit der Einführung der ETZ verschwand auch die Schwinge als MZ-Symbol; die beiden fetten Buchstaben MZ wurden ab jetzt mit dem IFA-Zeichen verbunden. So gekennzeichnet rollte 1983 das zweimillionste Motorrad seit 1950 von den Zschopauer Montagebändern.

Mit schickem Design gab es 1985 endlich auch für die Kleinen einen Modellwechsel: Die ETZ 125/150-Modelle verfügten nun auch über fünf Getriebegänge und eine 12-V-Elektrik. Nach 23 Jahren (!) löste ein Zentralkastenrahmen den alten ES-Rahmen ab. Scheibenbremse und separate Öldosierung blieben Option für die de luxe-Ausführung und sowieso überwiegend dem Export vorbehalten. Übrigens konnte die 125er in der DDR schon lange kaum noch abgesetzt werden und ging fast ausschließlich in den Export. Auf Grund der geltenden Führerscheinregelung blieb die 150er hingegen im Inland nach wie vor interessant.
Natürlich gab es mit der Einführung der ETZ-Modelle parallel zu den zivilen 250er Straßenmaschinen auch wieder je eine Version für die Volksarmee und die Polizei. Beide Maschinen waren in der Motorleistung zugunsten eines besseren Durchzugs auf 17 PS gedrosselt. Die NVA-Maschine erhielt zudem ein breiteres Vorderrad, die üblichen Packtaschen und auf einen Hilfsrahmen montierte Einzelsitze. Bei der VP-Maschine trug dieser Hilfsrahmen neben der kurzen Sitzbank noch Funk- und Gepäckkoffer. Eine im Windkanal entwickelte Verkleidung mit hoher Scheibe sorgte für besten Windschutz.
Mit dem Modellwechsel zur ETZ 251 änderten sich die technischen Parameter der Polizei- und Armeemaschinen entsprechend, die Ausstattungen blieben jedoch nahezu unverändert.

Die ETZ 250 in der de Luxe-Ausführung mit Drehzahlmesser und Scheibenbremse vorn.

Wesentliche Neuerung an der ETZ war der Kastenprofil-Brückenrahmen ohne Unterzug.

23 Jahre hatte es gedauert, ehe die wirklich neuen ETZ 125/150 die auf ES-Basis aufgebauten Vorgänger ablösen durften.

Die vordere Scheibenbremse und eine Frischöldosierung blieben auch bei den kleinen Zweitaktern den de Luxe-Ausführungen – sprich dem Export – vorbehalten.

Natürlich gab es auch vom neuen Zschopauer Modell wieder eine militärische Variante mit geänderten Fahrwerks- und Motordaten.

Die Verkleidung für die neue ETZ-Polizeimaschine war im Windkanal entwickelt worden.

Modell	ETZ 250	ETZ 250 de luxe	ETZ 250 VP	ETZ 250 A	ETZ 125
Bauart	Motorrad	Motorrad	Motorrad	Behörden	Motorrad
Motor	MZ-Zweitakt	MZ-Zweitakt	MZ-Zweitakt	MZ-Zweitakt	MZ-Zweitakt
Hubraum ccm	243	243	243	243	123
Leistung PS	21	21 (BRD 17)	17	17	10,2
bei Drehzahl 1/min	5.500	5.500 (5.000)	5.000	5.000	5.800
Drehmoment mkg	2,8	2,8 (2,5)	2,5	2,5	1,3
bei Drehzahl 1/min	5.400	5.400 (4.500)	4.500	4.500	5.500
Zylinderzahl	1	1	1	1	1
Bohrung/Hub mm	69/65	69/65	69/65	69/65	52/58
Verdichtung :1	10	10	10	10	7
Gassteuerung	Umkehrspülung	Umkehrspülung	Umkehrspülung	Umkehrspülung	Umkehrspülung
Kühlung	Fahrtwind	Fahrtwind	Fahrtwind	Fahrtwind	Fahrtwind
Vergaser	BVF	BVF	BVF	BVF	BVF
Durchlass mm	30	30	30	30	22
Starter	Kick	Kick	Kick	Kick	Kick
Zündung	Batterie	Elektronik	Batterie	Batterie	Elektronik
Kraftübertragung					
Getriebe/Gangzahl	5	5	5	5	5
Hinterradantrieb	Kette	Kette	Kette	Kette	Kette
Fahrwerk					
Rahmen	Zentralkasten m. angeschw. Heck	Zentralkasten m. angeschw. Heck	Zentralkasten m. angeschw. Heck	Zentralkasten m. angeschw. Heck	Zentralkasten m. angeschw. Heck
Federung vorn	Telegabel	Telegabel	Telegabel	Telegabel	Telegabel
Federung hinten	Schwinge mit Federbeinen	Schwinge mit Federbeinen	Schwinge mit Federbeinen	Schwinge mit Federbeinen	Schwinge mit Federbeinen
Bremse vorn	Trommel 160 mm	Scheibe 280 mm	Scheibe 280 mm	Scheibe 280 mm	Trommel 160 mm
Bremse hinten	Trommel 160 mm	Trommel 160 mm	Trommel 160 mm	Trommel 160 mm	Trommel 160 mm
Reifen vorn	2.75-18	2.75-18	2.75-18	3.50-18	2.75-18
Reifen hinten	3.50-18	3.50-18	3.50-18	3.50-18	3.25-16
Maße und Gewichte					
Tankinhalt Liter	17,5	17,5	17,5	17,5	13
Radstand mm	1.380	1.380	1.380	1.380	1.290
Leergewicht kg	153	155	160	160	110
Höchstgeschwindigkeit km/h	125	125 (115)	115	125	100
Baujahre	1981–89	1981–89	1981–89	1981–89	1985–91
Stückzahl	239.417	k. A	k. A.	k. A.	34.381
Preis DM Ost (West)	4.005,-	(2.264,-)	k. A.	k. A.	k. A.

Die neue 250er erhielt nicht nur die Designelemente der kleineren Maschinen, sie musste auch noch in deren Fahrgestell gepresst werden.

Am 14. Dezember 1988 ging die ETZ 251, wieder geteilt in Standard- und deluxe-Ausführung, in Zschopau an den Start. Die Ölpumpe war jetzt für alle Modelle ebenso obligatorisch wie die Elektronikzündung. Nicht nur, dass die Konstrukteure bei der neuen 250er die gestalterischen Elemente, wie Tank und Seitendeckel, den kleinen ETZ-Modellen entliehen hätten, nein, die neue 250er musste auch noch in das kleinere Fahrgestell gepresst werden, da dieses deutlich bessere Fahreigenschaften aufwies. Als dies schließlich mittels neuem Zylinder und geänderter Auspuffanlage gelungen war, hagelte es dennoch harsche Kritik. Anfangs von den Motorradfahrern selbst, dann schließlich aber auch von der Fachpresse, die nach dem 9. November 1989 kein Blatt mehr vor den Mund zu nehmen brauchte. Zweifellos kein guter Start in ein neues Zeitalter, in dem Einzylinder-Zweitakt-Monotonie kaum noch eine Chance hatte. Dies galt besonders nach dem 1. Juli 1990, als die immer noch prallgefüllten Auftragsbücher aus sozialistischen Exportländern nur noch Makulatur waren, weil die harte D-Mark nun einziges Zahlungsmittel war und die früheren Tauschgeschäfte passe waren. Trotzdem arbeiteten die Ingenieure nun mit Hochdruck an einer Modellerweiterung, um zu retten, was noch zu retten war. Mitte 1990 erschien zunächst eine aufgebohrte 250er als ETZ 301 mit einem bärenstarken Durchzug. Sie stellte das letzte Zweitakt-Motorrad von MZ zu DDR-Zeiten dar. Alle Zweitakter konnten nun auch als Off-Road-Variante geordert werden – was aber fast reine Theorie blieb. Das Interesse an den Zweitaktern aus dem Dischautal ging nach der Grenzöffnung und der damit hereinbrechenden Welle von westlichen Gebrauchtmotorrädern innerhalb weniger Monate gegen Null.

Die ETZ 251, die letzte DDR-Zweitaktschöpfung aus Zschopau, kam bei den ostdeutschen Motorradfans nicht besonders gut an, erst recht nicht mehr, als der eiserne Vorhang gefallen war.

Mitte 1990 erschien mit der aufgebohrten ETZ 301 ein zwar durchzugstarkes, aber trotzdem nicht mehr gefragtes Zweitaktmotorrad.

1990 bot MZ alle ETZ-Modelle auch in einer Enduro-Variante an – vergebliche Liebesmüh – die Zweitakter aus Zschopau wollte niemand mehr kaufen

Modell	ETZ 150	ETZ 150 de luxe	ETZ 251	ETZ 251 de luxe	ETZ 301
Bauart	Motorrad	Motorrad	Motorrad	Motorrad	Motorrad
Motor	MZ-Zweitakt	MZ-Zweitakt	MZ-Zweitakt	MZ-Zweitakt	MZ-Zweitakt
Hubraum ccm	143	143	243	243	293
Leistung PS	12,2	14,3 (BRD 10,5)	21	21 (BRD 17)	23
bei Drehzahl 1/min	5.800	6.500 (5.800)	5.500	5.500 (5.000)	5.500
Drehmoment mkg	1,55	1,6	2,8	2,8 (2,5)	3
bei Drehzahl 1/min	5.500	6.300 (5.800)	5.400	5.400 (4.500)	5.200
Zylinderzahl	1	1	1	1	1
Bohrung/Hub mm	56/58	56/58	69/65	69/65	75,5/65
Verdichtung :1	7	7	7	7	7
Gassteuerung	Umkehrspülung	Umkehrspülung	Umkehrspülung	Umkehrspülung	Umkehrspülung
Kühlung	Fahrtwind	Fahrtwind	Fahrtwind	Fahrtwind	Fahrtwind
Vergaser	BVF	BVF	BVF	BVF	BVF
Durchlass mm	22	22	30	30	30
Starter	Kick	Kick	Kick	Kick	Kick
Zündung	elektronisch	elektronisch	elektronisch	elektronisch	elektronisch
Kraftübertragung					
Getriebe/Gangzahl	5	5	5	5	5
Hinterradantrieb	Kette	Kette	Kette	Kette	Kette
Fahrwerk					
Rahmen	Zentralkasten m. angeschw. Heck	Zentralkasten m. angeschw. Heck	Zentralkasten m. angeschw. Heck	Zentralkasten m. angeschw. Heck	Zentralkasten m. angeschw. Heck
Federung vorn	Telegabel	Telegabel	Telegabel	Telegabel	Telegabel
Federung hinten	Schwinge mit Federbeinen	Schwinge mit Federbeinen	Schwinge mit Federbeinen	Schwinge mit Federbeinen	Schwinge mit Federbeinen
Bremse vorn	Trommel 160 mm	Scheibe 280 mm	Trommel 160 mm	Scheibe 280 mm	Scheibe 280 mm
Bremse hinten	Trommel 160 mm	Trommel 160 mm	Trommel 160 mm	Trommel 160 mm	Trommel 160 mm
Reifen vorn	2.75-18	2.75-18	2.75-18	90/90-18	90/90-18
Reifen hinten	3.25-16	3.25-16	3.25-16	110/80-16	110/80-16
Maße und Gewichte					
Tankinhalt Liter	12,5	12,5	17,5	17,5	17,5
Radstand mm	1.290	1.290	1.322	1.322	1.322
Leergewicht kg	106	110	141	145	135
Höchstgeschwindigkeit km/h	105	110 (100)	125	125	135
Baujahre	1985–91	1985–91	1989–91	1989–91	1990/91
Stückzahl	198.016 (inkl. De luxe)		68.259 (inkl. De luxe)		2.223
Preis DM Ost (West)	3.240,-	4.375,- (2.290,-)	k. A.	5.210,- (2.690,-)	(4.410,-)

IWL-Roller

Die ersten Roller-Versuche

Natürlich blieben die Erfolge italienischer Motorroller den Interessierten in der DDR ebenso wenig verborgen wie die vielen Versuche in der Bundesrepublik und in Westberlin, es den Italienern gleichzutun. Und allerspätestens als die renommierten Motorradbauer im Westen anfingen, schöne Motorroller für schöne Frauen zu bauen und auch in größeren Stückzahlen zu verkaufen, wurde der Ruf nach einem Motorroller Made in GDR immer lauter. Und natürlich fühlten sich, wie im Westen auch, private Kraftfahrzeugtechniker und Ingenieure auf den Plan gerufen, Motorroller zu konstruieren und auch zu bauen. Freilich in der Hoffnung, vor der staatlichen Obrigkeit zu glänzen und den Auftrag zur Serienproduktion zu erhalten. Schließlich war für viele Menschen zu dieser Zeit noch nicht abzusehen, welche Dominanz Planwirtschaft und Staatsbetriebe schon hatten oder doch sehr bald haben würden, und zu Beginn der fünfziger Jahre war das Wort Wiedervereinigung auch im Osten noch in aller Munde. Doch alle Hoffnungen waren vergeblich – keines der nachfolgend kurz beschriebenen Modelle durfte in größeren Stückzahlen gebaut werden.

Kfz-Meister August Falz aus Döbeln bei Leipzig baute 1950 einen kleinen Motorroller in bester Tradition früher Plattformroller auf. Der F I war mit Schubkarrenrädern bestückt, die vorn von einer selbst gebauten Teleskopgabel und hinten gar nicht gefedert waren. Der 98-ccm-Motor, der ohne Abdeckung unter dem Sitz angebracht war, kam vom ehemaligen Fichtel & Sachs-Werk in Reichenbach/Vogtland. Schon ein Jahr später stellte Falz den F II vor, bei dem sowohl der Motor als auch der Fahrer besser geschützt waren, der aber in den technischen Parametern unverändert blieb. Anders sah das wieder beim Modell Falz IV aus, der unter der Bezeichnung »Sybille« zu einiger Berühmtheit gelangte. Der sehr massig wirkende und trotzdem nur 120 kg wiegende Roller mit selbst tragender Karosserie war 1954 zweifellos die am meisten ausgereifte Konstruktion des sächsischen Tüftlers, der den Rollerbau rein als Hobby betrachtete und eigentlich nur Ideen liefern wollte. Der letzte Falz-Roller mit Vollschwingen-Fahrwerk war von einem tschechischen CZ-Motor mit 150 oder 175 ccm Hubraum, Gebläsekühlung, Handstarter und Dreigang-Schaltung angetrieben worden, der immerhin 70 km/h Spitzengeschwindigkeit ermöglichte. Das war nach Ansicht von August Falz das, was ein künftiger DDR-Serienroller leisten sollte. Die Sybille war von Falz zwar als Einsitzer aufgebaut worden, konnte jedoch durch Aufschrauben eines Reserveradträgers mit Sitzkissen auch zum Zweisitzer aufgerüstet werden. Obwohl die DDR-Presse lobte: »...ein typisches und überzeugendes Beispiel für die schöpferische Mitarbeit des Handwerks bei der Lösung unserer wirtschaftlichen Aufgaben im neuen Kurs«, fanden die Falz-Ideen kaum weitere Berücksichtigung im Arbeiter- und Bauernstaat.

Der erste Roller-Eigenbau von August Falz war noch ein sehr einfaches Gefährt, das sich nahtlos in die Reihe der vielen Rollerkonstruktionsversuche bundesdeutscher Konstrukteure dieser Zeit einreihte.

Der Falz II wies 1951 schon einige Verbesserungen auf. Die hier dargestellten Bilder entstammen dem Buch Motorroller aus dem Verlag Technik Berlin von 1955. Die Autoren waren Utz Rochel, Fred Richter und August Falz selbst.

Für manche gilt der F III als beste und realistischste Falz-Konstruktion. Sie brauchte sich vor westlichen Serienmodellen dieser Zeit jedenfalls nicht zu verstecken.

Sieht gewaltiger aus, als er ist: Der Falz IV »Sibylle« wog 120 kg, mit denen der 175er CZ-Zweitaktmotor gut fertig wurde. Den F IV muss man heute als direkten Vorläufer der IWL-Roller ansehen.

Konstrukteur Max Freihoff auf seinem charakteristischen Motorroller »Hexe«, der ein wenig an den späteren tschechischen Cezeta-Roller erinnerte. Vielleicht stand dessen Design ja Pate.

Der Zusammenschluss kleinerer Handwerksbetriebe zu Genossenschaften (»PGH« = Produktionsgenossenschaft des Handwerks) war Bestandteil der sozialistischen Wirtschaftspolitik und diente dem Ziel, private Firmen besser kontrollieren und schließlich kommandieren zu können. Ein solcher Betrieb, die Produktionsgenossenschaft des Metallhandwerks »Aufbau« in Ehrenhain bei Leipzig stellte 1953 einen Motorroller namens »Hexe« vor, der es schaffte, auf der Leipziger Messe des gleichen Jahres viel Aufmerksamkeit auf sich zu ziehen. Der von Max Freihoff konstruierte Roller hatte ein interessantes, eigenwilliges Design, das sich später bei der tschechischen »Cezeta« wieder fand und von dem in die Spitze des Bugs eingelassenen Scheinwerfer gekennzeichnet war. Der Roller war einsitzig ausgelegt und besaß eine Reserverad-Halterung. Angetrieben wurde das Fahrzeug wieder von einem 98-ccm-Zweitakter des Sachs-Nachfolgebetriebes in Reichenbach, der auf Grund der Vollverkleidung des Rollers eine Gebläsekühlung hatte. Die obligatorischen Schubkarrenräder hingen vorn an einer einseitigen Teleskopschwinge und hinten, ebenfalls einseitig, an einer »Knickfederung«, die einer Triebsatzschwinge ähnelte. Die Hexe löste nicht umsonst eine gewisse Roller-Euphorie in der DDR aus, optisch und konstruktiv hatte dieser Roller zweifellos das Zeug zu mehr als einem Einzelstück. Aber immer noch sperrten sich staatliche Stellen gegen die »Modeerscheinung aus dem Westen« und so blühte der Hexe das gleiche Schicksal wie der Sybille.
Leider sehr wenige Überlieferungen gibt es von einem sehr schönen Roller, der anlässlich einer Handwerkerausstellung im Leipziger Grassi-Museum zu Weihnachten 1953 zu sehen war. Die Handwerker der Arbeitsgemeinschaft der Mechaniker und Karosserie-Klempner hatten in völliger Eigenentwicklung einen Motorroller aufgebaut, dessen Design heute sehr an die spätere NSU Prima erinnerte und es zu dieser Zeit mit jedem westdeutschen Roller aufnehmen konnte. Der Roller verschwand sehr schnell wieder in der Versenkung, offenbar ohne der Nachwelt weitere Informationen und technische Details zu hinterlassen.

Der Roller der Arbeitsgemeinschaft der Mechaniker und Karosserieklempner auf einer Ausstellung in Leipzig im Dezember 1953. Danach ward er nicht mehr gesehen.

Der kleine Stadtroller »Pünktchen« hatte es sogar auf die Titelseite des Deutschen Straßenverkehrs gebracht. Eine fast schon genial zu nennende Konstruktion, die dennoch nicht gebaut werden durfte.

Den Versuch einer weiteren Antwort auf die Rollerfrage in der DDR machte im April 1954 die Firma Rolf Berger in Leipzig. Ingenieur Berger konstruierte ein Fahrgestell für einen »Kleinstroller« nach dem klassischen Vorbild der kleinen »Stadtdiener« a la Krupp oder Postler, in das er den Fahrrad-Hilfsmotor des Magdeburger Armaturen-Werkes (MAW) setzte. »Pünktchen«, so hieß der Roller, erntete mit seinen fortschrittlichen Details, wie federbeingestützte Haarnadelschwinge hinten oder der Earl-Gabel vorn, viel Beifall. Der Roller sollte steuer-, zulassungs- und führerscheinfrei bleiben. Schon waren Lieferverträge mit der HO-Handelskette geschlossen – der Preis sollte bei etwa 1.000 Mark liegen –, als das Projekt aus Berlin zurückgepfiffen wurde. Das wird zwar mit diversen Schwierigkeiten verbunden gewesen sein, denn laut einer Pressemeldung war nach der Präsentation auf der Leipziger Messe 1954 die gesamte Produktion für das folgende Jahr ausverkauft, aber für die Serienfertigung von Motorrollern in der DDR hatten die Herren längst andere Pläne geschmiedet – eine kleine Privatfirma kam darin nicht vor.

Im Jahre 1956, die Rollerproduktion bei IWL in Ludwigsfelde lief auf Hochtouren, war das MZ-Werk in Zschopau (vormals DKW) mit dem Bau zweier Motorroller als Versuchsfahrzeuge fertig geworden und unterzog diese eingehenden Testfahrten.
Die Roller mit den Bezeichnungen MR 175 und MR 250 waren jeweils mit den Triebwerken der gerade eingeführten ES-Motorräder ausgerüstet (wobei die ES 175 erst 1957 auf den Markt kam). Das Ministerium für Allgemeinen Maschinenbau hatte diese Fahrzeuge als »Perspektiventwicklung« in Auftrag gegeben, ohne dass je die wirklichen Pläne und Hintergründe bekannt wurden.
Es ist zu vermuten, dass man, je nachdem, wie sich die internationale Rollerszene entwickelte, nicht unvorbereitet sein wollte und dass eine künftige Rollerproduktion zu Gunsten der Konzentration der Zweiradproduktion künftig in Zschopau stattfinden und der ungeliebte Standort Ludwigsfelde anderweitig nutzbar werden sollte.

Die MZ-Roller basierten fahrwerks- und antriebsseitig auf den neuen ES-Motorrad-Modellen, die ab 1956 in den Handel kamen.

Der Roller-Prototyp von MZ mit der internen Bezeichnung MR 250 war stilistisch recht gut gelungen, wies allerdings einige technische Gebrechen auf.

Wie auch immer, die MZ-Roller, die fahrwerks- und antriebsmäßig auf Bauteilen von MZ-Motorrädern der laufenden Produktion basierten, fuhren mit Rahmenbrüchen in die Sackgasse und erledigten sich praktisch von selbst. Die Techniker bekamen die Forderungen nach einem tiefen Durchstieg auf der einen Seite und dem motorradähnlichen Aufbau des Rollers andererseits nicht in den Griff. Nicht umsonst hatten ähnliche Roller in der Bundesrepublik auf den tiefen Durchstieg verzichtet.

Die IWL-Roller

Am 24. Januar 1936 gründete die Daimler Benz AG nach Absprache mit dem Reichsluftfahrt-Ministerium die Daimler-Benz-Motoren GmbH Genshagen. Die Genshagener Heide, nur einen Steinwurf von Berlin entfernt, in südöstlicher Richtung liegend, bot ideale Voraussetzungen für eine unauffällige (die Werksanlagen wurden teilweise unterirdisch angelegt) und trotzdem verkehrsgünstig gelegene Rüstungsproduktion. Wo bis dahin rund 200 Schafhirten und Kleinbauern lebten, begann im Februar 1937 mit etwa 5.600 Beschäftigten die Produktion von Stern-Motoren für den Flugzeugbau. Während des Krieges kamen zunehmend Zwangsarbeiter zum Einsatz, für die man 1944 sogar ein Konzentrationslager in einer der Werkhallen einrichtete. Zusammen mit der Kriegsproduktion war dies für die sowjetischen Besatzer natürlich Grund genug, nach Kriegsende die Werkhallen bei Ludwigsfelde völlig zu demontieren.
In der Folge siedelten sich kleine Reparatur- und sonstige Handwerksbetriebe auf dem Gelände an, die aber den vielen, immer noch in der Nachbarschaft lebenden, ehemaligen Werksangehörigen nicht genug Beschäftigung bieten konnten.
Die junge DDR-Regierung schnürte alsbald ein umfangreiches Investitionspaket für den Standort, mit dem Ziel, Ludwigsfelde zu einer der international größten Produktionsstätten für Schiffsdieselmotoren aufzurüsten. Aus der ganzen Republik zog man zu diesem Zwecke weitere Fachkräfte heran und brachte sie in eiligst errichteten Plattenbauten unter. Indes, das ehrgeizige Ziel konnte aus vielerlei Gründen nur zum Teil realisiert werden und nach Übergabe des ersten Rekonstruktionsabschnittes im Dezember 1952 wurde der VEB Industriewerke Ludwigsfelde (IWL) zu einem regelrechten Gemischtwarenladen umfunktioniert. Neben den Schiffs- und auch wieder Flugzeugmotoren baute man unter anderem Elektrodenstrahl-Mehrkammeröfen, Fahrradhilfsmotoren, Spezialmaschinen und große Schmiedeteile. Auch komplette Kraftfahrzeuge, wie ab 1953 die »Dieselameise«, mussten ins Fertigungsprogramm aufgenommen werden. Jahre später entwickelte sich aus dieser Konstruktion heraus die Multicar-Reihe in Waltershausen.
Nun kamen in Ludwigsfelde also auch noch Motorroller ins Fertigungsprogramm. Die HV-Leitung stellte dafür im September 1953 ein Team (selbstverständlich hieß es »Kollektiv«) aus erfahrenen Ingenieuren und Technikern

unter der Leitung von Roland Berger zusammen und gab ihnen bis zum 21. Dezember, dem Geburtstag Stalins, Zeit (genau 81 Tage), fertige Konstruktionsunterlagen zu erstellen und mindestens ein Versuchsmuster zu bauen. Dies gelang zwar eindrucksvoll, nützte aber nicht viel, denn es dauerte noch bis ins Frühjahr 1955 hinein, ehe die Serienproduktion des neuen Motorrollers »Pitty« im VEB Industriewerke Ludwigsfelde (IWL) anlaufen konnte. Eine riesige Zahl von Problemen, wie es sie überall auf der Welt und in der DDR ganz besonders vor dem Anlauf einer völlig neuen Produktion gab, musste gelöst werden.
Im Frühjahr 1955 kam der Pitty, der ausdrücklich als Stadtroller bezeichnet wurde, dann aber tatsächlich auf den Markt. Mit seinem üppigen Blechkleid a la Heinkel oder Goggo, speziell am Fahrzeugvorderteil, das einfach zu demontieren war, wog der Roller aus dem Osten gut drei Zentner, mit denen der Motor des Zschopauer Motorrades RT 125/1 so seine Mühe hatte. Zumal er durch das zusätzlich aufgesetzte Gebläse noch ein wenig an Leistung verlor und nur 5 PS leistete.

Einer von zehn gebauten Prototypen des Typs Pitty ist heute im Stadt- und Technikmuseum in Ludwigsfelde zu besichtigen.

Chefkonstrukteur Roland Berger auf einem Vorserienmodell des Pitty-Rollers auf dem Werksgelände in Ludwigsfelde.

So wie auf der Titelseite des Deutschen Straßenverkehr vom März 1955 sah der Pitty dann tatsächlich aus und nun dauerte es auch nicht mehr lange, bis er endlich käuflich erworben werden konnte.

Mit dem durch das Kühlgebläse noch leistungsreduzierten Motor der RT 125 war der 140 kg schwere Roller eine lahme Ente. Allerdings störte das in den ruhigen fünfziger Jahren kaum jemanden. Die Technik unter dem etwas plumpen Blechkleid war ansonsten durchaus zeitgemäß.

Der Antriebsblock hing an einer Triebsatzschwinge, die wiederum mit je zwei Stoßdämpfern und Federn gegen das Heck des sehr stabilen Rohrrahmens abgestützt war. Das Vorderrad zog eine ungedämpfte Langschwinge mit 70 mm Federweg. Die 12-Zoll-Räder, inklusive einem unter dem Gepäckträger verstauten Reserverad, waren untereinander austauschbar. Dieses Reserverad war übrigens genau so serienmäßig wie die Doppelsitzbank. Insgesamt war dieser erste serienmäßige DDR-Roller durchaus gelungen und mehr als 11.000 Kunden waren mit dem Pitty weitestgehend zufrieden.

Die Arbeit an einem mit weniger Blech auskommenden und etwas schlanker aussehenden Roller hatte längst begonnen. Im April 1956, nach nur 14 Monaten Produktionszeit, endete die Fertigung des Pitty, der Nachfolger stand in den Startlöchern.

Aber der Produktwechsel vom Pitty zum Nachfolgemodell klappte nicht wie gewünscht, ein paar Wochen stand die Rollermontage sogar still, ehe IWL mit dem »Wiesel«, der die interne Typenbezeichnung SR 56 (Stadtroller 1956) erhielt, die Produktion im Mai fortsetzen konnte. Mit dem Wiesel, der zuerst »Luchs« und dann »SR 56 City« heißen sollte, stellte IWL einen überarbeiteten Roller vor, der vor allem 20 kg abgespeckt hatte und nicht mehr so plump aussah.

Weniger Schnörkel und nur noch eine Bugzierleiste kennzeichneten die letzten Pitty-Serienmodelle.

Obwohl die Serienfertigung schon lief, zeigte die Titelseite des Deutschen Straßenverkehrs vom August 1956 noch ein Vorserienmodell des neuen IWL-Rollers SR 56 Wiesel.

Das war eine dringende und staatlich verordnete Maßnahme, denn Karosserie-Tiefziehblech war in der DDR stets Mangelware und nicht umsonst musste der Trabant eine Außenhaut aus Kunststoff bekommen. Äußerlich am separaten, mitschwenkenden Kotflügel des Vorderrades zu erkennen, hatte sich auch unter dem Blech einiges getan. Die Triebsatzschwinge war durch eine drehstabgefederte Zweirohr-Parallelogramm-Schwinge ersetzt worden. Zusammen mit den neuen Gummihülsen zur Federung des Hinterrades ergab dies mehr Komfort und Sicherheit auf der Straße.

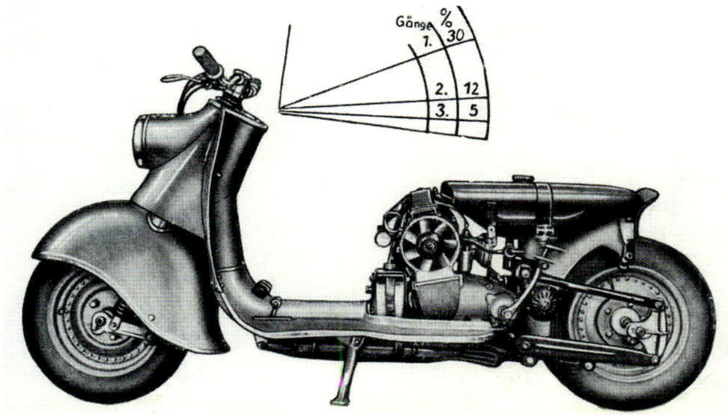

Während das Vorderrad des Wiesel immer noch von einer Schwinge geführt wurde, arbeitete hinten eine interessante Trapez-Schwingen-Konstruktion mit Drehstabfederung und Gummidämpfung.

In vielen Belangen – aber sicher nicht in der Motorleistung – konnte der Wiesel in der zweiten Hälfte der fünfziger Jahre mit den Großrollern westlicher Herkunft mithalten.

Ein Prototyp in einer Art Übergangskonstruktion vom Wiesel zum Berlin. Gut zu erkennen der zugelassene Kindersitz zwischen Beinschutz und Fahrersitz, der den Roller zum echten Familienfahrzeug machte.

Mit dem etwas leistungsgesteigerten, nun 5,2 PS leistenden RT-125-Triebwerk konnten 76 km/h Spitzengeschwindigkeit erreicht werden. Der Tankinhalt war gleich um 50 Prozent, von 8 auf 12 Liter, gestiegen. Gegenüber seinem Vorgänger blieb der Preis des Wiesel trotz deutlicher Verbesserungen unverändert. Optional konnten ein Kindersitz und eine Windschutzscheibe nachgerüstet werden. Außerdem konnte an den Roller nun auch ein in Ludwigsfelde entwickelter und gebauter Einradanhänger mit der sinnreichen Bezeichnung »Campi« gehängt werden. Der Campi wog nur 30 kg, saß auf einem Stahlrohrrahmen und wurde vom gleichen Rad geführt, wie sie am Roller verwendet wurden. Mit der Aufnahme üppigen Campinggepäcks hatte der Campi wenig Mühe, im Gegensatz zum kleinen 125er Motor des Wiesel, der sich mit der Fuhre (eventuell ja noch mit Sozius) recht schwer tat. Bis zum 22. April 1959 wurde der Wiesel in 51.540 Exemplaren gebaut. Zu dieser Zeit war der DDR-Kleinwagen Trabant zwar bereits in die Serienfertigung gegangen, blieb aber für viele Familien noch viele Jahre, wenn nicht Jahrzehnte, unerreichbar. Vor allem deshalb standen die großen Roller aus Ludwigsfelde weiterhin hoch im Kurs und die Produktionszahlen stiegen jährlich an.

Auch nach dem am 1. Mai 1959 erfolgten Modellwechsel zum SR 59 »Berlin« (also immer noch Stadtroller) blieb übrigens der Verkaufspreis mit 2.300 Mark (Ost) gegenüber dem Pitty weiterhin unverändert. Das war eine politische Pflichtvorgabe dieser Zeit, die erst in den achtziger Jahren nach der Maxime »Gebrauchswerterhöhung gleich Preiserhöhung« bewusst untergraben wurde.

Der Berlin-Roller in seiner endgültigen Ausführung und der sehr verbreiteten Zweifarben-Lackierung. Anfänglich gab es serienmäßig nur einfarbige Modelle.

Der Berlin-Roller in Luxus-Ausführung mit Zierstäben am vorderen Kotflügel und Zierleisten auf der Heckhaube.

Mit dem auf knapp 150 ccm aufgebohrten Motor der RT 125/3 (offiziell MZ 125/3) war der »Berlin« für einen Roller dieser Größe erstmals einigermaßen ausreichend motorisiert und endlich auch mit einem Viergangetriebe ausgerüstet. Äußerlich kennzeichneten zwei voluminöse Einzelsitze das neue Modell, das im Design ansonsten nahezu unverändert blieb. Verschönernde Zierstangen am Vorderrad-Kotflügel gab es nur für den Export serienmäßig und mussten ansonsten extra bestellt werden. Der Einradanhänger Campi machte erst jetzt mit dem Berlin-Roller richtig Sinn, denn der 7,5 PS leistende Motor hatte mit dem ganzen Gefährt samt Sozius weniger Mühe. Auch die jetzt hydraulische Dämpfung der hinteren Schwinge wirkte sich positiv aus. Der neue Roller hatte sich nun wirklich zum Familienfahrzeug gemausert, das auch für die große Reise an die Ostsee taugte. Die Bezeichnung »Stadtroller« stimmte auch deshalb für den solo 85 km/h schnellen »Berlin« längst nicht mehr.

1959 (etwa 500 Mitarbeiter sind in der Rollerfertigung beschäftigt) konnten in Ludwigsfelde trotz ständiger Materialengpässe erstmals mehr als 30.000 Roller produziert werden. In drei Schichten waren täglich 195 Motorroller fertig zu stellen. Und mit exakt 113.943 Rollern bis zum 30. November 1962 war der Berlin nicht nur der in Ludwigsfelde am längsten gebaute Motorroller, sondern auch derjenige mit den höchsten Stückzahlen. Dafür sorgten im Übrigen auch stetig steigende Exporte. Die begannen mit der Lieferung von 50 Berlin-Rollern im Juli 1960 nach Ägypten. In Ägypten und im Irak fanden dann auch Testfahrten unter tropischen Bedingungen statt. Die Exportfahrzeuge waren zweifarbig lackiert und mit zusätzlichen Zierleisten ausgestattet. Diese Modelle sind in der heutigen Szene sehr gesucht und werden häufig entsprechend nachgerüstet. Im Übrigen galt der Berlin-Roller damals wie heute als der beste und schönste Roller, der in Ludwigsfelde gebaut wurde.

Wesentliche Veränderungen erfuhr der Roller während seiner Produktionszeit nicht, wenngleich eine ganze Reihe technischer und optischer Retuschen aufgezählt werden könnte. Wie etwa 1960 der verchromte Auspuff und die Fußschaltwippe, die Sicke im Spritzblech oder der Rundschiebervergaser.

Ab Januar 1963 hieß der Nachfolger des Berlin »Troll 1«, was nichts mit kleinen Männchen und auch nichts mit dem früheren bundesdeutschen Troll-Roller zu tun hatte, sondern aus »Touren-Roller« abgeleitet war. Ein völlig neues Rollerkonzept, das wesentlich von der gerade frisch eingeführten Zschopauer ES 150 geprägt war, bediente

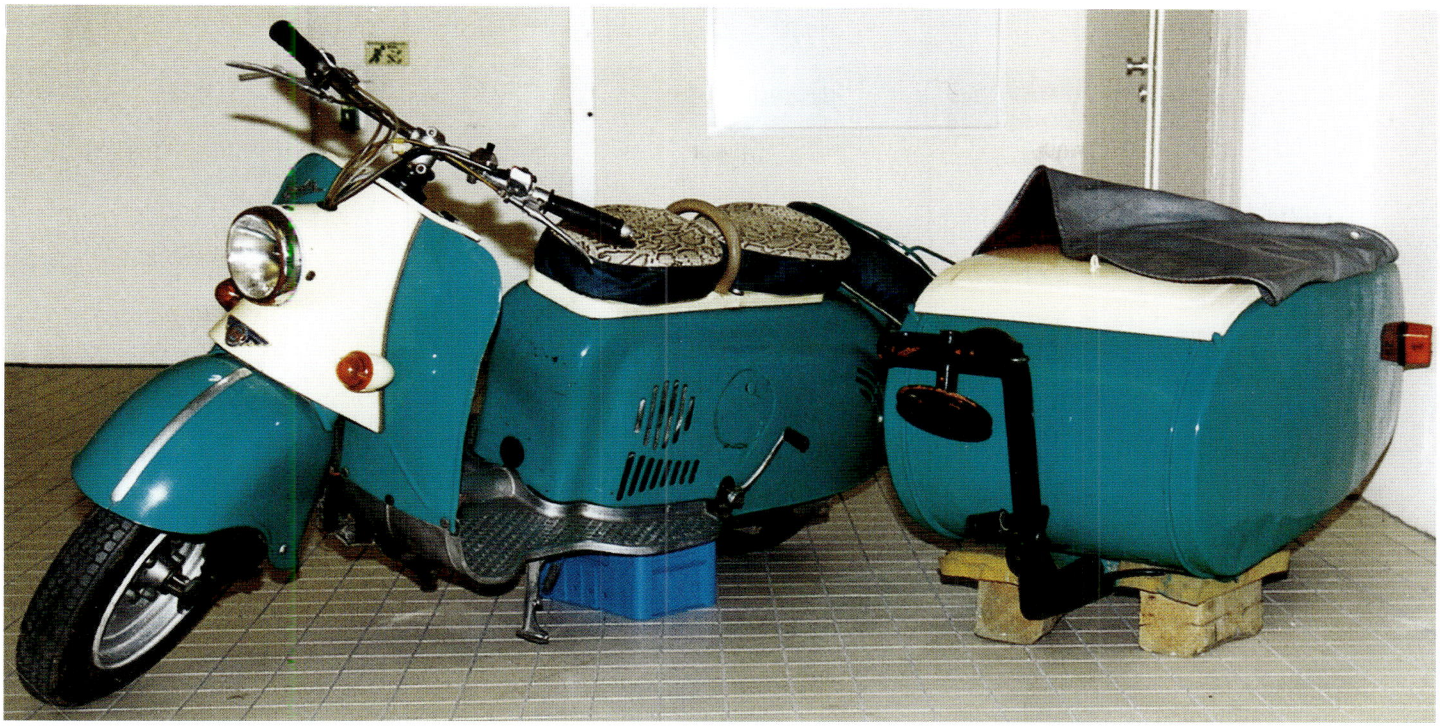

Bereits für den Wiesel konstruiert war der Anhänger »Campi« für den stärkeren Berlin-Roller die bessere Lösung.

Der Troll 1 mischte Designelemente der Roller-Vorgänger mit denen der aktuellen MZ-Motorräder.

Gegenüber Wiesel und Berlin hatten sich beim Troll doch einige wesentliche Konstruktionsmerkmale geändert. Das war unter anderem der Verwendung vieler MZ-Teile geschuldet.

nun die Kundschaft in der DDR und den seit 1960 stark gewachsenen Exportmarkt. In einigen Ländern wurde der Troll auch unter der Bezeichnung »Berlin S« verkauft. Neben dem Motor mit 9,5 PS erbte der »Troll« unter anderem auch Lenker, Lampengehäuse sowie vordere und hintere Federbeine der ES. Insgesamt sollen 60 Teile der MZ-Motorräder Verwendung gefunden haben. Die vordere Langschwinge war zwar ES-ähnlich, aber den kleineren Rädern angepasst worden. Das ganze Fahrgestell hing an einem geschweißten Kastenprofilrahmen, der auch die, jetzt aus zwei Schalen bestehende, hintere Blechverkleidung trug. Diese wiederum trug eine neue, durchgehende Sitzbank; auf ein Reserverad mussten Troll-Besitzer verzichten oder einen Aufpreis von 107 Mark zahlen.

Speziell für den skandinavischen Exportmarkt, wo ein Troll ein eher unfreundliches Fabelwesen war, wurde mit »Berlin S« eine andere Bezeichnung gefunden, die an den beliebteren Vorgänger erinnerte. Mit der Einführung des Troll begannen die Exportzahlen dennoch zu sinken.

Auf der Leipziger Frühjahrsmesse 1963 wurde kräftig die Werbetrommel für die IWL-Roller gerührt. Das war auch nötig, denn der neue Roller war beim Publikum noch längst nicht so beliebt wie sein Vorgänger.

Hervorragende Fahreigenschaften, gepaart mit einem nicht sonderlich originellen Design, bescherten dem Troll in knapp zwei Jahren noch einmal 56.500 Kunden für den letzten großen Roller Made in DDR. Ende 1964, genauer gesagt am 24. Dezember, war nach 240.000 Rollern Schluss in Ludwigsfelde. Der LKW W 50, dessen Fertigung von Werdau nach Ludwigsfelde verlegt wurde, hatte Vorrang.

Nachdem Mitte 1958 ein zugelassener Kindersitz für den Wiesel für 21 Mark käuflich erworben werden konnte, machte man sich zu dieser Zeit im Ludwigsfelder Werk auch Gedanken über einen Einradanhänger fürs Gepäck. Allerdings dauerte es wie immer lange, bis diese Idee als fertiger Anhänger beim Kunden stand. Im März 1959 gab es erste Probefahrten und im Dezember begannen die Arbeiten an den ersten hundert Serienanhängern, die dann für 420 Mark an die Endkunden verkauft wurden. Nach etwa 200 in Ludwigsfelde gebauten Exemplaren wurde die Fertigung zum renommierten Beiwagenhersteller Stoye nach Leipzig verlagert. Dort entstanden bis zur Produktionseinstellung im Juli 1965 noch rund 5.500 Campi-Anhänger, ohne dass die Produktion in dem halbstaatlichen Betrieb jemals wirklich »rund« gelaufen wäre. Die Zahl erscheint sehr gering und tatsächlich war das Interesse am Campi nicht so groß, wie man das heute vermuten könnte. Vor allem die Nichtzulassung als Motorradanhänger brachte einen Einbruch bei der Nachfrage. Später wurde das Verbot relativiert und die Motorradzulassung im Einzelfall erteilt.

Der Aufbau des Campi war sehr übersichtlich. Auf einem Zentralrohrrahmen mit langem Ausleger zum Anhängen an den Roller war die im Wesentlichen aus Aluminiumblech

Ein zweifarbiges Berlin-Gespann mit Campi-Anhänger in prächtigem Zustand; da schaut man über die nicht unbedingt zeitgemäße Fahrerkluft schon mal hinweg.

Noch im Mai 1964 brachten die Marketingstrategen diese Zeitschriftenwerbung heraus, um den stark rückläufigen Rollermarkt und den sowieso nie auf Hochtouren laufenden Campi-Absatz noch einmal anzukurbeln.

gefertigte Karosserie montiert. Eine ungedämpfte Drehstabfederung mit nur 54 mm Federweg hielt den Anhänger zwar nicht sehr ruhig auf dem Kopfsteinpflaster, der lange Kupplungsausleger ließ aber wenige Vibrationen zum Roller hin übrig.

Während bei Wiesel und Berlin nahezu identische Anhängerkupplungen Verwendung fanden, musste für den Troll sowohl eine geänderte Kupplung, als auch ein geändertes Rahmenrohr am Campi zur Kupplung hin montiert werden, da der Anschlusspunkt beim Troll deutlich höher über der Fahrbahn lag. Ein vom Werk angebotener Umbausatz machte es einfach, den Campi an diesen oder jenen Roller zu hängen.

Der Campi ist heute fast ebenso Kult wie der Trabant oder die Schwalbe, also wohl dem, der einen hinter seinem IWL-Roller herzieht.

Für den Anschluss an den Troll brauchte der Campi sowohl eine neue Kupplung wie auch ein neues Rahmenrohr.

Modell	Pitty	Wiesel	Berlin	Troll 1
Motor	IFA-Zeitakt	MZ-Zweitakt	MZ-Zweitakt	MZ-Zweitakt
Hubraum ccm	123	123	143	143
Leistung PS	5	5,2	7,5	9,5
bei Drehzahl 1/min	5.000	5.200	5.100	5.500
Zylinderzahl	1	1	1	1
Bohrung/Hub mm	52/58	52/58	56/58	56/58
Verdichtung :1	6,85	6,85	7,75-8,1	8,75-9
Kühlung	Gebläse	Gebläse	Gebläse	Gebläse
Vergaser	BVF	BVF	BVF	BVF
Durchlass mm	20	20	24	24
Starter	Kick	Kick	Kick	Kick
Zündung	Batterie	Batterie	Batterie	Batterie
Kraftübertragung				
Getriebe/Gangzahl	3	3	4	4
Hinterradantrieb	Kette	Kette	Kette	Kette
Fahrwerk				
Rahmen	Stahlrohr, geschweißt	Zentralrohr, geschweißt	Zentralrohr, geschweißt	Stahlblech-Profil, geschweißt
Federung vorn	Schwinggabel	Schwinggabel	Schwinggabel, Reibungsdämpfer, Schraubenfedern	Schwinge mit Federbeinen
Federung hinten	Triebsatzschwinge	Trapezschwinge, Drehstab- u. Gummifederung	Trapezschwinge, Drehstabfeder u. hydr. Dämpfer	Schwinge mit Federbeinen
Bremse vorn	Innenbacken 150 mm	Innenbacken 150 mm	Innenbacken 150 mm	Trommel 160 mm
Bremse hinten	Innenbacken 150 mm	Innenbacken 150 mm	Innenbacken 150 mm	Trommel 160 mm
Reifen vorn	3,50-12	3,50-12	3,50-12	3,50-12
Reifen hinten	3,50-12	3,50-12	3,50-12	3,50-12
Maße und Gewichte				
Tankinhalt Liter	8	12	12	12
Radstand mm	1.420	1.430	1.430	1.450
Leergewicht kg	140	120	135	128
Zul. Gesamtgewicht kg	300	300	300	300
Höchstgeschwindigkeit km/h	70	75	82	90
Verbrauch l/100 km	3,2	3,2	2,8	2,95
Baujahre	1955/56	1956–59	1959–62	1963/64
Stückzahl	11.293	51.540	113.943	56.513
Preis DM (Ost)	2.300,-	2.300,-	2.300,-	2.550,-

Simson 50er und 70er

Im Herbst 1953 entschied eine Arbeitsgruppe des Maschinenbau-Ministeriums über den Standort des künftig in der DDR in Großserie zu bauenden Mopeds. Suhl bekam den Zuschlag für ein Fertigungsprogramm, um das man sich nicht beworben hatte. Aber die Fachleute sahen, nicht zu Unrecht, in Suhl die idealen Voraussetzungen für eine möglichst kurzfristig zu startende Moped-Produktion.
Im Westen Deutschlands hatte der Moped-Boom inzwischen einen ersten Höhepunkt erreicht. Hier durften die in verstärkte Fahrrad-Rahmen eingesetzten Motoren mit Pedalen (Mo-ped) nicht mehr als 50 ccm Hubraum besitzen und das Fahrzeug, das maximal 33 Kilogramm auf die Waage zu bringen hatte, nicht schneller als 40 km/h sein. Die ostdeutsche Konstruktion hielt sich da nur an die Hubraumgröße, ansonsten setzten die Suhler Ingenieure eigene Maßstäbe. Während sie am Fahrgestell feilten, waren Zschopauer Zweitakt-Spezialisten dabei, den Motor zu entwickeln und serienreif zu machen. Als Standort für die Motorenfertigung bestimmten Regierungsvertreter den VEB Büromaschinenwerk Rheinmetall in Sömmerda, der davon alles andere als begeistert war und sich immer wieder als echter Hemmschuh erwies.

Zuerst hatten die Suhler Ingenieure ein Tankrahmen-Moped bevorzugt, das aber schwieriger zu produzieren gewesen wäre.

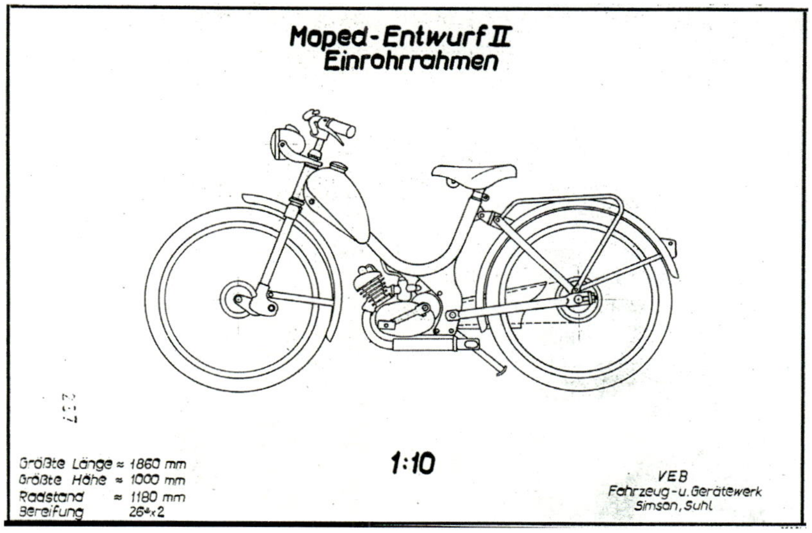

Dieser Entwurf (beide Zeichnungen stammen von 1954) kam dem schließlich gebauten ersten Suhler Moped schon recht nahe.

Die Mopeds der ersten Generation

Die Gefühle in Suhl waren gemischt, als bekannt wurde, dass man den Zuschlag für die Mopedproduktion bekam, um die man sich nicht beworben hatte. Niemand konnte zu diesem Zeitpunkt ahnen, dass Simson einmal einer der weltgrößten Hersteller von 50-ccm-Motorrädern sein würde.
Am 31. März 1954 lag ein Entwurf zur Mopedfertigung in Suhl vor. Nachdem der Motor ja von Spezialisten des IFA-Motorradwerkes in Zschopau konstruiert worden war, hatten die Suhler Ingenieure wenig Mühe, ein geeignetes Fahrwerk zu entwickeln. Seit mehr als einem halben Jahrhundert wurden bei Simson Fahrräder gebaut, und das BSW-Motorfahrrad, sozusagen Urahn der Suhler Mopeds, hatte ein Übriges getan, die Konstrukteure mit dem nötigen Wissen auszustatten. Von westlichen Vorbildern ließ man sich kaum leiten, und es lagen auch keine staatlichen Forderungen vor, westliche Gesetzgebungen in der Konstruktion zu berücksichtigen.
Inzwischen nahmen die Fertigungseinrichtungen in den Räumen der ehemaligen Kinderwagen-Produktion Gestalt an, und bis Ende März 1955 sollten nun die ersten 50 Fahrzeuge des Mopeds Typ »SR 1« (SR = Simson + Rheinmetall) montiert sein. Tatsächlich aber lief die Produktion mehr als schleppend an. Mitte Juli kamen die

ersten Mopeds in den Handel und für 990 DM an den Endverbraucher. Die Nachfrage nach dem durchaus gelungenen und von den Kritikern überwiegend gelobten Kleinkraftrad überstieg schnell den Produktionsausstoß. Mit seinen dünnen Blechteilen und den großen 26-Zoll-Rädern erinnerte das SR 1 den Betrachter sehr an ein Fahrrad. Das war zu dieser Zeit im Mopedbau durchaus noch Standard und auch sonst lag die Suhler Neuschöpfung gut im Trend. Gummigefederte Schwinghebel vorn und die ebenfalls in Gummi gelagerte und als Schwinge ausgebildete hintere Gabel sorgten für einigermaßen Federungskomfort. Doch machte der Sattel, der ebenfalls durch Gummi abgefedert wurde, das Fahren auf DDR-Straßen erst erträglich.
Die Trommelbremsen in beiden Naben sorgten für eine ausreichende Verzögerung. Pfiffig der Tachometer im

Der kleine Pedalmotor war von einem Zschopauer Entwicklungsteam um Herbert Friedrich und Kurt Bang, die beide schon DKW-Erfahrung hatten, konstruiert worden.

Lampengehäuse und der integrierte Tragegriff im Rahmen-Durchstieg.
Bemängelt wurden seinerzeit hauptsächlich die schmalen, wenig vor Schmutz schützenden »Schutzbleche« und der nur leichte Zuladung vertragende Gepäckträger. Für das im Inland ausschließlich in brauner (maron) Lackierung

Das erste DDR-Moped SR 1 wurde sofort ein Verkaufsschlager. Von Anfang an prägte äußerste Solidität die Suhler Mopeds.

Das Moped SR 1 fand sehr schnell Verbreitung auf den Straßen der DDR, allerdings war es in der hier gezeigten zweifarbigen Exportausführung eher selten zu sehen.

Heruntergezogene Schutzbleche und vor allem die Vergaserabdeckung kennzeichneten die Weiterentwicklung des ersten Simson-Mopeds SR 1.

ausgelieferte Zweirad brauchte sein Fahrer (vorerst) keinen Führerschein. Nicht mal Steuern wurden erhoben – wahrlich goldene Zeiten! Die brachen auch für den DDR-Außenhandel an. Mit verchromten Naben, Alufelgen und Farbgebungen in Beige (Hechtgrau), Lindgrün und Blau geriet das SR1 schnell zum Exportschlager – nicht nur ins sozialistische Ausland.
Ab der Fahrgestell-Nr. 30001 flossen einige Veränderungen in das Moped ein, mit denen die Konstrukteure auf anfängliche Kritiken reagierten. So wurden die vorderen Schutzbleche, mit Seitenabdeckungen versehen, beinahe zu richtigen Kotflügeln. Der Kettenschutz wurde verbessert und der Rahmenhinterbau verstärkt. Auffälligstes neues Detail war jedoch die helle, seitliche Vergaserabdeckung.

Ab Fahrgestell-Nr. 65000 wurde auch die Vordergabel verstärkt, nachdem es, vor allem bei Fahrzeugen mit Kindersitz, zu Gabelbrüchen gekommen war.
Mitte Februar 1956 begannen die Vorarbeiten zur Weiterentwicklung des Suhler Mopeds und zwölf Monate später sollte das SR1 abgelöst werden. Anfang 1957 liefen SR 1 und der schlicht SR 2 genannte Nachfolger noch wochenlang parallel von den Montagebändern.
Dabei befanden sich die Fertigungsstätten in einer kontinuierlichen Erweiterung. Nach der Kinderwagenproduktion musste im ersten Quartal 1957 auch die Fahrradmontage zugunsten der Kleinkrafträder eingestellt werden. Eine 60 Jahre währende Tradition ging damit zu Ende.
Mit dem SR 2 bauten die Konstrukteure Schwächen des Vorgängers ab und glichen die Linienführung dem internationalen Standard an. Das ganze Fahrzeug war nun mehr Moped und weniger Fahrrad. Tief herumgezogene Kotflügel, eine niedrigere Sitzposition, erreicht unter anderem durch die kleineren 23-Zoll-Felgen, und ein neuer, stabiler Gepäckträger waren die äußeren Unterscheidungsmerkmale zum Vorgängertyp. Auffällig auch ein elektrisches Signalhorn, zu dieser Zeit noch keineswegs Standard im Mopedbau. Die Klingel musste erhalten bleiben, da bei immer noch möglichem Fahrradbetrieb kein Strom erzeugt wurde.

Das Moped SR 2 wird an einen Kunden ausgeliefert. In diesen beiden Farben fuhr es zu Hunderttausenden auf den Straßen der DDR.

Für den Exportmarkt gab es von Anfang an schicke Zweifarben-Lackierungen mit »Hammerschlag-Effekt«.

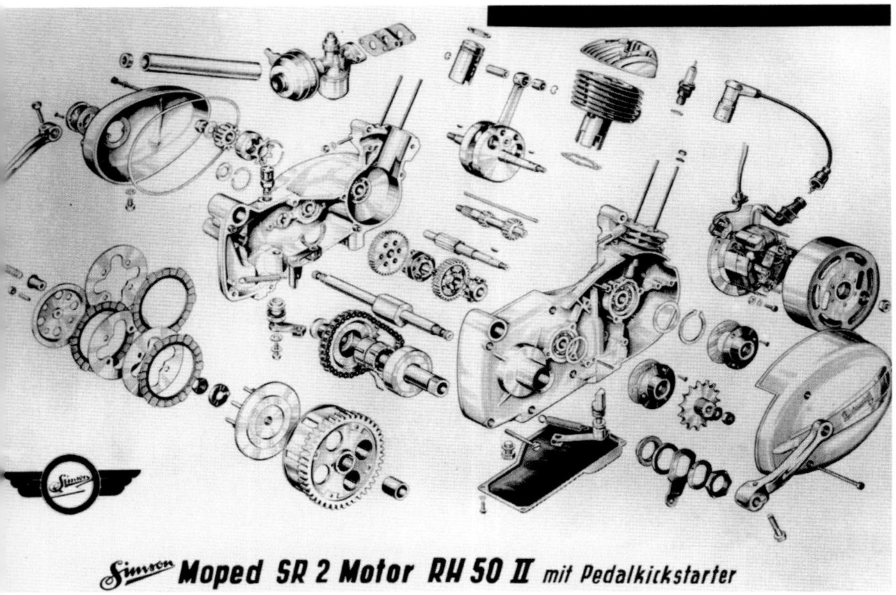

Der SR 2-Motor mit »Pedalkickstarter«, weil der SR 1-Nachfolger im Gegensatz zum ersten Moped jetzt im Stand angeworfen werden konnte.

Für die ständig steigende Mopedproduktion musste Simson 1957 die traditionsreiche Fahrradfertigung einstellen.

Trotz unverändert gebliebener Federung und Bremsen hatten sich Straßenlage und Handlichkeit durch den niedrigeren Aufbau wesentlich verbessert. Und auch die »inneren Werte« waren gestiegen: Mit Schaltstellung »zweiter Gang« und gezogener Kupplung konnte der Motor mittels Pedaltrieb nach Kickstartermanier angeworfen werden.
Bei gleich bleibender Leistung erreichte auch das SR 2 eine Spitzengeschwindigkeit von 45 km/h. Dank Ansauggeräuschdämpfer und veränderten Schalldämpfern kam das Moped nun leiser daher. Für den leicht erhöhten Spritverbrauch stand der auf sechs Liter (vorher 4,5) vergrößerte Tank zur Verfügung.
Für 1.050 Mark Ost konnte der Mopedkäufer in der DDR jetzt zwischen den Farben Maron und Grau-Beige wählen. Im Ausland waren SR 2-Fahrer mit einer schicken Zweifarbenlackierung unterwegs. Zum silbergrauen Tank, der mit der Aluminium-Verkleidung des Vergaser-Trakts zu einer Farbeinheit verschmolz, gesellten sich Diaphan-(Hammerschlag-)Grün oder Blau. Wie gehabt erhielten die Export-Mopeds außerdem verchromte Naben und polierte Alufelgen.
Bis zu 30 % betrug der Exportanteil an der SR 2-Produktion. Grund genug, dem Drängen einiger Importeure nach Fahrwerks- und Leistungsverbesserungen nachzugeben. Die Entwicklung nannte es intern »SR 2E« (mit dem »E« für Export), was im Mai 1959 erstmals mit drei Funktionsmustern gezeigt wurde. Auffällig an diesem Modell, das unter dieser Bezeichnung ab Dezember 1959 in die Serie überführt wurde, war die geschlossene, um das Schutzblech herumlaufende Kurzschwinge am Vorderrad, die sich auf Schraubenfedern abstützte. Auch hinten ersetzten Schraubenfedern die alten Gummiblöcke. Die nun erheblich verlängerten Federwege wirkten sich sehr positiv auf die Fahrsicherheit und den Komfort des kleinen Suhler Zweirades aus. Diese, zunächst nur für den Export vorgesehene, Fahrwerksvariante wurde aufgrund intensiver Bemühungen der Suhler Betriebsleitung von der Berliner Parteispitze zum Allgemeingut erklärt und auch für den Verkauf im Inland freigegeben. Daraufhin löste in den ersten Januartagen des Jahres 1960 das SR 2E seinen Vorgänger vollends ab. An Bord waren nun auch 3-Volt-Monozellen, die die Hupe speisten und die Klingel überflüssig machten.
Anfang der sechziger Jahre entsprachen Design, Fahr- und Triebwerk des SR 2E längst nicht mehr dem internationalen Moped-Standard. So geschah etwas für DDR-Verhältnisse Einmaliges: Schon 1963 kam der Moped-Verkauf ins Stocken und 1964 wurde gar auf Halde produziert. Selbst die (ebenfalls einmalige) Möglichkeit des Ratenkaufs, mit 260 Mark Anzahlung und 24 Monaten Laufzeit, half da nur wenig.
Dabei hatten die Techniker alles getan, die Möglichkeiten des SR 2-Konzeptes auszuschöpfen. Schon im Sommer 1960 war ein Gleichstromhorn anstelle der schnarrenden Wechselstromhupe eingesetzt worden, gespeist von einer Batterie unter dem Kraftstofftank. Ab Dezember des gleichen Jahres wurde ein Rundtacho ins Lampengehäuse eingesetzt. Eine ganze Reihe von Verbesserungen wurde für das Produktionsjahr 1962 wirksam, in dem dann übrigens am 13. September das einmillionste Moped die Suh-

Dieser Prospekt-Titel von 1964 zeigt, wie die Suhler versuchten, ihr SR 2E am Ende seiner Produktionszeit mit kräftigen Farben attraktiver zu machen.

Das SR 2E war äußerlich unter anderem an den größeren Abdeckungen im Bereich Schwinge/Schraubenfeder und an der um das vordere Schutzblech herumlaufenden Schwinge zu erkennen.

ler Werkhallen verließ. Noch einmal wurde die Federung verbessert: Der vordere Federweg verlängerte sich von 60 auf 72 mm und stützte sich nun auf eine voll geschweißte Vordergabel ohne Lötmuffen (ab Fahrgestell-Nr. 797.250). Die Motorleistung kletterte um 0,3 auf 1,8 PS, wobei Nenndrehzahl und Höchstgeschwindigkeit nahezu unverändert blieben. Eine erhöhte Verdichtung (7,5:1), erreicht durch Verwendung eines neuen Zylinderdeckels (vom KR 50 übernommen) und die Veränderung der Steuerzeiten ermöglichten den Leistungsanstieg.
Neben kleineren Detailverbesserungen müssen der neue Kippständer aus Aluminiumguss und erstmals mit Rückzugsfeder (Fahrgestell-Nr. 894.220) sowie der neu gestaltete Gepäckträger mit Gummispannband erwähnt werden. Ein größeres Rücklicht war dem SR2E schon für das Modelljahr 1961 spendiert worden. Jetzt wurde die Leuchtfläche noch einmal vergrößert, womit die Strahler in den Pedalen überflüssig wurden (ab November 1962).
Mit frischen Farben wie Signal- oder Bordeauxrot sollten auch die Importeure der inzwischen auf 45 angewachsenen Exportländer bei Laune gehalten werden.

Mit dem Erscheinen des KR (KleinRoller) 50 hatte Simson wirklich einen Hit gelandet, und das, obgleich es kaum internationale Trends in Sachen 50-ccm-Roller gab.
Die geschlossene Verkleidung, die vor Regen und Schmutz schützen sollte, bildete dann auch die Grundlage für erste Entwürfe im Zeitraum Juli/August 1956. Im Herbst 1956 ging man davon aus, einmal 100.000 und mehr Roller jährlich bauen zu können; eine Zahl, die dann selbst zu besten Schwalbe-Zeiten nie erreicht wurde.
Die Versuchsabteilung baute im Herbst 1957 das dritte Roller-Funktionsmuster auf, das dem endgültigen Kleinroller schon sehr nahe kam und als Grundlage für sieben Fertigungsmuster diente. Letztere mussten noch mit den herkömmlichen, etwas umgebauten Mopedmotoren bestückt werden, da die Zschopauer Motoren-Fachleute den geforderten Rollermotor mit erhöhter Leistung und Kickstarter nicht schnell genug auf den Prüfstand brachten. Um den staatlich gesetzten Terminvorgaben gerecht werden zu können, beließen es die Konstrukteure bei zwei Getriebegängen, die, wie beim Moped, links am Lenker geschaltet wurden.

Die üppige Blechverkleidung des KR 50 und dessen Nachfolger war der Hauptgrund dafür, dass die Roller-Nachfrage in der an chronischem Blechmangel leidenden DDR nie befriedigt werden konnte.

Der Simson-Kleinroller KR 50 hatte angeblich einen weiblichen Charakter. Dennoch war die Käuferschicht eher gemischt.

Ende Februar 1958 konnten fast fristgerecht 20 Nullserien-Kleinroller montiert werden, deren Karosserien mit den fertigen Serienwerkzeugen gepresst worden waren. Der Startschuss zur Serienproduktion des Rollers fiel dann aber doch erst im Juni, und ab August 1958 verkaufte die HO (Handelsorganisation in der DDR) den KR 50 für 1.150 Mark (Ost) in der Basisversion und 1.265 Mark für die Ausführung mit Leichtmetallfelgen und Zweifarbenlackierung. In der Frontschürze oberhalb des Kotflügels war das Lampengehäuse feststehend integriert; nicht im Scheinwerfer, sondern im hinter dem Lenker liegenden Armaturenbrett war der – im Gegensatz zum Moped (Vorderradnabe) – von der Motorabtriebswelle angetriebene Tachometer platziert. Links und rechts davon befanden sich Zughebel für Starterklappe und Tupfer.
Unter dem leicht demontierbaren Verkleidungs-Mittelteil kam der Motor, an einem stabilen Doppelrohrrahmen hängend, zum Vorschein. Das überarbeitete Moped-Triebwerk leistete 2,1 PS bei 5.500 /min. Trotz des ordentlichen Gewichts von 68 kg schaffte der Kleinroller eine Dauergeschwindigkeit von 50 km/h.
Dies erforderte auch einige Veränderungen am Fahrwerk. Den neuen 20-Zoll-Rädern mit verstärkten Achsen wurde die ansonsten unveränderte SR 2-Gabel angepasst. Das Hinterrad federte eine verwindungssteife, mit Schraubenfeder abgestützte Schwinge. Innerhalb der Feder sorgte ein Gummipuffer für den auf 55 mm begrenzten Federweg. Zusammen mit dem großen, schaumgummigepolsterten Sitz (unter dem Werkzeug, Luftpumpe und Tank verstaut waren) konnte dem neuen Roller ein angenehmer Fahrkomfort bescheinigt werden.
Die zu dieser Zeit auch schon am SR 2 im Einsatz befindlichen Leichtmetall-Vollnabenbremsen fanden beim KR 50 genauso Verwendung wie der Lenker mit Anbauteilen

Das Schnittmodell dieses KR 50 entstand, wie auch einige andere spätere Simson-M[illegible] der Lehrwerkstatt des Sub[illegible]

inklusive Klingel! Bei der Lackierung ging es zunächst recht eintönig zu. Den vom SR 2 her bekannten Farben Beige und Braun wurde eine diaphanblaue (Hammerschlag) Verkleidung zur Seite gestellt. Schnell folgte eine zweifarbige Variante in Diaphanblau/Grau, wie schon erwähnt, gegen Aufpreis. In späteren Produktionsjahren (1961/62) gesellten sich Rotbraun und Erikarot hinzu.
In seinen knapp sechs Produktionsjahren hatte sich der KR 50 einigen technischen und kosmetischen Operationen zu unterziehen. Gleich zu Beginn des zweiten Produktionsjahres wurde die Bereifung auf 2,50x16 verstärkt (Fahrgestell-Nr. 6.338). Ebenfalls 1959 versorgte, analog zum späteren SR 2E, eine 3-Volt-Monozellen Batterie das neue Gleichstromhorn. Schließlich, ebenfalls noch vor Einführung des SR 2E, bekam der Roller die schraubengefederte Vordergabel mit Kurzschwinge (Fahrgestell-Nr. 10.780). Den Rundtachometer gab es ab November 1960.

Der KR 50 mit zweifarbigen Sonderlackierungen war zwar in erster Linie für den Export vorgesehen, konnte gegen einen Aufpreis aber auch in der DDR geordert werden.

Vom alten Rücklicht abgesehen, war das die letzte Version des KR 50, erkennbar am Blechprägelenker. Alle in diesem Buch vorgestellten Simson-Fahrzeuge können übrigens im Fahrzeugmuseum in Suhl bestaunt werden. Ein Besuch, der sich auf jeden Fall lohnt!

Im Frühjahr 1962 kam eine neue Hinterradfederung mit reibungsgedämpften Teleskopfederbeinen, die den Federweg auf 85 mm verlängerten (Fahrgestell-Nr. 82.132). Zuvor war schon die hintere Schwinge in Silentbuchsen gelagert worden.
Auch die Vorderradführung, vom aktuellen Stand des SR 2E übernommen, hatte sich geändert (Fahrgestell-Nr. 60.693). Die neue Gabel- und Schwingenkonstruktion bescherte mehr Fahrsicherheit; der um 12 mm verlängerte Federweg mehr Komfort. Ein Kippständer aus Blechprägeteilen löste den arg kritisierten Rohrständer ab. Schließlich schloss das größere Rücklicht, das auch an das SR 2E passte, das 62er Änderungspaket im Oktober ab.
Für das Modelljahr 63 wurden weitere größere Eingriffe registriert: Optisch war das letzte Produktionsjahr am flachen Blechprägelenker mit Suhler Stadtwappen in seinem Zentrum erkennbar (Fahrgestell-Nr. 111.510). Das Fassungsvermögen des Tanks erhöhte sich um einen halben Liter, die Leistung des Motors um 0,2 PS. Diese geringe Steigerung, verbunden mit einer Anhebung des Drehmoments wurde durch eine neue Abgasanlage mit geänderter Schalldämpferabstimmung möglich.
Bis Februar 1964 rollte der KR 50 aus dem sich ständig vergrößernden Simson-Werk. Steuerfrei durfte er nach wie vor gefahren werden, einen Moped-Führerschein hatten die DDR-Behörden aber längst eingeführt.

Ein KR 50 der letzten Ausführung mit originalem Rücklicht im nicht ganz ernstzunehmenden Nachwende-Alltag.

Auch das hat es gegeben: Ein KR 50 auf einem Draisinen-Fahrgestell der Deutschen Reichsbahn.

Modell	SR 1	SR 2	SR 2E	KR 50
Bauart	Moped	Moped	Moped	Kleinroller
Motor	RH 50 (Rheinmetall)	RH 50II	RH 50II	KRoRh50
Bauart	Einzylinder-Zweitakt	Einzylinder-Zweitakt	Einzylinder-Zweitakt	Einzylinder-Zweitakt
Starter	Pedale	Pedale	Pedale	Kick
Kühlung	Fahrtwind	Fahrtwind	Fahrtwind	Fahrtwind
Bohrung (mm)	38	38	38	38
Hub (mm)	42	42	42	42
Hubraum (ccm)	47,6	47,6	47,6	47,6
Verdichtung	6:1	7:1	ab 1962 7,5:1	7,5:1, ab 1963 8,5:1
Leistung (PS/min)	1,5/5000	1,5/5000	ab 1962 1,8/5500	2,1/5500, ab 1963 2,3/5500
Schmierung (Gemisch)	1:25	1:25	1: 25	1: 25
Kerze	M14-225	M14-225	14-225 (240)	14-225 (240)
E-Anlage	Schwunglichtmagnetzündung mit Lichtspulen 6 V/18 W			
Vergaser	BVF NKJ 121-1	NKJ 122-4	NKJ 121-4	NKJ 132-0 (132-2)
Hauptdüse/Nadeldüse	55/210	55/210	(ab Motor-Nr. 850 000) 55/212	55/215 (ab Motor-Nr. 103585 60/212)
Kraftübertragung				
Getriebe	2-Gang, Hand	2-Gang, Hand	2-Gang, Hand	2-Gang, Hand
Kupplung	3-Scheiben-Ölbad	3-Scheiben-Ölbad	3-Scheiben-Ölbad	3-Scheiben-Ölbad
Fahrwerk				
Rahmen	Zentralrohr	Zentralrohr	Zentralrohr	Doppelrohr
Bereifung	26x2,00	23x2,25	23x2,25	20 x 2,25, ab 1959 16 x 2,50
Bremse vorn	Innenbacken, Bowdenzug	Innenbacken, Bowdenzug	Innenbacken, Bowdenzug	Innenbacken, Bowdenzug
Bremse hinten	Innenbacken, Rücktritt	Innenbacken, Rücktritt	Innenbacken, Rücktritt	Trommel, Bowdenzug
Federung vorn	Schwinghebel mit Gummipuffern	Schwinghebel mit Gummipuffern	Kurzschwinge auf Schraubenfedern	Schwinghebel mit Gummipuffern, ab 1959 Kurzschwinge auf Schraubenfedern
Federung hinten	Schwinge mit Gummipuffern	Schwinge mit Gummipuffern	Schwinge mit Gummipuffern	Schwinge mit Federbein
Maße und Gewichte				
Eigengewicht (kg)	51	54	55	63, ab 1962 68
Tankinhalt (l)	4,5	6	6	6,3
Höchstgeschwindigkeit (km/h)	45	45	45	50
Bauzeit	1955–1957	1957–1959	1959–1964	1958–1964
Stückzahl	152.000	390.000	515.000	164.5000
Preis DM (Ost)	990,-	1.050,-	1.050,-	1.150,- (Exportmodell 1.265,-)

Bei diesem Vorserienmodell der Schwalbe von 1962 war die endgültige Form nahezu erreicht.

Unter dem Blechkleid der Schwalbe gab es kaum noch Gemeinsamkeiten mit dem KR 50.

Die Vogelserie

Unter schwierigen Umständen hatten es die Simson-Spezialisten zu Beginn des Jahres 1964 endlich geschafft, eine neue Moped-, Mokick- und Roller-Generation zur Serienreife zu bringen. Alle neuen Modelle wurden aus einem Baukastensystem heraus entwickelt und bekamen neben den werksinternen Bezeichnungen nun offiziell einen Vogelnamen. Der erste Vogel, der das Thüringer Mopedbauer-Nest verließ, war der Mokick-Roller KR 51 »Schwalbe«. Der Schwalbe-Schriftzug aus Aluminium prangte fortan dort, wo am KR 50 das Simson-Signet befestigt war – am linken Beinschild.
Dem Nachfolger des KR 50 maßen die verantwortlichen Politiker einige Bedeutung zu und ließen demzufolge, gemessen an sonstigen Kraftfahrzeugentwicklungen in der DDR, relativ großzügig Geld von Berlin in den Thüringer Wald fließen.
Nach diversen Entwicklungsstufen und Prototypen entstanden 1962 weitere Versuchsfahrzeuge, die neue Motoren mit den endgültigen 3,4 PS Leistung und eine Bereifung der Größe 20 x 2,75 erhielten. Dazu kam eine neue elektrische Anlage: Schwunglichtmagnetzünder mit Lichtspulen 6 V/33 W, Batterie 6 V/4,5 Ah mit Ladeanlage, 15/15-W-Scheinwerfer, 18-W-Bremslicht, 18-W-Lenkerblinkanlage, Parkleuchte und Signalhorn. Die Elektrik, in Verbindung mit den gut dimensionierten Bremsen wurde später als Sicherheitsfaktor zur Grundlage für die Entscheidung, die Höchstgeschwindigkeit für Mopeds/Mokicks in der DDR auf 60 km/h zu erhöhen.

Der Scheinwerfer erhielt erstmals seine markante, eckige Form (136 mm Lichtaustritt), was ein neues Frontschild zur Folge hatte. So blieben von den großen Blechteilen der Karosserie nur die Motortunnel-Abdeckung und die Beinschilder gegenüber dem KR 50 (fast) unverändert.
2,2 Millionen Mark hatte die Entwicklung des neuen Mokick-Kleinrollers bis Oktober 1963 verschlungen! Freilich kamen viele seiner technischen Neuerungen auch der Mokick-Entwicklung zugute.
Am 1. Februar 1964 begann offiziell die Serienfertigung des KR 51 mit zunächst ausschließlich handgeschaltetem Dreigang-Getriebe. Der implantierte Motor, der jetzt in Suhl gefertigt wurde, trug die Bezeichnung M 53 KHL (Kickstarter, Handschaltung, Lüfter).
In jedem ihrer 22 Produktionsjahre blieb die Schwalbe ein Fahrzeug in »limitierter Auflage«. Das lag hauptsächlich an der üppigen Blechverkleidung des Rollers; denn Tiefziehblech war in der DDR zu allen Zeiten Mangelware und konnte dem Thüringer Werk stets nur kontingentiert zur Verfügung gestellt werden. Dabei hätten erheblich mehr Schwalben verkauft werden können. Trotzdem konnte die Zweiradproduktion von Jahr zu Jahr gesteigert werden. Für die Schwalbe stieg der Jahresausstoß von anfänglich knapp 30.000 Einheiten auf etwa 45.000 im Jahr 1970 und fast 60.000 zu Beginn der achtziger Jahre – mehr gab das Blech nicht her.
Nach offiziellen Ankündigungen war die Schwalbe mit Fußschaltung für den Spätsommer 1964 vorgesehen. Tatsächlich kamen die ersten Fahrzeuge mit der Bezeichnung KR 51 F aber erst Mitte 1965 in den Handel. Die Schwalbe mit Handschaltung blieb weiterhin im Angebot, und beide

Offizielles Simson-Pressefoto für die KR 51 »Schwalbe«, bereits mit dem zweiten Schwalbe-Schriftzug am Knieblech.

Erst 1965 konnte die Schwalbe auch mit einer Fußschaltung geliefert werden.

Ausführungen kosteten 1.265 Mark. Das war exakt die Summe, die auch der deutlich schlechter ausgestattete KR 50 gekostet hatte. Die strenge staatliche Überwachung ließ bis in die siebziger Jahre hinein keine Anhebung der Endverbraucherpreise (EVP) zum Beispiel für Nachfolgeprodukte zu. 1968 präsentierte sich Simson als »größter Herstellerbetrieb für motorisierte Zweiräder beider deutscher Staaten« und kündigte eine Produktionssteigerung von 25 % für das laufende Jahr an. Die Schwalbe erhielt ab März die Bezeichnung KR 51/1 und den neuen Motor M 53/1. Fußschaltung (M53/1 KFR) und Handschaltung (M53/1 KH) blieben weiterhin parallel im Angebot. Durch Änderung des Saugkanals (35 mm länger), der Ansauganlage (neue Ansauggeräuschdämpfer mit Unterbringung des Luftfilters am Steuerkopfende des Lenkers), des Vergasers, der Spülkanäle im Zylinder und der Abgasanlage (neue Schalldämpfer) konnte die Leistung geringfügig erhöht (3,6 PS) und dabei die Drehzahl gesenkt (5.750 /min) werden. Dadurch wurde der Geräuschpegel und der Spritverbrauch vermindert.

Die Schwalbe in der weiterentwickelten Version KR 51/1 mit rechteckigem Spiegel, wie er ab etwa Mitte der siebziger Jahre zum Einsatz kam.

Als KR 51/1 wurde die Schwalbe bis 1980 gebaut. Hier ein Werksfoto aus den letzten Produktionsjahren mit neuem Auspuff und rundem Spiegel.

Im Oktober 1968 startete die Produktion des KR 51/1S. Das »S« stand für Sonderausführung, die vor allem eine automatische Schaltkupplung beinhaltete. Die nach dem Fliehkraftprinzip arbeitende Kupplungsautomatik war gewöhnungsbedürftig, konnte aber wegen fehlendem Handhebel nicht umgangen werden. Mit Betätigung des Fußschalthebels wurde vor dem Gangwechsel der Kupplungsvorgang eingeleitet, was ein wenig mehr Kraftaufwand des linken Fußes erforderte. Beim Herunterschalten musste zur Drehzahlanpassung Zwischengas gegeben werden.
Die Automatik war an der linken Getriebeseite angebracht und erweiterte diese so sehr, dass die Motortunnelabdeckung ausgeschnitten werden musste. Ein nach hinten verlängerter Schalthebel kennzeichnete den neuen Roller an dieser Stelle zusätzlich. Typischstes Merkmal des KR 51/1S war jedoch seine ausschließlich olivgrüne Lackierung.
Für 1.400 Mark hatte die »S-Klasse« aber noch einiges mehr zu bieten: Eine um 5 cm längere Sitzbank, hydraulische Stoßdämpfer sowie 25-W-Scheinwerferleistung und eine außen liegende Zündspule. Der Baukasten ließ hier grüßen – dieses Extra-Paket war vom Sperber übernommen worden.
Die Automatik-Schwalbe konnte die Erwartungen hinsichtlich ihrer Verkaufszahlen kaum erfüllen. Der Lenker ohne Kupplungsgriff blieb den Interessenten fremd, die Fahrwerksvorteile gegenüber dem Standard-Vogel hätten freilich auch andere Schwalbe-Anwärter gern genutzt. Diesem Ruf folgend brachte Simson 1974 den KR 51/1K auf den Markt. »K« bedeutete mehr Komfort und das wiederum ein hydraulisch gedämpftes Vollschwingenfahrwerk und eine nochmals um 1,5 cm in der Länge gewachsene Sitzbank (Gesamtlänge jetzt 625 mm). Die 15-W-Standardbeleuchtung blieb allerdings diesmal unverändert.
Mit einer neuen Motorengeneration, die zuerst dem Kleinroller zugute kam, hielten Ende 1979 neue Schwalbe-Typenbezeichnungen Einzug. Die bisherigen Modelle liefen in den ersten Wochen des folgenden Jahres aus. Die Motoren M 531 (Dreigang) und M 541 (Viergang) waren fahrtwindgekühlt und erreichten ihre Höchstleistung von 3,7 PS bei nur noch 5500 /min. Für den Einbau wurde die Aufhängung am Brückenrahmen geändert, was eine Verlegung des Auspuffs auf die rechte Fahrzeugseite zur Folge hatte.

Die Automatik-Schwalbe KR 51/1S war an der olivgrünen Lackierung, dem fehlenden Kupplungsgriff und dem Ausschnitt am Motortunnel leicht zu identifizieren.

Schnittmodell des Automatik-Getriebes der Schwalbe KR 51/1 S mit Fliehkraft-Kupplungsautomatik.

Auf der Leipziger Messe 1974 präsentierte Simson die weißlackierte »Schwalbe K«. Zumindest bei der Beleuchtung war der Komfort jedoch auf der Strecke geblieben.

Auch die KR 51/1K wurde bis 1980 gebaut und dieses Werksfoto zeigt wieder ein Modell aus der Endphase des Produktionszyklus.

Mit dem vor allem für die neue Mokick-Baureihe S 50 entwickelten Motor erschien die Schwalbe Ende 1979 und löste als KR 51/2 bald alle Vorgänger-Modelle ab.

Mit den neuen Motoren M 531 und M 541 (Bild) wanderte der Auspuff an der Schwalbe auf die rechte Seite. Erstmals konnten am Suhler Dauerbrenner vier Gänge eingelegt werden.

Weiterhin ersetzte bei den neuen Typen ein Gestänge die bisherige Seilzugbetätigung der Hinterradbremse. Die Trittbretter verlängerten sich ebenso wie der Spiegelarm und eine neue Rückleuchte mit 21-W-Bremslicht markierte das Heck. Die Scheinwerferleistung betrug jetzt einheitlich 25 Watt. Lackiert wurde wie zuletzt in Blau, Saharagelb und Kirschrot. Zum Glück nur kurzzeitig war die DDR-Unfarbe »Biberbraun« im Angebot, während ein sattes Grün die Farbpalette bis zum Schluss ergänzte.
Analog zu den Mokick-Varianten standen folgende Typen zur Auswahl:
KR 51/2N – Grundvariante mit Dreigang-Getriebe und reibungsgedämpften Federbeinen.
KR 51/2E – Viergang-Schaltung und hydraulische Schwingungsdämpfer.
KR 51/2L – die Luxus-Ausgabe wie KR 51/2E, dazu elektronische Zündanlage mit 35-W-Scheinwerferleistung.
Im Laufe des Jahres 1980 wurden die in schwarzen Kunststoff gefassten Spiegel rund und auch die Lenkerabdeckung mattschwarz. So flogen die Schwalben bis in ihre letzten Tage hinein ...

Eine der letzten Schwalben auf dem ehemaligen Simson-Werksgelände in Suhl. Anhängerkupplung und Steckdose waren keine Seltenheit, entsprechend ausgerüstete Anhänger durften offiziell gezogen werden.

Eine Viergang-Schwalbe von 1982. Für den täglichen Einsatz bei jedem Wetter war die »Pferdedecke« unvermeidlich.

Modell	KR 51	KR 51F	KR 51/1	KR 51/1F	KR 51/1S
Motor	M 53KH (Simson)	M 53KFR	M 53/1KH	M 53/1KFR	M 53/11AR
Bauart	Einzylinder-Zweitakt	Einzylinder-Zweitakt	Einzylinder-Zweitakt	Einzylinder-Zweitakt	Einzylinder-Zweitakt
Starter	Kick	Kick	Kick	Kick	Kick
Kühlung	Radialgebläse	Radialgebläse	Radialgebläse	Radialgebläse	Radialgebläse
Bohrung (mm)	40	40	40	40	40
Hub (mm)	39,5	39,5	39,5	39,5	39,5
Hubraum (ccm)	49,6	49,6	49,6	49,6	49,6
Verdichtung	9,5:1	9,5:1	9,5:1	9,5:1	9,5:1
Leistung (PS/min)	3,4/6.500	3,4/6.500	3,6/5.700	3,6/5.750	3,6/5.750
Schmierung (Gemisch)	1:33	1:33	1:33	1:33	1:33
Kerze	M14-240	M14-240	M14-240	M14-240	M14-240
E-Anlage	Schwunglichtmagnetzündung mit Bleiakku 6V / 18W				6V / 25W
Vergaser	BVF 16 N 1-5	BVF 16 N 1-5	BVF 16 N 1-5	BVF 16 N 1-5	BVF 16 N 1-5
Hauptdüse/Nadeldüse	67/215	67/215	67/215	67/215	67/215
Kraftübertragung					
Getriebe	3-Gang, Hand	3-Gang, Fuß	3-Gang, Hand	3-Gang, Fuß	3-Gang, Automatik
Kupplung	4-Scheiben-Ölbad	4-Scheiben-Ölbad	4-Scheiben-Ölbad	4-Scheiben-Ölbad	Fliehkraft-Automatik
Fahrwerk					
Rahmen	Doppelrohr	Doppelrohr	Doppelrohr	Doppelrohr	Doppelrohr
Bereifung	20x2,75	20x2,75	20x2,75	20x2,75	20x2,75
Bremse vorn	Vollnabenbremse mittels Bowdenzug				
Bremse hinten	Vollnabenbremse mittels Bowdenzug				
Radführung vorn	Langschwinge mit Federbeinen				
Radführung hinten	Langschwinge mit Federbeinen				
Dämpfung	Reibung	Reibung	Reibung	Reibung	hydraulisch
Federwege vorn/hinten (mm)	105/85	105/85	105/85	105/85	100/85
Maße und Gewichte					
Eigengewicht (kg)	79	79	80	80	83,5
Tankinhalt (l)	6,8	6,8	6,8	6,8	6,8
Höchstgeschwindigkeit (km/h)	60	60	60	60	60
Bauzeit	1964–68	1965–68	1968–71	1968–80	1968–80
Stückzahl	163.500 (mit KR 51F)	163.500 (mit KR 51)	25.000	350.000	44.600
Preis (DM Ost)	1.265,-	1.265,-	1.265,-	1.265,-	1.400,-

Modell	KR 51/1K	KR 51/2N	KR 51/2E	KR 51/2L
Motor	M 53/1KFR	M 531KFR	M 541KFR	M 541/1KFR
Bauart	Einzylinder-Zweitakt	Einzylinder-Zweitakt	Einzylinder-Zweitakt	Einzylinder-Zweitakt
Kühlung	Radialgebläse	Fahrtwind	Fahrtwind	Fahrtwind
Bohrung (mm)	40	38	38	38
Hub (mm)	39,5	44	44	44
Hubraum (ccm)	49,6	49,8	49,8	49,8
Verdichtung	9,5:1	9,5:1	9,5:1	9,5:1
Leistung (PS/min)	3,6/5.750	3,7/5.500	3,7/5.500	3,7/5.500
Schmierung (Gemisch)	1:33	1:50	1:50	1:50
Kerze	M14-240	M14-260	M14-260	M14-260
E-Anlage	Schwunglichtmagnet mit Bleiakku 6V / 18W	6V / 25W	6V / 25W	Zündelektronik 6 V / 35W
Vergaser	BVF 16 N 1-5	BVF 16 N 1-12	BVF 16 N 1-12	BVF 16 N 1-12
Hauptdüse/Nadeldüse	67/215	67/215	67/215	67/215
Kraftübertragung				
Getriebe	3-Gang, Fuß	3-Gang, Fuß	4-Gang, Fuß	4-Gang, Fuß
Kupplung	4-Scheiben-Ölbad	4-Scheiben-Ölbad	4-Scheiben-Ölbad	4-Scheiben-Ölbad
Fahrwerk				
Rahmen	Doppelrohr	Doppelrohr	Doppelrohr	Doppelrohr
Bereifung	20 x 2,75	20 x 2,75	20 x 2,75	20 x 2,75
Bremse vorn	Vollnabenbremse/Bowdenzug			
Bremse hinten	Vollnabenbremse/Bowdenzug	mittels Gestänge	mittels Gestänge	mittels Gestänge
Radführung vorn	Langschwinge mit Federbeinen			
Radführung hinten	Langschwinge mit Federbeinen			
Dämpfung	hydraulisch	mechanisch	hydraulisch	hydraulisch
Federwege vorn/hinten (mm)	100/85	130/85	100/85	100/85
Maße und Gewichte				
Eigengewicht (kg)	80	80	81,5	81,5
Tankinhalt (l)	6,8	6,8	6,8	6,8
Höchstgeschwindigkeit (km/h)	60	60	60	60
Bauzeit	1974–1980	1979–1986	1979–1986	1979–1986
Stückzahl	185.000	90.800	124.500	84.900
Preis DM (Ost)	1.400,-	k. A.	k. A.	1.990,-

Für den Nachfolger des SR 2, der bei Simson als SR 3 durch Entwicklung und Konstruktion lief, war eigentlich ein modernes Fahrzeug geplant, mit einem Rahmen aus massiven Blechschalen, der aber wegen chronischem Materialmangel nicht realisiert werden konnte. Der Kompromiss sah schließlich so aus: Die nun SR 4 genannte Entwicklung hatte als Sitzträger eine Schale, die ab Fahrzeugmitte bis zur Lenkerführung von einem Rohr abgelöst wurde. »Rohr-Prägekonstruktion« tauften die Techniker ihre Notlösung, die sich letztlich aber doch bewährte. Außer dem Rahmen und der Typenbezeichnung änderte sich am ursprünglichen Entwicklungsprogramm nichts; einem sportlichen Mokick mit Dreigang-Fußschaltung sollte ein Einstiegsmodell mit Handschaltung und Mopedcharakter vorangestellt werden.
Vom SR 2E-Nachfolger, dem Moped SR 4-1 entstanden bis Dezember 1962 fünf Prototypen; im Juni des folgenden Jahres stellte Simson drei Fertigungsmuster, darunter eins mit Kickstarter vor.
Um den Modellwechsel möglichst fließend zu überstehen und Engpässen der ständig in Erweiterung befindlichen Simson-Werksanlagen vorzubeugen, wurde beim SR 4-1 von Anfang an auch auf Altbewährtes gesetzt. So blieb der Sömmerdaer Motor des SR 2E nahezu unverändert. Da der neue Rahmen eine Motoraufhängung am Zylinderkopf vorsah, erfuhr dieser nochmals eine Überarbeitung. Die zwei Gänge wurden wie gehabt am Kupplungsgriff geschalten. Vom KR 50 kam für alle SR 4-1-Modelle auch der Vergaser mit 13 mm Ansaugweite (vorher 12 mm) und der Ansauggeräuschdämpfer. Die Lampeneinfassung war ebenfalls vom ersten Suhler Roller her bekannt.
Die gesamte vordere Radführung übernahmen die Konstrukteure von SR 2E / KR 50, was dem Gesamterscheinungsbild mit den hinteren, an einer Schwinge hängenden Federbeinen eine beinahe kurios zu nennende Note verlieh. Der breitere, tiefer gezogene vordere Kotflügel passte da schon besser zum neuen Suhler Outfit. Und der Rest sowieso: Räder (20 Zoll), Bremsen (125 mm Trommeldurchmesser), Kippständer, Gepäckträger, Rückleuchte und die von MZ patentierte Kettenkapselung via Gummischläuche hatte man zuvor schon am ersten Suhler Vogel, der Schwalbe, gesehen. Später werden Tank und seitliche Abdeckbleche aus Leichtmetall, die vom Vergaser bis zum Hinterrad reichen, auch an anderen Simson-Mokicks zu sehen sein. Die Sitzbank war indes in keinen Baukasten einzuordnen; entgegen den anderen Suhler Neuschöpfungen blieb das SR 4-1 einsitzig.
Im April 1964 hing die Nullserie an den Hängebändern – ganze zehn Fahrzeuge, davon zwei mit Kickstarter. Am Tank prangte noch der Simson-Schriftzug. Erst kurz vor Freigabe der Serienproduktion am 8. Juni 1964 entschied die Abteilung »Absatz«, dass nach der Schwalbe auch die anderen neuen Simson-Fahrzeuge Vogelnamen erhalten sollten.

Die ersten SR 4-Vorserienmodelle wurden noch in der Versuchsabteilung zusammengeschraubt.

Der Spatz in der Moped-Version mit Pedalen auf einem Prospekt vom April 1965. Hier war noch die braune Farbe aktuell.

Das war der Spatz als Mokick mit dem noch in Sömmerda gebauten Motor in Kickstarter-Version.

Im Fahrzeugmuseum Suhl ist dieser sehr schön restaurierte Spatz mit dem ersten Sömmerdaer Kickstarter-Motor zu bewundern.

Offizielles Simson-Pressefoto für den Spatz mit dem ab 1967 in Suhl gebauten Motor. Ab 1968 gab es den Spatz nur noch als Mokick.

So sollte das Simson SR 3 um 1961 herum aussehen. Die Realisierung des Projekts wurde staatlicherseits abgelehnt.

Erst einige Tage nach dem Serienstart war der »Spatz« dann auch als solcher zu erkennen. Er blieb im Preis gegenüber dem SR 2E unverändert; für 1.050 Mark war also das Grundmodell mit lackierten Stahlfelgen zu haben. Poliertes Aluminium kostete im Inland mehr, war aber im Export Standard. So wurde der Spatz auch in der Bundesrepublik zum Kampfpreis von DM 548 angeboten – viel Interesse fand er im Westen dennoch nicht. Anfangs in den Farben Blau, Braun, Rot und Grünblau-Hammerschlag (Export) angeboten, war der Spatz bald nur noch in einem kräftigen Rot zu sehen. Lenkerabdeckung, Tank und seitliche Blechverkleidungen waren stets in einem weißgrauen Farbton gehalten.

Von 1967 an konnte endlich auch für den Spatz der Motor in Suhl gefertigt werden. Der M 52 (2 = Zweigang-Getriebe) war 0,3 PS stärker und wurde ohne Gebläse und ausschließlich mit Kickstarter gefertigt. Parallel fand kurzzeitig auch noch der Sömmerdaer Pedal-Motor Eingang in die Spatz-Produktion; ab 1968 war dann das SR 4-1 nur noch als Mokick zu haben. 1970 lief die Produktion des Spatz nach stetig zurückgehenden Verkaufszahlen aus. Kurzschwinge und Zweigang-Handschaltung hatten endgültig ausgedient.

Der Star unter den »Vögeln« wurde das SR 4-2 und das im wahrsten Sinne seines späteren Namens. Von dieser flotten Bezeichnung war 1962, als die Versuchsabteilung bis zum Jahresende fünf Prototypen fertig stellte, natürlich noch keine Rede. Zu dieser Zeit war auch noch nicht an eine Doppelsitzbank für das »Sportmokick« zu denken. Darüber wurde erst 1964 entschieden und konnte gerade noch für die am 30. Juni des Jahres startende Nullserie von neun Fahrzeugen realisiert werden. Die Motoren leisteten ab 1964 3,4 PS. Folgende Konstruktionsmerkmale, abweichend vom Spatz, standen aber von Anfang an fest: Vollschwingenfahrwerk, Dreigang-Motor mit Fußschaltung, Schwunglichtmagnetzünder mit Ladeanlage und 6-Volt-Bleisammler (4,5 Ah), Scheinwerfer mit 136 qcm Lichtaustrittsfläche, Lenker-Blinkanlage und Parkleuchte. Das Endergebnis ließ die Herzen der 15- bis 17-jährigen DDR-Teenager höher schlagen und die Tester zu fast ausschließlich positiven Beurteilungen kommen. Dabei bemerkten nur Letztere, dass fast alles am »Star« nicht ganz neu war. Tatsächlich wurde der Baukasten – »Standardisierungsprogramm« nannte man es damals – geschickt in Szene gesetzt: Motor, Hinterradantrieb, Laufräder, Bremsen, Federbeine, elektrische Ausrüstung, Vorderradschwinge einschließlich Kotflügel, Lenker und Doppelsitzbank waren zuvor schon am KR 51 zu sehen, Rahmen, Tank, Hinterradschwinge und hinterer Kotflügel zeichneten das SR 4-1 aus. Das ergab zusammen 90 % aller Star-Teile; neu waren lediglich die Fußschaltung und das markante Lampengehäuse.

Im Unterschied zur Schwalbe waren die Soziusfußrasten nicht am Rahmen, sondern an der Schwinge angeschraubt.

Offizieller Serienstart des 60 km/h schnellen Vogels war der 1. September 1964. Die Schwierigkeiten des laufenden Jahres, verursacht durch die Modellwechsel und die Produkterweiterung, ließen die Montage jedoch immer wieder ins Stocken geraten. Für 1.200 Mark war er dann schließlich zu haben, sofern der potentielle Käufer die Geduld für die von Anfang an langen Lieferzeiten aufbrachte.

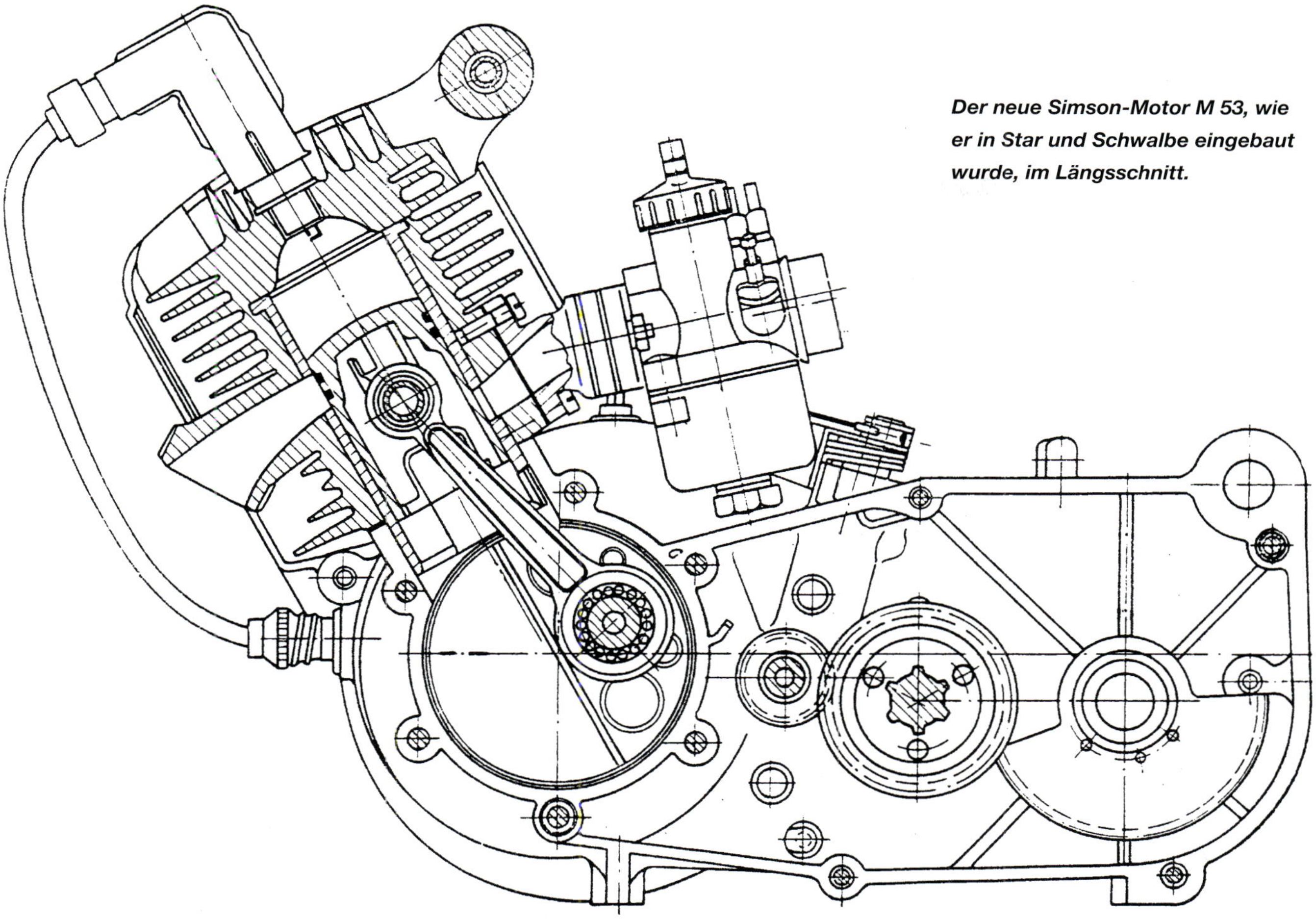

Der neue Simson-Motor M 53, wie er in Star und Schwalbe eingebaut wurde, im Längsschnitt.

Dieses offizielle Simson-Werksfoto zeigt den Star noch mit den ersten Lenkerblinklichtern und dem noch nicht endgültigen Schriftzug auf dem Tank.

Der SR 4-2 »Star« durfte ab 15 Jahren gefahren werden, erfreute sich äußerster Beliebtheit und sorgte deshalb von Anfang an für lange Lieferzeiten.

Den vom Spatz her bekannten weiß-grauen Teilen wurden anfangs Braun und ein kräftiges Signalrot entgegengesetzt, ein dunkleres Rot gesellte sich später dazu – Rot blieb zuletzt des Stars einzige Farbe. Polierte Leichtmetallfelgen gab es nun auch im Inland und ohne Aufpreis.
Im Februar 1968 erhielt der Star, analog zur Schwalbe, einen überarbeiteten Motor. Das Triebwerk mit der Bezeichnung M 53/1 reduzierte die Drehzahl zur Erreichung der unverändert gebliebenen Höchstleistung (3,4 PS) auf 5.750 /min (vorher 6.500), was eine Absenkung des Geräuschpegels und die Verringerung der Vibrationen unter Volllast bewirkte. Mit dem neuen Motor änderte sich die Typenbezeichnung für den Star in SR 4-2/1.
Die Höchstgeschwindigkeit von 60 km/h (meist flog der Vogel noch schneller) hatte zuvor schon bei der Einführung der Schwalbe zu einer Änderung des Gesetzestextes zu den Allgemeinen Zulassungsbestimmungen von Mopeds und Mokicks in der DDR geführt. Nun durfte also auch das neue, sportliche Suhler Mokick ab 15 Jahren und mit einem relativ leicht zu erwerbenden Mopedführerschein gefahren werden. Ob der Richtigkeit dieser Entscheidung wurde in der DDR kontrovers diskutiert. Indes die von vielen Experten vorhergesagten »dramatisch anwachsenden Unfallzahlen« blieben aus, wenngleich eine auch im Osten Deutschlands zunehmende Verkehrsdichte automatisch mehr Unfälle nach sich zog.
Ein Jahr älter (16) musste man sein und einen richtigen Motorrad-Führerschein besitzen, wollte Mann oder Frau den vorerst letzten Simson-Vogel über den Asphalt jagen. Dass es leistungsmäßig noch ein über dem SR 4-2 angesiedeltes Zweirad aus Suhl geben würde, stand auch schon 1962 fest. Der Motor leistete jetzt 4,6 PS bei 6.800 /min und wurde vom Fahrtwind gekühlt. Dafür war die Verrippung von Zylinder und Zylinderkopf großzügiger gestaltet worden. Der starke Motor bedingte eine Fünfscheiben-Kupplung und erhielt einen größeren Ansauggeräuschdämpfer (in die Sitzschale integriert) sowie einen Schwunglicht-Primärzünder mit 6 V, 43 W und eine außen liegende Zündspule. Die elektrische Anlage wies außerdem eine Ladeanlage mit Diodengleichrichtung für die 4,5-Ah-Bleibatterie, die Lenkerblinkleuchten (18 W), Parkleuchte, Tacholeuchte und Leergang-Anzeige speiste, auf. Außerdem sind der 25/25-W-Scheinwerfer und die 18/5-W-Bremsschlussleuchte zu erwähnen.
Den größeren Motorkräften entsprechend, verstärkten die Ingenieure den Rahmen durch einen Tankunterzug zum Sitzschalenträger hin und setzten erstmals hydraulisch gedämpfte Federbeine vorn und hinten ein. Die Sitzbank

Letztes offizielles Simson-Pressefoto für den Typ SR 4-2/1 Star mit jetzt eckigem Rückspiegel.

Dieser Prototyp eines Enduro-Stars, der im Winter 1964/65 in der Versuchsabteilung bei Simson entstand, ist im Suhler Museum zu sehen. Leider durfte er nicht in Serie produziert werden.

wurde verlängert und reichte bis an den neuen, 9,3 Liter fassenden Knieschluss-Tank.
Nach der im Juni 1966 anlaufenden Serienfertigung erhielt das hintere Kotflügelende noch einen angesetzten Spritzschutz aus Kunststoff. Mit seinen werkseitig angegebenen 75 km/h Höchstgeschwindigkeit wurde das SR 4-3 als »Mokrad« (Mischung aus Mokick und Krad) auf dem Markt vorgestellt. Die nun auch in der DDR neu eingeführte Kraftfahrzeug-Kategorie »Kleinkraftrad« ersetzte später diese nicht sonderlich originelle Bezeichnung. Nach der

Am größeren Tank, der Strebe vom Tank zur Sitzschale und dem Motor ohne Gebläse war der Sperber klar vom Star zu unterscheiden. Das Werksfoto stammt aus dem Jahre 1968.

Der aufgeschnittene Seitendeckel zeigt die Schwunglicht-Magnetzündung, die mit 6 V und 43 W eine ordentliche Leistung aufwies.

Querschnitt durch den Motor M 54 KF mit vier Getriebegängen, wie er im »Sperber« Verwendung fand.

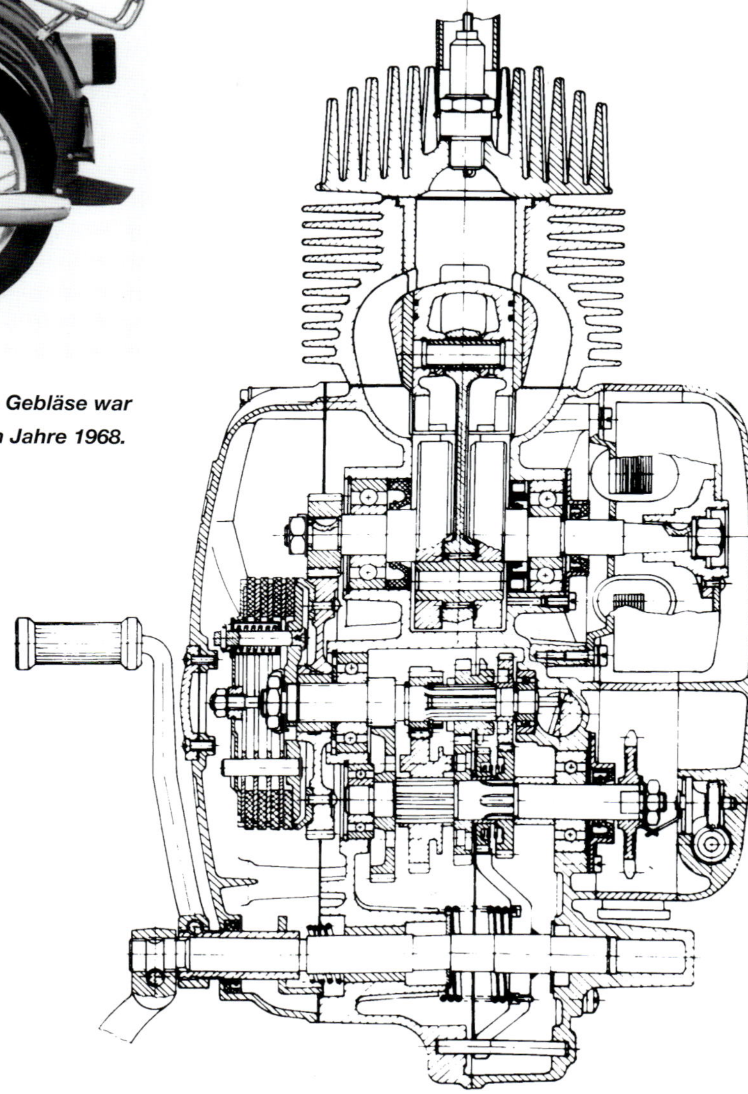

StVZO der DDR, Ausgabe 1969, waren Kleinkrafträder 50-ccm-Zweiräder mit mehr als 60 km/h Höchstgeschwindigkeit.
Obwohl mit 1.550 Mark (Ost) erheblich preiswerter als das nächst größere 125er MZ-Motorrad, setzte sich der anfangs rot/hellgrau und bald nur noch hellblau/weiß lackierte Sperber nur schwer auf dem Markt durch. Während vor dem Besteigen des Suhler Zweirades alle Voraussetzungen zum Fahren eines Motorrades, inklusive Steuer und Versicherung, gegeben sein mussten, saß man dann eben doch irgendwie wieder nur auf einem »Moped«. Immerhin verließen bis zu seiner Produktionseinstellung 1972 rund 80.000 SR 4-3 die Suhler Werkhallen.
Bei den Kritikern, immer nach dem »Weltstand« schielend, kam die neue Simson-Entwicklung zurecht gut weg, vor allem der Motor nötigte durchaus Respekt ab. Allerdings führte seine Leistung, bei relativ hohen Drehzahlen, zu starken Vibrationen. Die Ingenieure versuchten mit einer geänderten Getriebeübersetzung im zweiten und dritten Gang ab Januar 1967 mehr Ruhe ins Spiel zu bringen.

Anfangs kam der Sperber in Rot/Beige in den Verkauf, später wurde Blau/Beige die klassische Sperber-Lackierung. Einer der zuletzt produzierten Sperber steht heute im Fahrzeugmuseum in Suhl.

Modell	Spatz SR 4-1P	Spatz SR 4-1K	Spatz SR 4-1SK	Star SR 4-2	Star SR 4-2/1
Bauart	Moped	Mokick	Mokick	Mokick	Mokick
Motor	Sö 4-1P	Sö 4-1K	M 52	M 53KF	M 53/1KF
Bauart	Einzylinder-Zweitakt	Einzylinder-Zweitakt	Einzylinder-Zweitakt	Einzylinder-Zweitakt	Einzylinder-Zweitakt
Kühlung	Fahrtwind	Fahrtwind	Fahrtwind	Radialgebläse	Radialgebläse
Bohrung (mm)	38	38	40	40	40
Hub (mm)	42	42	39,5	39,5	39,5
Hubraum (ccm)	47,6	47,6	49,6	49,6	49,6
Verdichtung	8,5:1	8,5:1	8,5:1	9,5:1	9,5:1
Leistung (PS/min)	2/5200	2/5200	2,3/5250	3,4/6500	3,4/5750
Schmierung (Gemisch)	33:1	33:1	33:1	33:1	33:1
Kerze	M14-240	M14-240	M14-240	M14-260	M14-260
E-Anlage	Schwunglichtmagnet mit Lichtspule 6V / 33W				
Vergaser	BVF NKJ 134-1	BVF NKJ 134-1	NKJ 134-3	NKJ 153-6 (16 N1-1 ab 1965)	16 N1-6
Hauptdüse/Nadeldüse	60/212	60/212	52/212	65/215 (62/215)	50/215
Kraftübertragung					
Getriebe	2-Gang, Hand	2-Gang, Hand	2-Gang, Hand	3-Gang, Fuß	3-Gang, Fuß
Kupplung	3-Scheiben-Ölbad	3-Scheiben-Ölbad	3-Scheiben-Ölbad	4-Scheiben-Ölbad	4-Scheiben-Ölbad
Fahrwerk					
Rahmen	Zentralrohr-Schalenrahmen	Zentralrohr-Schalenrahmen	Zentralrohr-Schalenrahmen	Zentralrohr-Schalenrahmen	Zentralrohr-Schalenrahmen
Bereifung	20 x 2,75	20 x 2,75	20 x 2,75	20 x 2,75	20 x 2,75
Bremse vorn	Innenbacken/Seilzug	Innenbacken/Seilzug	Innenbacken/Seilzug	Vollnaben/Seilzug	Vollnaben/Seilzug
Bremse hinten	Vollnaben/Seilzug	Vollnaben/Seilzug	Vollnaben/Seilzug	Vollnaben/Seilzug	Vollnaben/Seilzug
Radführung vorn	Kurzschwinge auf Schraubenfedern	Kurzschwinge auf Schraubenfedern	Kurzschwinge auf Schraubenfedern	Langschwinge mit Federbeinen	Langschwinge mit Federbeinen
Radführung hinten	Langschwinge mit Federbeinen				
Dämpfung	(nur hinten) Reibung	(nur hinten) Reibung	(nur hinten) Reibung	Reibung	Reibung
Federwege vorn/hinten (mm)	72/85	72/85	72/85	105/85	105/85
Maße und Gewichte					
Eigengewicht (kg)	65	68	68	73	73
Tankinhalt (l)	8,5	8,5	8,5	8,5	8,5
Höchstgeschwindigkeit (km/h)	50	50	50	60	60
Bauzeit	1964–1967	1964–1966	1967–1970	1964–1970	1968–1975
Stückzahl	30.000	122.000 (mit SR 4-1SK)	122.000 (mit SR 4-1K)	505.800 (mit SR 4-2/1)	505.800 (mit SR 4-2)

Die Vogelserie sollte in der ersten Hälfte der siebziger Jahre durch eine neue Mokick-Generation abgelöst werden. Dass sich dieses Vorhaben aufgrund staatlicher Repressalien verzögerte, war des Sperbers Tod und des Habichts Geburtsstunde.
Während im Westen das Wettrüsten um Drehzahlen und PS zwischen Hercules, Kreidler und Co. seinen Höhepunkt erreichte, ging man im Osten einen Schritt zurück. Dabei hätten sich viele Zweirad-Freunde in der DDR den Sperber in neuem, sportlichem Gewand – inzwischen waren Telegabel und offener Rohrrahmen im internationalen Kleinkraftrad-Bau längst an der Tagesordnung – noch einige Jahre länger vorstellen können. Das konnten auch die Suhler Konstrukteure, nur durften sie eben nicht, wie sie konnten – und wollten.
Um zum einen die Wartezeit bis zur Einführung neuer, moderner Mokick-Modelle zu überbrücken und zum anderen die enorme Inlandsnachfrage mit bis zu zwei Jahren Lieferfrist, nach 60-km/h-Zweirädern zu befriedigen, kreierten die Thüringer das Mokick SR 4-4.
Bei seiner Vorstellung auf der Leipziger Herbstmesse 1971 stand noch die Bezeichnung »Star« am Tank, denn der Sperber-Nachfolger sollte als »Star de luxe« in die IFA-Verkaufsfilialen kommen. Diese Bezeichnung blieb letztlich aber nur dem Exportmodell vorbehalten, in der DDR kam das Mokick im Januar 1972 als »Habicht« auf den Markt. Dabei war der Vogel-Schriftzug, entgegen bisheriger Praxis, am Schalenrahmen unter der Sitzbank angebracht. Bis auf den Motor war alles am Habicht unverändert vom SR 4-3 übernommen worden, lediglich dessen Blau musste einer olivbeigen Lackierung weichen.
Der Motor war das aus Schwalbe und Star bekannte Antriebsaggregat mit Gebläsekühlung, allerdings unter Beibehaltung des Viergang-Getriebes. An dessen Ausgang montierten die Bandarbeiter zur weiteren Geschwindigkeitsreduzierung ein 13er anstelle des 14er Ritzels. Dennoch war der Habicht, trotz der offiziellen, obligatorischen 60 km/h Höchstgeschwindigkeit, etwas schneller als der Star, vor allem auch anzugsstärker in den ersten beiden Gängen. Ein Gebläserad aus glasfaserverstärktem Epoxidharz ersetzte das frühere Leichtmetallrad und sorgte für eine größere Luftmenge im Gebläse. Im Übrigen wurde lediglich zugunsten höherer Fertigungskapazitäten auf den inzwischen in die Jahre gekommenen, zwangsgekühlten Motor zurückgegriffen.
Der groß dimensionierte Ansauggeräuschdämpfer, der beim Sperber fast den gesamten Platz unter der Sitzbank in der Rahmenschale eingenommen hatte, war wieder auf

»Star de Luxe« sollte der vom Sperber abgeleitete Vogel heißen, behielt diese Bezeichnung dann aber nur für den Exportmarkt.

Auf der Leipziger Herbstmesse 1971 wurde das neue Simson-Mokick ausgiebig präsentiert, zu Beginn des neuen Jahres kam es dann in den Handel.

Der aufgeschnittene Motor des Habicht, der wieder durch ein Gebläse zwangsgekühlt wurde.

Der Habicht wurde ausschließlich in Olivgrün/Beige geliefert, wer so einen Vogel fuhr, genoss hohes Ansehen unter den Teenagern.

»Leichtmoped« LM 5 nannten die Designer Dietel und Rudolph ihren Prototypen mit Simson-Motor von 1965.

Star-Größe geschrumpft und ließ mehr Raum für Werkzeug, Glühlampensatz und Ersatzschlauch.
Der Habicht avancierte schnell zum Verkaufsschlager, obwohl er mit 1.430 Mark nur wenig preiswerter war als der Sperber, stieg sein Absatz gegenüber dem Vorgänger deutlich an. Die Rechnung der Suhler Kaufleute war aufgegangen.
Während des Wettrüstens westlicher Zweiradproduzenten auf dem Sektor der 50-ccm-Kleinkrafträder gedachte man zu Beginn der sechziger Jahre auch wieder der früheren Moped- und Hilfsmotor-Kundschaft. Die Bezeichnung »Mofa« wurde neu definiert und auf die speziellen Bedürfnisse älterer, aber auch jugendlicher Personen zugeschnitten. Das bedeutete, oberflächlich betrachtet, einen kräftigen Fahrrad-Rahmen und einen einfachen Motor zu einer ansprechenden Fahrzeugeinheit verschraubt. Simpler und damit meist geringer Federungskomfort, schwache Beleuchtung und schwacher, kaum mehr als 1,5 PS leistender Eingang-Motor mit zusätzlichem Pedaltrieb waren die Zutaten. Das hatte es alles schon mal zehn Jahre zuvor gegeben, nur sah das Ganze jetzt etwas moderner, kompakter und auch einfacher aus und vor allem: ein Rüstungswettlauf war nahezu ausgeschlossen.
Zurück zu den Wurzeln – das schien auch für Simson interessant. Gestützt auf eine Markt- und Bedarfsanalyse und die international enormen Zuwachsraten in der Mofa-Produktion, begann Simson Ende 1967, aufbauend auf frühere Versuche, mit der Entwicklung eines Mofas unter der Bezeichnung LM 5. Der vorab von staatlicher Seite verordnete Endverbraucherpreis (EVP) von 550 Mark legte den Simson-Ingenieuren allerdings ein gewaltiges Hindernis in den Weg. Das war die Hälfte dessen, was das billigste Moped (Spatz) kostete und etwa doppelt so viel, wie für ein durchschnittliches Fahrrad zu bezahlen war. Entsprechend gingen die Konstrukteure ab Januar 1968 ins Detail. Das Fahrwerk stützte sich auf einen einfachen Kastenprofil-Rahmen, der aus gekanteten Blechen zusammengeschweißt wurde. Die seitlich am Zentralkasten angeschraubten Trägerelemente dienten gleichzeitig zur Abdeckung diverser Funktionselemente. Die zwei angeschraubten Streben zur Führung des Hinterrades waren oben am Sattelstützrohr und unten an den seitlichen Hauptträgern befestigt. Die ursprünglich abgefederte Vordergabel wich vorerst aus Kostengründen einer starren Gabel mit 65 mm Nachlauf. Auch die letztlich verwendeten Ballonreifen in der Größe 20 x 2,25 waren bis zum Serienbeginn nicht vorgesehen. Lenker und Sattel waren höhenverstellbar, der Lenker außerdem in seiner Längsachse schwenkbar. Die Laufräder wiesen Stahlfelgen und Simplex-Trommelbremsen auf. Der über dem hinteren Schutzblech angeordnete Tank (Gepäckträger vor dem Lenkkopf) fasste 3,2 Liter Gemisch 1:33. Der fahrtwindgekühlte, 1,6 PS bei 4.000 /min leistende 50-ccm-Motor M 51A war für maximal 30 km/h ausgelegt. Zylinder und Zylinderdeckel aus Aluminium-Druckguss waren liegend angeordnet und großzügig längs verrippt.
Direkt auf der Kurbelwelle saß die trockene, automatische Fliehkraftkupplung. Zwei Fliehbacken wurden bei einer bestimmten Motordrehzahl (1.840 /min) gegen die Kupplungstrommel gedrückt. Die Kupplung stellte den Kraftfluss zum Hinterrad her und übertrug ab 2.740 /min das volle Drehmoment. Im Leerlauf war die Kupplung offen, die Fliehbacken wurden durch Zugfedern zurückgehalten. Dieses Prinzip der Kupplungsautomatik war schon bei der Schwalbe S eingesetzt worden.
Von der Kupplung kam die Kraft über eine kleine Keilriemenscheibe mittels Endloskeilriemen zu ihrer großen, auf der Pedalwelle gelagerten Schwester. Diese war wiederum mit dem Antriebskettenrad gekoppelt, welches das Hinterrad mittels Kette antrieb. Ein Getriebe gab es also nicht.

In Blau und Beige lackiert und mit einer einfachen Vorderradfederung versehen wurden die Suhler Mofas im Laufe des Jahres 1971 angeboten. Nach 18 Monaten und 60.000 Exemplaren wurde die Mofa-Produktion im März 1972 wieder eingestellt.

Auf Grund des politisch vorgegebenen Preises musste das erste Simson-Mofa ohne jeglichen Komfort und Luxus auskommen – dennoch fand es seine Interessenten.

Zum Fahrrad fahren befand sich ein zweiter Kettentrieb auf der rechten Fahrzeugseite. Über einen zwischengeschalteten Freilauf konnte beim Fahren mit Motorkraft mit getreten werden.

Am 20. Juli 1970 hatte offiziell die Serienfertigung begonnen, allerdings konnte wegen fehlender Druckgussteile für den Motor, die aus Jugoslawien importiert wurden, bis Mitte August faktisch kein Fahrzeug das Suhler Werk verlassen.

Trotz äußerster Sparsamkeit gelang es bei weitem nicht, die Preisvorgabe einzuhalten. So erwiesen sich die 695 Mark, für die das Fahrzeug schließlich in den Handel kam, als eine der Hürden im Wettlauf um die Kundschaft. Die Gewinnkalkulation war eng und fußte auf klaren Planvorgaben: 1971 hätten 35.000 Mofas, 1972 50.000 und 1973 gar 70.000 Leichtmopeds das Suhler Werk verlassen müssen. Erst danach hätte man die Investitionssumme von rund 6,6 Millionen DDR-Mark wieder eingefahren. Aber es kam alles anders. Da hatte es nun zum ersten Mal in der Kraftfahrzeuggeschichte der DDR eine Marktanalyse gegeben und prompt lag diese gründlich daneben. Unter anderem waren sicherlich die Helmpflicht und die Einführung eines – wenn auch einfachen – Führerscheins mit dafür verantwortlich, dass die Lust am motorisierten Fahrrad fehlte. Ab Mitte August 1971 durfte dann mit staatlicher Genehmigung doch die Vorderradfederung eingesetzt werden.

INDUSTRIEVERBAND FAHRZEUGBAU DER DDR IFA Simson

SERVICE-INFORMATION

Sonderblatt 3a/71

»Simson-mofa 1« in Sonderausführung - Typ SL 1 S -

Das IFA-Kombinat VEB Fahrzeug- und Jagdwaffenwerk Ernst Thälmann, Suhl, hat die Serienfertigung des „Simson-mofa 1" in Sonderausführung – Typ SL 1 S – aufgenommen. Mit dieser Mofa-Variante wird die Palette der „Simson"-Kleinfahrzeuge um ein weiteres Motorzweirad für den individuellen Kurzstreckenverkehr bereichert. Es unterscheidet sich von der Standardausführung im wesentlichen durch

eine gefederte Vordergabel mit einem Federweg von 45 mm und einen Gepäckträger über dem Vorderrad (geeignet für die Aufnahme eines Gepäckkorbes, der in den Selbstbedienungsverkaufsstellen verwendeten Art – Drahtausführung mit einem Henkel –).

Damit wurde nicht nur der Fahrkomfort verbessert, sondern auch der Gebrauchswert wesentlich erhöht.

Das Fahrzeug wird mit blau-weißer Lackierung geliefert.

Die sich ergebenden Veränderungen im Ersatzteilesortiment werden im Rahmen einer Beilage zum Ersatzteilekatalog für das „Simson-mofa 1" behandelt und anliegend beigefügt.

Folgende neue Einzelteile wurden vereinheitlicht und werden nur noch in der neuen Ausführung für beide Fahrzeugvarianten geliefert.

Schutzblech, vorderes – (Teile-Nr. 1430 0002 01)
Rahmen (unter der gleichen Teile-Nr. wie bisher, aber mit neuer Aufhängung für die Zugfeder des Kippständers)
Kippständer – (Teile-Nr. 1701 0001 00)

Als weiteres neues Ersatzteil kommt hinzu:

Kippständerfeder – (Teile-Nr. 1401 0000 09)

Aus der in dieser Service-Information vorgestellten »Sonderausführung« wurde dann das gegenüber dem Typ SL 1 in größeren Stückzahlen verkaufte Mofa.

Eine aus früheren Simson-Tagen bekannte, um das Schutzblech herum laufende Kurzschwinge mit Schraubenfedern machte das Fahren mit dem Mofa angenehmer. Das neue SL 1 S erhielt zudem einen zusätzlichen Gepäckträger und eine marmorweiß/blaue Lackierung. Der Preis blieb unverändert bei 695 Mark, das beige/rote SL 1, nach wie vor im Angebot, konnte nun für 55 Mark weniger geordert werden.
Trotz allem stagnierte die Nachfrage; die hohen Erwartungen, die in das Mofa gesetzt wurden, erfüllten sich nicht. Dennoch wollte Simson – an die Zukunft glaubend – um jeden Preis in diesem Fahrzeugsegment präsent bleiben. Die Firmenleitung legte Pläne zur Produktionsverteilung mit einer Stückzahlreduzierung und die Konstruktion des sehr ansprechenden Nachfolgetyps SL 2 mit der Bezeichnung »top mofa« vor. Die Wirtschaftsstrategen indessen blieben davon unbeeindruckt und ordneten den Produktionsstopp zum 31. März 1972 an.

Bei Simson hätte man gerne weiter Mofas gebaut; ein verbessertes Nachfolgemodell mit der Bezeichnung »top mofa« stand in den Startlöchern.

Modell	Sperber SR 4-3	Habicht SR 4-4	Mofa SL 1	Mofa SL 1S
Bauart	Kleinkraftrad	Mokick	Mofa	Mofa
Motor	M 54KF	M 54/11KFL	M 51A	M 51A
Bauart	Einzylinder-Zweitakt	Einzylinder-Zweitakt	Einzylinder-Zweitakt	Einzylinder-Zweitakt
Kühlung	Fahrtwind	Radialgebläse	Fahrtwind	Fahrtwind
Bohrung (mm)	40	40	40	40
Hub (mm)	39,5	39,5	39,5	39,5
Hubraum (ccm)	49,6	49,6	49,6	49,6
Verdichtung	9,5:1	9,5:1	8:1	8:1
Leistung (PS/min)	4,6/6.750	3,4/5.750	1,6/4.000	1,6/4.000
Schmierung (Gemisch)	33:1	33:1	33:1	33:1
Kerze	M14-260	M14-260	M14-240	M14-240
E-Anlage	Schwunglichtmagnet mit Bleiakku 6V / 43W	6V / 43W	Schwunglichtmagnet 6 V / 20 W	6 V / 20 W
Vergaser	BVF 80/215	BVF 62/215	BVF 11 N1-1	BVF 11 N1-1
Hauptdüse/Nadeldüse	80/215	62/215	55/217	55/217
Kraftübertragung				
Getriebe	4-Gang, Fuß	4-Gang, Fuß	1-Gang, Automatik	1-Gang, Automatik
Kupplung	5-Scheiben-Ölbad	4-Scheiben-Ölbad	Fliehkraft-Automatik	Fliehkraft-Automatik
Fahrwerk				
Rahmen	Zentralrohr-Schalenrahmen, verstrebt	Zentralrohr-Schalenrahmen, verstrebt	Kasten-Trägerrahmen	Kasten-Trägerrahmen
Bereifung	20 x 2,75	20 x 2,75	20 x 2,25	20 x 2,25
Bremse vorn	Vollnabe/Seilzug	Vollnabe/Seilzug	Trommel/Seilzug	Trommel/Seilzug
Bremse hinten	Vollnabe/Seilzug	Vollnabe/Seilzug	Trommel/Seilzug	Trommel/Seilzug
Radführung vorn	Langschwinge mit Federbeinen	Langschwinge mit Federbeinen	starre Gabel	Kurzschwinge/Schraubenfedern
Radführung hinten	Langschwinge mit Federbeinen	Langschwinge mit Federbeinen	starr	starr
Dämpfung	hydraulisch	hydraulisch	keine	keine
Federwege vorn/hinten (mm)	100/85	100/85	kein/kein	72/kein
Maße und Gewichte				
Eigengewicht (kg)	80	79	38,5	40
Tankinhalt (l)	9,5	9,5	3,2	3,2
Höchstgeschwindigkeit (km/h)	75	60	30	30
Bauzeit	1966–1972	1971–1975	1970–1971	1971–1972
Stückzahl	80.000	77.200	60.200 (inkl. SL1S)	60.200 (inkl. SL1)

Die S 50-Reihe

Schon im Januar 1970 legten die Suhler ein neues »Einheitssystem« mit den Modellvarianten S 50 (Ablösung Star), S 50 S (Ablösung Sperber) und S 100 auf Kiel. Das S 50 S, als »entfesselter Fünfziger«, sollte nun den Sperber in der Leichtmotorrad-Klasse ablösen und zu diesem Zweck einen neuen Motor erhalten. Ab Oktober 1973 sollte es, wie alle anderen Neuschöpfungen auch, in Serie gehen. Doch diese Pläne wiesen eine kurze Halbwertzeit auf. Nach nicht einmal einem Jahr, im November 1970, nahm man den »Entfesselten« an die Kombinatskandare und – komplett aus dem Programm. Es war die Geburtsstunde des SR 4-4 – Habicht!
Alle Kapazitäten sollten auf das 60-km/h-Mokick konzentriert und andere Entwicklungen zurückgestellt werden. Dies galt auch für das geplante Motorrad S 100. Die ersten Prototypen standen im Sommer 1972 zur Erprobung bereit. Dem Standard-Modell »N« stellte man jetzt nur noch eine »B«-Variante, mit Blinkleuchten und besserer elektrischer Anlage – aber auch nur mit dem herkömmlichen Dreigang-Motor zur Seite. Endlich, im August 1974, standen die Fertigungsmuster bereit und im September konnte die Nullserie anlaufen. So war Simson noch rechtzeitig für die Leipziger Herbstmesse gerüstet, wo das S 50 schließlich planmäßig mit Messegold dekoriert werden sollte.
Um den Modellwechsel möglichst reibungslos zu bewerkstelligen, entschied die Abteilung Absatz, zunächst nur eine Modell-Variante, das S 50 B, ins Rennen zu schicken. Im Februar 1975 begann dessen Serienproduktion.
Und so sah der Aufbau der S 50-Mokicks aus: Das Grundgerüst bildete ein Brückenzentralrohr-Rahmen aus nahtlos gezogenem Rohr, dem ein zusätzlicher Heckrahmen angeschraubt war. Die Vorderradfederung hatte schließlich eine ungedämpfte Teleskopgabel mit 130 mm Federweg und hydraulischem Endanschlag übernommen. Hinten kamen die bereits bekannten, hydraulisch gedämpften Federbeine mit 85 mm Federweg zum Einsatz. Räder und Bremsen hatten ebenfalls bereits bei der Vorgängerserie ihre Arbeit getan. Jetzt waren sie lediglich an Rahmen und Fahrwerk angepasst worden. Ein Gestänge ersetzte den Seilzug der auf das Hinterrad wirkenden Fußbremse. Die um 45 mm verlängerte Sitzbank schloss direkt an den etwa 9,5 Liter fassenden Knieschlusstank an. Lampe und Tachometer waren in getrennten Gehäusen untergebracht, wobei der Lampentopf, im Gegensatz zum Gesamterscheinungsbild des neuen Mokicks, einen hausbackenen Eindruck hinterließ.

S 50 NL nannte Simson diesen Prototypen von 1972 mit dem Sperber-Motor M 54/1.

Etwa um die gleiche Zeit entstand dieser Prototyp S 100, mit dem man, wie Simson hoffte, wieder in den Motorradbau einsteigen könnte. Aber die Kombinatsbildung mit MZ machte dies unmöglich.

Claus Dietel (links) und Lutz Rudolph waren in der DDR sehr bekannte »Formgestalter« (Designer!), die viel im Kraftfahrzeugbau unterwegs waren und ganz wesentlich die S 50-Linie prägten.

Auch die neue Gestalt des alten Star-Motors ging auf das Konto von Dietel/Rudolph.

Obwohl äußerlich stark verändert, war der Motor immer noch das 15 Jahre zuvor entwickelte Triebwerk, jetzt mit der Bezeichnung M 53/2. Für seine Umstellung auf Fahrtwindkühlung mussten Zylinder und Zylinderkopf deutlich großzügiger verrippt werden. Durch die Anhebung des Drehmoments und eine geringe Leistungssteigerung auf 3,6 PS bei nunmehr 5.500 /min bekam das S 50 mit drei Gängen, gegenüber dem Habicht mit Viergang-Triebwerk, mehr Spritzigkeit und einen harmonischeren Lauf. Natürlich trug die schwingungsarme Zweipunktaufhängung das Ihrige dazu bei. Wie auch zur Geräuschminderung im Zusammenspiel mit einem fünffach größeren Ansauggeräuschdämpfer, der unter dem linken Seitendeckel zu finden war. Die Abgasanlage blieb gegenüber den Vorgängern unverändert, wanderte aber motorradgemäß auf die rechte Seite.

Dank eines nadelgelagerten Kolbenbolzens konnte die Ölbeimischung auf 1:50 gesenkt werden, vorausgesetzt man fuhr den teureren VK 88. Diese Mehrkosten sparte der S 50-Fahrer aber rasch wieder ein, denn der Durchschnittsverbrauch von 2,5 bis 2,7 Liter/100 km lag deutlich unter dem der SR 4-Reihe.

Die Lackierung teilte sich in drei Zonen auf: Schwarz für den Rahmen und die kleineren Anbauteile, Aluminiumgrau für die Schutzbleche und eine knallige Farbe für die Tank-Seitendeckel-Kombination. Hier waren Blau für das N-Modell sowie Saharabraun, Rapsgelb, Kirschrot und Saftgrün für die B-Variante vorgesehen.

Simson S 50 B hieß also die erste Variante, die im zeitigen Frühjahr 1975 an die Händler ausgeliefert wurde. »B« stand für Blinkleuchten (vier an der Zahl mit je 21 Watt) und eine gegenüber dem Standardmodell bessere elektrische Anlage. Dafür war hinter dem Deckel des Werkzeugkastens eine 6V/12Ah-Batterie verstaut. Am Deckel selbst steckte der abziehbare Zündschlüssel mit dahinter liegendem Zündanlassschloss. Die Batterie lud sich während des Fahrbetriebes auf. Bis auf die zwei zusätzlichen Blinkleuchten also nichts Neues im elektrischen Bereich. Im Gegenteil: Die Tester vermissten Lichthupe und Parkleuchte, die es zuvor an Simson-Mokicks schon gegeben hatte. Auch der 15/15-

Für die Presse arrangiertes Vorserienmodell des S 50 B, das für die Serienfertigung noch einige Änderungen erfuhr. Die Zündspule kam erst beim S 50 B1 unter den Tank.

Werner Reiche war ein Meister der Schnittzeichnungen und vor allem durch seine Eisenacher Bilder bekannt. Aber er schuf auch dieses Bild des Simson S 50 B.

Simson-Pressefoto des S 50 B, dem ersten Modell der neuen Mokick-Reihe.

Watt-Scheinwerfer war ein Rückschritt. Dennoch kostete das S 50 B mit 1.510 Mark 320 Mark mehr als der Star und sogar noch 80 Mark mehr als der komfortable Habicht. Um der immer noch geltenden Preisfestschreibung gerecht werden zu können, reichte Simson im August 1975 das 1.200 Mark teure S 50 N nach. Dessen Fahrer musste nicht nur auf Blinkleuchten verzichten, auch ein Zündschloss suchte er vergebens und das Signalhorn, von vier Monozellen gespeist, war, wie zu SR 2E-Zeiten, zur »Schnarre« degradiert worden. Der Motor konnte mittels Kickstarter frei gestartet und mit einem am Gasdrehgriff angebrachten »Kurzschlussknopf« wieder abgestellt werden. Die Sozius-Fußrasten befanden sich an der Schwinge (beim S 50 B am Rahmen). Geschwärzte Stoßdämpferhülsen hinten (am S 50 B verchromt) sowie matte Lenker- und Schutzblechbefestigungen, gegenüber polierten am S 50 B, waren die weiteren Unterscheidungsmerkmale.

Die neuen Mokicks waren in der Herstellung teurer geworden und forderten somit Kompromisse förmlich heraus. So spielte das Einstiegsmodell eine eher unbedeutende Rolle; sein Produktionsanteil lag nur im ersten Jahr über 20 %. 1975 produzierte Simson insgesamt 96.000 S 50, davon 76.000 B-Varianten.
Von den mäßig kritisierten Komfortrückschritten abgesehen, nahmen Publikum und Fachpresse die neuen Simson-Zweiräder zu Recht mit Beifall auf. Die Medien waren besonders dankbar; durften sie doch nach Jahren der Stagnation endlich wieder ein wirklich neues Produkt der sozialistischen Kraftfahrzeugindustrie präsentieren. Insgesamt hinkten die Suhler dem »Weltstand« dennoch ein wenig hinterher – jedoch keineswegs die berühmten zehn Jahre, die man der DDR-Industrie damals im Allgemeinen nachsagte. Mit gut 60 km/h und einem ordentlichen Anzugsvermögen fuhr man auch auf dem S 50 nicht schlecht und allemal besser als auf dem zu dieser Zeit in der DDR erhältlichen CSSR-Import Jawa 50 »Mustang«.
Schon im Verlaufe des ersten Produktionshalbjahres nahm sich Simson der Kritiken an und brachte im Herbst die ersten S 50 B1-Modelle auf den Markt, die ab Januar 1976 das S 50 B vollständig ablösten. Ein Standlicht mit 4 W Scheinwerferleistung und dem 5-W-Rücklicht ersetzte die bei der Vogelserie übliche Parkleuchte. Auch ein Lichthupenknopf fand sich nun wieder an der linken Lenkerseite. Ein neuer Schwunglichtprimärzünder brachte eine 25/25-W-Biluxlampe zum Leuchten. Dessen Zündspule musste zur Kühlung wieder außen (unter dem Tank) liegen und war einziges, äußeres Erkennungsmerkmal der Weiterentwicklung. Dass sich der Lichtaustrittsdurchmesser um 6 mm vergrößert hatte, bemerkte niemand. Schraubte man den Werkzeugdeckel ab, kam eine zusätzliche Drosselspule zur Verstärkung der Ladeanlage zum Vorschein. Der Preis blieb gegenüber dem S 50 B unverändert.
Anders verhielt es sich beim zusätzlich ins Lieferprogramm aufgenommenen S 50 B2 electronic. Sofern der Kunde bereit war, 1.680 Mark für ein Mokick auszugeben, durfte er das neue Simson Top-Modell ab Spätherbst 1976 bestellen. Zwei bis vier Jahre später erhielt er dann das äußerlich nur durch ein dreieckiges Bild mit Lichtblitz und electronic-Schriftzug zu unterscheidende Fahrzeug. Die unterbrecherlose, elektronische Zündanlage, deren Steuerung im Kasten des Ansauggeräuschdämpfers mit untergebracht war, steigerte die Lichtausbeute des Scheinwerfers noch einmal auf 35 W. Die Tester bescheinigten dem S 50 B2 neben dem geringeren Wartungsaufwand auch einen deutlich niedrigeren Kraftstoff-Verbrauch.

Das Einstiegsmodell S 50 N, immer gut an der blauen Lackierung zu erkennen, in der es ausschließlich geliefert wurde.

Das Mokick S 50 B1 war nur an der außen liegenden Zündspule vom Vorgängermodell zu unterscheiden.

Nach gut drei Produktionsjahren erfuhren die S 50-Mokicks eine deutliche optische Veränderung. Der »Bananentank« mit 8,7 Liter Inhalt ersetzte den bisherigen Knieschluss-Kraftstoffbehälter und verlieh dem Zweirad eine noch gestrecktere, sportlichere Note. Ebenfalls neu für das Modelljahr 1978, in dem übrigens 179.000 Mokicks in Suhl von den Hängebändern liefen, waren schwarze, statt der bisher grauen, Isolierhüllen an Bowdenzügen und Tachowelle.
Einher mit dem neuen Outfit ging eine Verstärkung von Rahmen und Fahrwerk. Die Laufräder erhielten an den Naben eine zusätzliche Verrippung und eine zweimalige Speichenkreuzung ersetzte die vorher einfache. In das hintere Schutzblech schweißten Automaten einen kräftigen Steg ein. Die bisherige Farbgebung änderte sich trotz der neuen Tanks nicht.

S 50 B2 – das electronic-Dreieck auf den Seitendeckeln machte den Unterschied.

Ab 1978 kamen die Modelle S 50 B1 …

... und S 50 B2 mit einem formveränderten Tank auf den Markt.

Modell	S 50N	S 50B	S 50B1	S 50B2
Bauart	Mokick	Mokick	Mokick	Mokick
Motor	M 53/2KF	M 53/2KF	M 53/21KF	M 53/22KF
Bauart	Einzylinder-Zweitakt	Einzylinder-Zweitakt	Einzylinder-Zweitakt	Einzylinder-Zweitakt
Kühlung	Fahrtwind	Fahrtwind	Fahrtwind	Fahrtwind
Bohrung (mm)	40	40	40	40
Hub (mm)	39,5	39,5	39,5	39,5
Hubraum (ccm)	49,6	49,6	49,6	49,6
Verdichtung	9,5:1	9,5:1	9,5:1	9,5:1
Leistung (PS/min)	3,6/5.500	3,6/5.500	3,6/5.500	3,6/5.500
Schmierung (Gemisch)	1:50	1: 50	1:50	1:50
Kerze	14-240	14-260	14-260	14-260
E-Anlage	Schwunglichtmagnetzünder 6V / 15W	6V / 15W	6V / 25W	Zündelektronik 6V / 35W
Vergaser	BVF 16 N1-8	BVF 16 N1-8	BVF 16 N1-8	BVF 16 N1-8
Hauptdüse/Nadeldüse	72/215	72/215	72/215	72/215
Kraftübertragung				
Getriebe	3-Gang, Fuß	3-Gang, Fuß	3-Gang, Fuß	3-Gang, Fuß
Kupplung	4-Scheiben-Ölbad			
Fahrwerk				
Rahmen	Zentralrohr	Zentralrohr	Zentralrohr	Zentralrohr
Bereifung	16 x 2,75	16 x 2,75	16 x 2,75	16 x 2,75
Bremse vorn	Vollnabenbremse mittels Seilzug			
Bremse hinten	Vollnabenbremse mittels Gestänge			
Radführung vorn	Telegabel	Telegabel	Telegabel	Telegabel
Radführung hinten	Langschwinge mit Federbein			
Dämpfung	hydraulisch	hydraulisch	hydraulisch	hydraulisch
Federwege vorn/hinten (mm)	130/85	130/85	130/85	130/85
Maße und Gewichte				
Eigengewicht (kg)	76,5	81	81	81
Tankinhalt (l)	9,5 (ab 1978 8,7)			
Höchstgeschwindigkeit (km/h)	60	60	60	60
Bauzeit	1975–1980	1975–1976	1976–1980	1976–1980
Stückzahl	86.300	81.400	287.000	125.000
Preis Mark (Ost)	1.200,-	1.510,-	1.510,-	1.680,-

S 51 und S 70

Auf den Zeichenbrettern der Konstrukteure und in den Werkstätten der Versuchsbauer waren schon zehn Jahre zuvor neue Motoren für den Antrieb der dritten Simson-Generation entstanden. Doch für Fahrzeug und Triebwerk hatten die staatlich zugeteilten Investitionssummen seinerzeit nicht gereicht. Und mit der Abwendung des staatlichen Interesses vom Kraftfahrzeugbau in der DDR und den zunehmenden Verfallserscheinungen der Betriebe, im Einklang mit dem Desinteresse der Arbeiter und Angestellten, wurde es zunehmend schwieriger, entscheidende Innovationen in eine Serienproduktion umzusetzen. Immerhin konnte die Parteipresse die Nullserienfertigung des neuen Simson-Motors M 531/541 zum 7. Oktober 1979, dem 30. Gründungstag der DDR, vermelden. Das Warten hatte sich zweifellos gelohnt, denn was da von den inzwischen erfahrenen Motorkonstrukteuren an technischem Know How in die schöne Form des Motors gepackt wurde, gehörte unter den Zweitaktmotoren der Schnapsglasklasse zweifellos zur Weltspitze.

Die Typenreihe S 51 präsentierte sich zu Beginn des Jahres 1980 äußerlich fast unverändert. Kernstück der überarbeiteten Mokicks war der völlig neu entwickelte Motor M 531/541 mit drei oder vier Gängen, der zuvor schon in die neue Schwalbe eingebaut worden war.

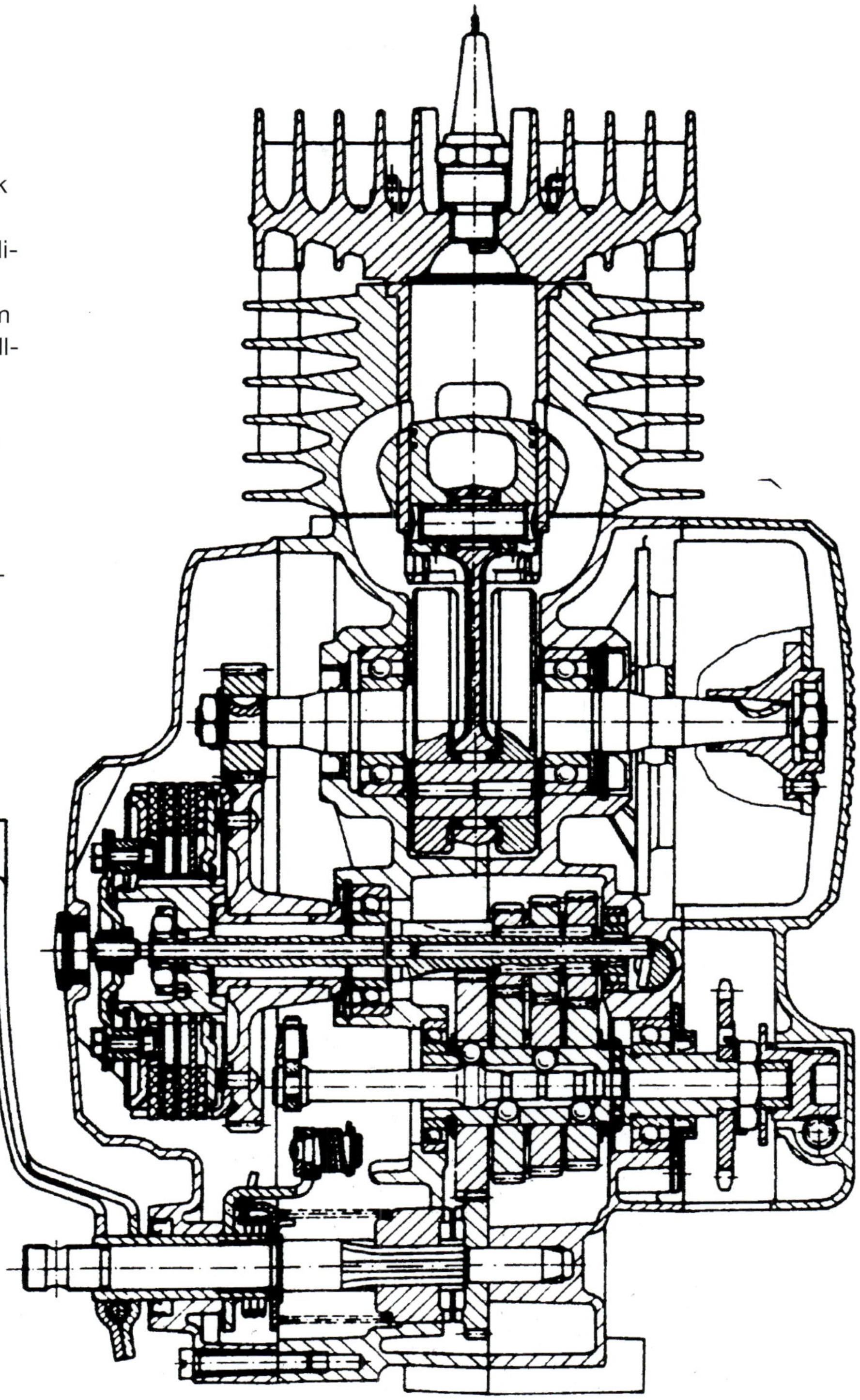

Schnittzeichnung des neuen Simson-Motors. Das Triebwerk war so modern, dass sogar japanische Großserienhersteller ihr Interesse bekundeten.

Äußerlich unterschied sich der neue Motor vom bis dato 1,95 Millionen Mal gebauten M 53 durch ein glatteres Kurbelwellen- und Getriebegehäuse, auf dem der alles dominierende, noch kräftiger verrippte Zylinder mit neu gestaltetem Zylinderkopf saß. Der Kupplungsdeckel trug die Ziffer 3 oder 4, je nach der Gangzahl des Getriebes. Der neue Fünfziger geriet mit 44 mm Hub und 38 mm Bohrung zum Langhuber, was den Plänen einer späteren Hubraumvergrößerung durch Aufbohren entgegenkam. Während sich die Leistung nur geringfügig erhöhte, konnte das Anzugsvermögen im unteren Drehzahlbereich noch einmal deutlich gesteigert werden. Damit schwammen die neuen Mokicks noch besser im Straßenverkehr mit. Zur Verbesserung der Motorcharakteristik waren auch Ansauggeräuschdämpfer mit Vergaser und die Abgasanlage überarbeitet worden. Geräuscharmut, geringer Verbrauch und noch geringerer CO^2-Ausstoß waren von den meisten westlichen Herstellern nicht zu unterbieten. Den Kraftschluss zum neuen Ziehkeilgetriebe besorgte eine Vierscheiben-Tellerfederkupplung. Völlig neu war auch der Kickstarter, der nicht mehr in das jahrzehntelang bekannte Zahnsegment, sondern in eine robuste Stirnverzahnung eingriff.
Langlebig und zuverlässig sollte das neue Triebwerk sein, und wahrlich setzte es diese seit einem Vierteljahrhundert bei Simson-Mopeds geschätzten Tugenden in einer neuen Dimension fort. Von diesem großen Wurf zehrten die Simson-Leute noch nach über 20 Jahren.

Basis der neuen S 51-Reihe war wieder das Einstiegsmodell N in blauer Farbe. Der große Simson-Schriftzug kam erst später an den Tank.

Zunächst trieb er aber erst einmal – nach der Schwalbe – die Mokicks der neuen Typenreihe S 51 an, die im Sommer 1980 die S 50-Modelle ablöste. Wem nun Motor gleich Motor war, erkannte die Weiterentwicklung vielleicht eher am endlich flachen Kunststoffgehäuse des Scheinwerfers oder dem neuen Kombinationsschalter für Licht, Blinker, Signalhorn und Lichthupe an der linken Lenkerseite. Weniger auffällig gerieten Details, die zuletzt schon in die S 50-Produktion eingeflossen waren: Die härter eingestellte Vordergabel, ein veränderter Weg des Bremsgestänges für die Hinterradbremse oder die Erhöhung des Ladestroms der 12-Ah-Batterie. Die einzelnen Modelle der Reihe wiesen noch einmal kleine Detailveränderungen und -unterschiede auf. Im Angebot waren nun: S 51 N – das Grundmodell mit Dreigang-Getriebe fuhr weiterhin ausschließlich in Blau und mit vereinfachter elektrischer Ausrüstung. Immerhin hatte sich die Lichtleistung auf 25 W erhöht, was in Verbindung mit der Primärzündung nun auch eine außen liegende Zündspule bedingte. S 51 B1-3 – die 3 stand für Dreigang-Motor und auch sonst hatte sich ausstattungsmäßig gegenüber dem S 50 B1 nichts geändert. S 51 B1-4 – endlich gab es aus Suhl wieder ein Zweirad mit Viergang-Schaltung. Das blieb aber auch schon der einzige Unterschied zum S 51 B 1-3 (S 50 B1). S 51 B2-4 – das neue Spitzenmodell aus Suhl wies neben dem vierten Gang einige weitere Änderungen gegenüber dem S 50 B2 auf: 60-mm-Tacho mit Blinkkontrollleuchte, 120-mm-Rückspiegel und freiliegende, mit schwarzem Kunststoff beschichtete Federn der Hinterradfederbeine. Außerdem waren die Lenkergriffe längs verrippt und stärker profiliert. Neu im Farbprogramm und ausschließlich diesem Modell vorbehalten, war ein kräftiges, dunkles Grün (»Billardgrün«). Mit 1.995 Mark war das neue Top-Modell deutlich teurer als sein Vorgänger (1.680 Mark). In der Bundesrepublik bot die Stuttgarter Reifengroßhandlung Lange für 1.582 harte D-Mark das Simson Top-Modell an. Simson S 51 B hieß es hier schlicht und wies die den ostdeutschen Kunden vorenthaltenen Faltenbalge und Spiegel (rechts) auf. Für die immer noch geltenden 40 km/h Höchstgeschwindigkeit drosselten die Techniker den Motor auf 2,8 PS. Auch eine 3,4 PS-Variante für 50 km/h war erhältlich, die Verkaufszahlen hielten sich aber in engen Grenzen. Anfang 1983 werteten die Suhler das S 51 B 2-4 auch für die DDR-Kundschaft auf: Mit Plasthandhebeln, zweitem Spiegel und Faltenbalgen mutierte es zum S 51 B 2-4/1.

sstattungs-
riante
1 B 1 – 3

- 3-Gang-Motor
- 25/21 W Primärzünder
- 4-Leuchten-Blinkanlage
- 6 V/12 Ah Bleibatterie
- 25/25 W Scheinwerfer
- Standlicht

Ausstattungs-
variante
S51 B 1 – 4

- 4-Gang-Motor
- 25/21 W Primärzünder
- 4-Leuchten-Blinkanlage
- 6 V/12 Ah Bleibatterie
- 25/25 W Scheinwerfer
- Standlicht

Ausstattungs-
variante
S51 B 2 – 4

- 4-Gang-Motor
- 35/21 W Elektronikzünder
- 4-Leuchten-Blinkanlage
- 6 V/12 Ah Bleibatterie
- 35/35 W Scheinwerfer
- Federbeine mit freiliegenden Tragfedern
- Ø 60 mm Tachometer mit Blinkleuchtenkontrolle
- Ø 120 mm Rundspiegel
- Standlicht

Da in der mittleren Ausstattungsvariante zwischen Drei- und Viergangetriebe gewählt werden konnte, erhöhte sich die Angebotspalette gegenüber dem S 50 auf vier Modelle.

Modell	S 51N	S 51B1-3	S 51B1-4	S 51B2-4
Bauart	Mokick	Mokick	Mokick	Mokick
Motor	M 531/2KF	M 531/1KF	M 541/KF	M 541/1KF
Bauart	Einzylinder-Zweitakt	Einzylinder-Zweitakt	Einzylinder-Zweitakt	Einzylinder-Zweitakt
Kühlung	Fahrtwind	Fahrtwind	Fahrtwind	Fahrtwind
Bohrung(mm)	38	38	38	38
Hub (mm)	44	44	44	44
Hubraum (ccm)	49,8	49,8	49,8	49,8
Verdichtung	9,5:1	9,5:1	9,5:1	9,5:1
Leistung (PS/min)	3,7/5.500	3,7/5.500	3,7/5.500	3,7/5.500
Schmierung (Gemisch)	1:50	1:50	1:50	1:50
Kerze	M 14-260	M 14-260	M 14-260	M 14-260
E-Anlage	Schwunglichtmagnetzünder 6V / 25W			Zündelektronik 6V / 25W
Vergaser	BVF 16 N3-4	BVF 16 N3-4	BVF 16 N3-4	BVF 16 N3-4
Hauptdüse/Nadeldüse	70/215	70/215	70/215	70/215
Kraftübertragung				
Getriebe	3-Gang	3-Gang	4-Gang	4-Gang
Kupplung	4-Scheiben-Ölbad	4-Scheiben-Ölbad	4-Scheiben-Ölbad	4-Scheiben-Ölbad
Fahrwerk				
Rahmen	Zentralrohr	Zentralrohr	Zentralrohr	Zentralrohr
Bereifung	16 x 2,75	16 x 2,75	16 x 2,75	16 x 2,75
Bremse vorn	Vollnabenbremse mittels Seilzug			
Bremse hinten	Vollnabenbremse mittels Gestänge			
Radführung vorn	Telegabel	Telegabel	Telegabel	Telegabel
Radführung hinten	Langschwinge mit Federbeinen			
Dämpfung	hydraulisch	hydraulisch	hydraulisch	hydraulisch
Federwege vorn/hinten (mm)	130/85	130/85	130/85	130/85
Maße und Gewichte				
Eigengewicht (kg)	75,5	79,5	79,5	79,5
Tankinhalt (l)	8,7	8,7	8,7	8,7
Höchstgeschwindigkeit km/h	60	60	60	60
Bauzeit	1980–1987	1980–1988	1980–1989	1980–1989
Stückzahl	103.000	242.000	360.600	305.100

Das neue Spitzenmodell aus Suhl war das Mokick S 51 B2-4, das aber vorerst nur für den Export mit zwei Spiegeln und Faltenbälgen an der Telegabel ausgerüstet war.

Lenker und Auspuff hoch, hinten MZ-Federbeine, dazu ein einklappbarer Kickstarter-Hebel und eine silbergraue Lackierung – fertig war das Enduro-Mokick.

Im Osten ging man indes weiter daran, die gestiegene Kaufkraft der Bürger nach Kräften abzuschöpfen und brachte im Dezember 1981 die Enduro-Variante S 51 E zur Serienproduktion. Mit 2.390 Mark kostete das aktuelle Spitzenmodell fast doppelt soviel wie das S 50 N zu Festpreis-Zeiten. Dafür gab es nun auch im Osten die Faltenbalgabdeckungen der Telegabel-Federwege und den zusätzlichen rechten Spiegel am höher gezogenen Lenker. In die Höhe ging es auch mit dem Auspuff, der im Bereich der Fahrer- und Beifahrerbeine (denen er ständig im Wege war) mit einem schwarzen Schutzgitter ummantelt wurde. Durch den höheren Auspuff mussten die hinteren Blinklichter über die neue, vergrößerte Rückleuchte gesetzt werden. Der Kickstarterhebel war einklappbar und die von der MZ ETZ 250 abstammenden Federbeine konnte der Enduro-Besitzer entsprechend der Soziusbelastung oder des Geländebetriebes einstellen. Für eine bessere Stabilität des Rahmens schraubten die Montagearbeiter je zwei Verstrebungen in Form von Unterzügen an. Auch die jetzt verwendeten Stahlfelgen sollten den Belastungen von Wald und Wiese besser standhalten, insbesondere wegen des harten Endanschlages der Telegabel. Die aufgezogenen Reifen mit Stollenprofil K 32 hatte eigens der VEB Reifenwerk Heidenau für Simson entwickelt. Für ein sportliches Erscheinungsbild sollten außerdem die versteppte, hinten etwas aufgepolsterte Sitzbank sowie gekürzte Schutzbleche sorgen.
Der Viergang-Motor blieb gegenüber den Straßenvarianten unverändert. Lackiert wurde ausschließlich in Metallic-Grau, oder, wie es offiziell hieß, in »Metalleffekt-AL-Silber-Farbton«.
Das nun fünfte Modell der aktuellen Mokick-Reihe hatte zweifellos einen gewissen sportlichen Charakter – ein richtiges Enduro-Mokick mochten sich aber auch im Osten viele anders vorgestellt haben.
Mit der Einführung des S 51 E und dem Beginn des Modelljahrs 82, in dem übrigens am 11. März das viermillionste, motorgetriebene Simson-Zweirad von den Bändern lief, prangte nun ein augenfälliger, fetter Simson-Schriftzug am Tank. Um der Preiskritik den Wind aus den Segeln zu nehmen, reichte Simson 1984 eine abgespeckte Enduro-Variante unter der Bezeichnung S 51 E/4 nach. Mit der Elektrik des N-Modells und ohne verstellbare Federbeine konnte der Preis knapp unter 2.000 Mark gehalten werden. Ganz anders sah das beim dritten Enduro-Modell aus: Ab 1987 konnte die Fünfziger wahlweise mit hochgezogenen Kunststoffkotflügeln unter der Bezeichnung S 51 E II geordert werden.

Aus dem neuen S 51 E ließ sich mit einfachen Mitteln ein leichtes Einsatzfahrzeug für die Grenztruppen der DDR machen.

Ab Januar 1983 ging die sechste Mokick-Variante, das S 51 C »Comfort«, in die Serienproduktion. Zum selben Preis wie die Enduro angeboten, hatte man an diesem alle, speziell für die Geländetauglichkeit angebrachten Features wieder weggelassen. Die sonstigen »Gebrauchswertsteigerungen« blieben erhalten und wurden durch einen Drehzahlmesser, eine Seitenstütze (zusätzlich zum Hauptständer), geschwärzte Motorteile und neue Reifen

Erst ab 1987 konnte für das Enduro-Modell ein Kunststoff-Kotflügel geordert werden.

ergänzt. Kaum wahrnehmbar hatten die Seitendeckel außen herum eine zusätzliche Prägung erhalten. Zusammen mit Tank und Schutzblechen wurden sie in einem fragwürdigen »Atlasweiß« lackiert. Die geplante, sehr schöne weinrote Metallic-Lackierung war leider nicht realisierbar. Vielleicht hätte sie für bessere Absatzzahlen gesorgt, denn das S 51 C geriet nicht zum Verkaufsschlager. Dabei produzierte die mittlerweile ca. 7.500 Mitarbeiter starke Simson-Belegschaft fast 800 Mokicks täglich. Trotzdem waren immer noch Lieferzeiten bis zu zwei Jahren an der Tagesordnung. Der »Essfuffzich«, wie auch die S 51-Typen im Volksmund immer noch genannt wurden, blieb zu DDR-Zeiten ein Renner und – wie kurioser Weise auch die Schwalbe – bis zum Schluss das »Moped«.

Zum Januar 1989 straffte Simson das Mokick-Programm, das zeitweise 34 Modellvarianten aufwies, mit der Einführung einer 12-V-Elektrik. So wurde die Produktion der kaum noch absetzbaren Dreigang-Modelle im Dezember 1988 eingestellt. Die billige Enduro S 51 E/4 fiel ebenfalls aus dem Programm. Die Typenbezeichnungen änderten sich, wie in der Tabelle dargestellt.

Alte Bezeichnung	Neue Bezeichnung
S 51 B 1-4	S 51 /1 B
S 51 B 2-4/1	S 51 /1 C 1
S 51 C	S 51 /1 C
S 51 E	S 51 /1 E 1
S 51 E II	S 51 / 1 E

Traditionell hatte Simson schon seit der Schwalbe ein Comfort-Modell im Programm und traditionell war das in Weiß lackiert worden.

Modell	S 51E / S 51EII	S 51E/4	S 51C	S 51/1B	S 51/1C1
Bauart	Enduro-Mokick	Enduro-Mokick	Mokick	Mokick	Mokick
Motor	M 541/4KF	M 541/2KF	M 541/5KF	M 542KF	M542/4KF
Bauart	Einzylinder-Zweitakt	Einzylinder-Zweitakt	Einzylinder-Zweitakt	Einzylinder-Zweitakt	Einzylinder-Zweitakt
Kühlung	Fahrtwind	Fahrtwind	Fahrtwind	Fahrtwind	Fahrtwind
Bohrung(mm)	38	38	38	38	38
Hub (mm)	44	44	44	44	44
Hubraum (ccm)	49,8	49,8	49,8	49,8	49,8
Verdichtung	9,5:1	9,5:1	9,5:1	9,5:1	9,5:1
Leistung (PS/min)	3,7/5.500	3,7/5.500	3,7/5.500	3,7/5.500	3,7/5.500
Schmierung (Gemisch)	1:50	1:50	1:50	1:50	1:50
Kerze	M 14-260	M 14-260	M 14-260	M 14-260	M 14-260
E-Anlage	Zündelektronik 6V / 35W	Schwunglichtmagnetzünder 6V / 25W	Zündelektronik 6V / 35W	Schwunglicht-Magnetzünder 12V /35W	Zündelektronik 12V /35W
Vergaser	BVF 16 N3-4	BVF 16 N3-4	BVF 16 N3-4	BVF 16 N3-4	BVF 16 N3-4
Hauptdüse/Nadeldüse	70/215	70/215	70/215	70/215	70/215
Kraftübertragung					
Getriebe	4-Gang	4-Gang	4-Gang	4-Gang	4-Gang
Kupplung	4-Scheiben-Ölbad	4-Scheiben-Ölbad	4-Scheiben-Ölbad	4-Scheiben-Ölbad	4-Scheiben-Ölbad
Fahrwerk					
Rahmen	Zentralrohr mit Unterzug	Zentralrohr mit Unterzug	Zentralrohr	Zentralrohr	Zentralrohr
Bereifung	16 x 2,75	16 x 2,75	16 x 2,75	16 x 2,75	16 x 2,75
Bremse vorn	Vollnabenbremse mittels Seilzug				
Bremse hinten	Vollnabenbremse mittels Gestänge				
Radführung vorn	Telegabel	Telegabel	Telegabel	Telegabel	Telegabel
Radführung hinten	Langschwinge mit Federbeinen				
Dämpfung	hydraulisch	hydraulisch	hydraulisch	hydraulisch	hydraulisch
Federwege vorn/hinten (mm)	130/90	130/90	130/90	130/85	130/85
Maße und Gewichte					
Eigengewicht (kg)	83	80	82	78,5	79,5
Tankinhalt (l)	8,7	8,7	8,7	8,7	8,7
Höchstgeschwindigkeit km/h	60	60	60	60	60
Bauzeit	1982–1988 / 1987–1988	1984–1988	1983–1989	1989–1990	1989–1990
Stückzahl	160.000 (inkl. EII)	160.000 (inkl. E)	31.000	91.500	k. A.
Preis Mark (Ost)	2.390,- / k. A.	k. A.	2.390,-	k. A.	1.995,-

Mit der Überleitung des neuen Motors in die Mokick-Produktion war eine Hubraumvergrößerung fest in den Plänen des Zweiradkombinates verankert. Allerdings blies den Simson-Leuten hier ein rauer Wind von MZ in Zschopau entgegen. So wurde das S 70 C zum kleinsten gemeinsamen Nenner und der einzigen Chance, die man den Thüringern gewährte, um nach über 20 Jahren wieder Motorräder bauen zu können.

In der DDR fiel alles unter die Kategorie »Motorrad«, was mehr als 50 ccm Hubraum hatte. Die im Westen eingeführte Klasse »Leichtkraftrad«, die man ab 16 mit dem vereinfachten Motorradführerschein 1b fahren durfte, gab es in der DDR nicht. Das hielt in Suhl die Produktion der Fünfziger auf hohem Niveau und MZ in Zschopau die Konkurrenz vom Leibe, denn die Siebziger verkauften sich in der DDR schlecht.

Im Sommer 1983 startete die Fertigung des S 70 C (Exportbezeichnung »Simson Super S 80«), das sich äußerlich nur durch die vom Enduro-Mokick her bekannten Rahmenunterzüge, dem größeren Signalhorn unter dem Tank und der durchgehend roten Lackierung vom

Auch das S 70 Comfort-Modell war ursprünglich in Weiß geplant, kam in der Serie dann aber doch in knalligem Rot.

S 51 Comfort unterschied. Der Motor, auf 69,9 ccm aufgebohrt, leistete 5,6 PS bei 6.000 /min und beschleunigte offiziell bis auf 75 km/h. In der Praxis ging es meistens um einiges schneller. Der Preis des S 70 C lag mit 2.490 Mark nur einen Hunderter über der 50-ccm-Variante, kam der MZ 125 aber schon recht nahe. Für beide musste der Motorradführerschein gemacht und 12 Mark KFZ-Steuer bezahlt werden.
Im Westen bot Lange die Achtziger zum Kampfpreis von 1.690 Mark an. Ein paar Wochen später feierte auch die aufgebohrte Enduro Premiere. Grundlage hier wieder das fünfziger Modell, dem der Motor des S 70 C eingepflanzt und die Telegabel verstärkt wurde. Vor allem die verstärkten Tragfedern sorgten für weniger harte Schläge im Vorderradbereich, weshalb wieder Leichtmetallfelgen zum Einsatz kommen konnten. Im Gegensatz zum kleineren Bruder erhielt das S 70 E noch den Seitenständer der C-Modelle.

Im Export wurde das Comfort-Modell als »Simson Super S 80« mit wenig Erfolg angeboten.

Im Westen kostete das als »Simson Super 80 Enduro« angebotene Zweirad 1.751 Mark.
Bei der Serieneinführung passierte den Simson-Leuten ein peinlicher Fauxpas. Das S 70 E war vorn mit hoch gesetztem, feststehendem Plast-Kotflügel angekündigt worden, der dann nicht geliefert werden konnte (die DDR Industrie hatte bei Kunststoff-Formteilen einen riesigen Nachholbedarf). Erst im Juli 1985, nach bereits 2.500 gebauten Enduros, wurde das Teil, das den Simson Biedermann nun doch etwas mehr nach Gelände aussehen ließ, nachgereicht. Flugs änderte sich die Typenbezeichnung in S 70 E II.
Als am 2. Juni 1987 das einmillionste Simson-Zweirad der S 51/S 70-Reihe vom Montageband rollte, betrug der Anteil der Siebziger gerade mal 20.000 Fahrzeuge. Aus diesem Grund fertigten die Thüringer ab 1989 unter der Bezeichnung S 70 /1 E nur noch das Enduro-Modell, jetzt mit 12-V-Elektrik.

Die 70er Enduro-Variante folgte wenig später dem Comfort-Modell nach.

Leichtkraftrad S 70 ES. Dieses einsitzige Fahrzeug entstand in Kleinserie für die GST (Gesellschaft für Sport und Technik).

Am 2. Juni 1987 lief das einmillionste Fahrzeug der S 51/S 70-Reihe von den Suhler Hängebändern.

Modell	S 51/1E1 / S 51/1E	S 51/1C	S 70 C	S 70 E / EII	S 70/1E
Bauart	Enduro-Mokick	Mokick	Leichtkraftrad	Enduro	Enduro
Motor	M542/4KF	M 542/5KF	M 741/1KF	M 741/2KF	M 742/2KF
Bauart	Einzylinder-Zweitakt	Einzylinder-Zweitakt	Einzylinder-Zweitakt	Einzylinder-Zweitakt	Einzylinder-Zweitakt
Kühlung	Fahrtwind	Fahrtwind	Fahrtwind	Fahrtwind	Fahrtwind
Bohrung(mm)	38	38	45	45	45
Hub (mm)	44	44	44	44	44
Hubraum (ccm)	49,8	49,8	69,9	69,9	69,9
Verdichtung	9,5:1	9,5:1	10,5:1	10,5:1	10,5:1
Leistung (PS/min)	3,7/5.500	3,7/5.500	5,6/6.000	5,6/6.000	5,6/6.000
Schmierung (Gemisch)	1:50	1:50	1:50	1:50	1:50
Kerze	M 14-260	M 14-260	M 14-260	M 14-260	M 14-260
E-Anlage	Zündelektronik 12V /35W	Zündelektronik 12V /35W	Zündelektronik 12V /35W	Zündelektronik 12V /35W	Zündelektronik 12V /35W
Vergaser	BVF 16 N3-4	BVF 16 N3-4	BVF 16 N3-5	BVF 16 N3-5	BVF 16 N3-5
Hauptdüse/Nadeldüse	70/215	70/215	72/215	72/215	72/215
Kraftübertragung					
Getriebe	4-Gang	4-Gang	4-Gang	4-Gang	4-Gang
Kupplung	4-Scheiben-Ölbad	4-Scheiben-Ölbad	4-Scheiben-Ölbad	4-Scheiben-Ölbad	4-Scheiben-Ölbad
Fahrwerk					
Rahmen	Zentralrohr mit Unterzug	Zentralrohr	Zentralrohr mit Unterzug	Zentralrohr mit Unterzug	Zentralrohr mit Unterzug
Bereifung	16 x 2,75	16 x 2,75	16 x 2,75	16 x 2,75	16 x 2,75
Bremse vorn	Vollnabenbremse mittels Seilzug				
Bremse hinten	Vollnabenbremse mittels Gestänge				
Radführung vorn	Telegabel	Telegabel	Telegabel	Telegabel	Telegabel
Radführung hinten	Langschwinge mit Federbeinen				
Dämpfung	hydraulisch	hydraulisch	hydraulisch	hydraulisch	hydraulisch
Federwege vorn/hinten (mm)	130/90	130/90	130/90	130/90	130/90
Maße und Gewichte					
Eigengewicht (kg)	83,5	82,5	82,5	84	84
Tankinhalt (l)	8,7	8,7	8,7	8,7	8,7
Höchstgeschwindigkeit km/h	60	60	75	75	75
Bauzeit	1989–90	1989–90	1983–88	1984 / 1985–89	1989–90
Stückzahl	53.500	81.750	20.000	12.900	4.350
Preis Mark (Ost)	k. A.	2.390,-	2.490,- (1.690,- West)	1.751,- (West)	1.751,- (West)

Die letzten DDR-Mokicks

Im Sommer 1985 legten die führenden Männer des Zweiradkombinates auf der Tagung »Fortschritte im Motorradbau« in Zwickau den Fortgang des Motorradbaus in der DDR fest – und den Entwicklungsabteilungen in Suhl und Zschopau Hemmschuhe vor die Räder. Beibehaltung der Einzylinder-Zweitakt-Technik und der Grundkonzeptionen der Fahrwerke hieß die Devise, die mit daran Schuld war, dass die Motorräder fünf Jahre später auf dem Weltmarkt kaum bestehen konnten. Lediglich kosmetische Retuschen »zur Verbesserung des ästhetischen Gesamteindrucks« wurden ausdrücklich gefordert. Für weiterreichende Investitionen war schlicht kein Geld vorhanden.
Für Simson bedeutete das konkret den Abschied vom S 52, einem in der Entwicklung befindlichen Mokick mit grundlegend überarbeitetem Fahrwerk (z. B. hinteres Zentralfederbein), das zum Ende des Jahrzehnts die S 51-Reihe ablösen sollte.
Stattdessen stellte Simson auf der Leipziger Herbstmesse 1989 (ausschließlich dem Fachpublikum) eine Mokick-Studie mit der Bezeichnung S 53 vor, deren Serienumsetzung zu dieser Zeit noch in den Sternen stand. Diese fielen nach dem 9. November 1989 aber auch in Suhl bald vom Himmel, so dass mit Hochdruck an der Produktionsumstellung gearbeitet wurde. Dabei galt es lediglich, Designänderungen der Anbauteile an das altbewährte Fahr- und Triebwerk anzupassen. Eine angedeutete Kanzel um den Scheinwerfer herum, ein neuer Tank, neue Seitenteile und schließlich ein neuer hinterer Kotflügel aus Kunststoff ließen das neue Mokick tatsächlich nicht schlecht aussehen. Die Sitzbank übernahmen die Konstrukteure vom SR 50/80. Als das Fahrzeug dann im September 1990 endlich auf den inzwischen nicht wieder zu erkennenden Markt kam, galten die alten Werte nichts mehr. Die bis Ende 1991 vorgestellten acht Modellvarianten wurden zum Teil nicht einmal mehr mit Losgrößen in Serie gebaut.

Hätten die Suhler die Entwicklung des S 52 mit Zentralfederbein zu Ende bringen dürfen, hätte Simson nach der Wende vielleicht etwas besser dagestanden.

Das Basismodell S 53 N im traditionellen Blau und ohne Lampenverkleidung. Später war dieses Mokick auch in Rot-Weiß zu haben, soweit es überhaupt noch jemand mochte.

Wie bei den vorangegangenen Simson-Mokicks markierte das B-Modell die mittlere Ausstattungsvariante.

Die Modelle S 53 E und S 53 C auf einem Prospekt des am 1. Mai 1990 zur »Simson Fahrzeug GmbH« umfirmierten ehemaligen VEB-Betriebes.

Bei den Typenbezeichnungen hielt man am bewährten Muster fest. Gestartet wurde mit dem S 53 N als Basisversion, die jetzt über eine Blinkanlage verfügte, dem B-Modell mit mittlerer Ausstattung, dem S 53 C mit Drehzahlmesser und der Enduro-Variante S 53 E. Es folgten 80er Modelle in diesem Design, Versuche mit Scheibenbremsen und Gussrädern. Die DDR war da längst Geschichte.

Mit knapp 5.000 abgesetzten Mokicks im Jahre 1991 verkaufte Simson in einem Jahr so viele Zweiräder, wie noch zu Vorwendezeiten in einem Monat. Die großen Zeiten des Thüringischen Fahrzeugbaus waren ein für allemal vorbei.

1990 versuchte Simson mit der portugiesischen Firma S.I.S zu einem Joint Venture zu kommen. Zu mehr als dem Versuchsmuster AT 50 kam es aber nicht.

Modell	S 53 N	S 53 B	S 53 C	S 53 E
Bauart	Mokick	Mokick	Mokick	Enduro-Mokick
Motor	M 543/3KF	M 543KF	M 543/1KF	M 543/2KF
Bauart	Einzylinder-Zweitakt	Einzylinder-Zweitakt	Einzylinder-Zweitakt	Einzylinder-Zweitakt
Kühlung	Fahrtwind	Fahrtwind	Fahrtwind	Fahrtwind
Bohrung(mm)	38	38	38	38
Hub (mm)	44	44	44	44
Hubraum (ccm)	49,8	49,8	49,8	49,8
Verdichtung	9,5:1	9,5:1	9,5:1	9,5:1
Leistung (PS/min)	3,4/5.000	3,4/5.000	3,4/5.000	3,4/5.000
Schmierung (Gemisch)	1:50	1:50	1:50	1:50
Kerze	M 14-260	M 14-260	M 14-260	M 14-260
E-Anlage	Zündelektronik 6V / 35W	Zündelektronik 6V / 35W	Zündelektronik 6V / 35W	Zündelektronik 6V / 35W
Vergaser	BVF 16 N3-4	BVF 16 N3-4	BVF 16 N3-4	BVF 16 N3-4
Hauptdüse/Nadeldüse	70/215	70/215	70/215	70/215
Kraftübertragung				
Getriebe	4-Gang	4-Gang	4-Gang	4-Gang
Kupplung	4-Scheiben-Ölbad	4-Scheiben-Ölbad	4-Scheiben-Ölbad	4-Scheiben-Ölbad
Fahrwerk				
Rahmen	Zentralrohr	Zentralrohr	Zentralrohr	Zentralrohr mit Unterzug
Bereifung	16 x 2,75	16 x 2,75	16 x 2,75	16 x 2,75
Bremse vorn	Vollnabenbremse mittels Seilzug			
Bremse hinten	Vollnabenbremse mittels Gestänge			
Radführung vorn	Telegabel	Telegabel	Telegabel	Telegabel
Radführung hinten	Langschwinge mit Federbeinen			
Dämpfung	hydraulisch	hydraulisch	hydraulisch	hydraulisch
Federwege vorn/hinten (mm)	130/85	130/85	130/85	130/90
Eigengewicht (kg)	78	81	83	83
Tankinhalt (l)	8,7	8,7	8,7	8,7
Höchstgeschwindigkeit km/h	50	50	50	50
Bauzeit	1990–1994	1990–1994	1990–1994	1990–1994
Stückzahl	7.500 (bis Ende 1991), alle S-53-Modelle			
Preis Mark (Ost)	k. A.	2.900,-	k. A.	k. A.

SR 50 / 80

Mit Beginn der Konstruktionsarbeiten zur Nachfolge der Vogel-Mokicks begannen die Suhler Ingenieure auch an einem neuen Roller-Modell zu feilen. Aber die Sache eilte nicht, denn die Schwalbe-Kundschaft stand nach wie vor Schlange. Die Pläne des Zweiradkombinates sahen vor, die Einführung des neuen S 50 abzuwarten und auf dessen Grundlage ein »Roller-Mokick« zu entwickeln. Tatsächlich dauerte es dann aber bis zum Oktober 1978, ehe die KR 51-Nachfolge wieder auf die Tagesordnung kam. Nach einigen wenig gelungen Experimenten mit 16-Zoll-Fahrgestellen schwenkten die Verantwortlichen um und gaben im Dezember 1980 unter anderem folgende Zielsetzungen heraus: Erzielung eines leichten, grazilen Aussehens, max. Sitzhöhe 750 mm, max. Durch-

Ein Versuchsmuster des KR 52 mit 16-Zoll-Rädern aus dem Jahre 1980.

1968 begann die Entwicklung des SR 52, einer interessanten Konstruktion mit gezogener Vorderrad- und Einarm-Hinterradschwinge, die leider nicht zum Tragen kam.

stiegshöhe 460 mm, Radgröße 12", Federweg vorn 130 mm, hinten 85 mm (einstellbar für Solo- oder Soziusbetrieb), Prägerahmen zur Sicherung optimaler ökonomischer Parameter (wenig Tiefziehblech) und der Roller soll von 1985 an den Weltstand mit bestimmen.
Jahre vergingen, ehe 1984 die ersten, seriennahen Fertigungsmuster auf Thüringens Straßen auftauchten. Und noch einmal vergingen zwei Jahre bis zur Serienproduktion!
Der neue Schwalbe-Nachfolger hatte, geprägt durch die geforderte, mokickartige Konzeption, ein völlig eigenständiges Erscheinungsbild, die Präsentation des schlicht SR 50 genannten Rollers war eine Sensation im gesamten Ostblock. Vor allem die Motorpresse der DDR, von Neuerscheinungen nicht gerade verwöhnt, nahm den Neuling dankbar auf, spendierte ihm ungewöhnlich viele Titelseiten und stellte die Technik ausführlich vor. Das las sich grob zusammengefasst etwa so: Die Motoren, vom S 51/S 70 her bekannt, blieben nahezu unverändert. Lediglich Kickstarter und Fußschalthebel mussten entsprechend dem in der Fahrzeugmitte aufgehängten Motor geändert, die Getriebeübersetzung den kleineren Rädern angepasst werden. Ein neuer Vergaser sollte Sprit sparen helfen.
Die Ingenieure hatten kräftig in die Montagekisten der S 51-Baureihe gegriffen. Teleskopgabel, Federbeine, Bremsen, Lenkerarmaturen, Sitzbank, Hinterradantrieb und Elektronikbauteile kannte man schon vom Mokick her. Völlig neu dagegen waren der Blechprägerahmen, der das Gesamterscheinungsbild des Rollers deutlich mitbestimmte und die 12"-Räder. Letztere bestanden aus geschweißten Stahlscheibenfelgen, an denen die Alu-Druckgussnaben angeschraubt waren. Die Sitzbank ließ sich nach vorne klappen und gab unter anderem Tankverschluss, Werkzeug und Batterie frei. Für Armaturenhalterung, Motor- und Rahmenabdeckungen und das hintere Schutzblech, das mit dem Hinterrad mitschwang, kamen endlich Kunststoffformteile zum Einsatz.
Die elektrische Anlage wies bei den einzelnen Modell-Varianten deutliche Unterschiede auf. Gleich mit fünf Modellen wollte Simson in die neue Roller-Ära starten, vermutlich auch ein Grund dafür, warum erst ab April 1986 mit der Auslieferung begonnen werden konnte. Auf die Top-Varianten mussten Interessierte sogar bis zum Herbst warten.
Analog zur Mokick-Baureihe bildete das »N«-Modell den Einstieg in die neue Roller-Klasse. Bei der blau-weiß lackierten Basis-Variante streckte der Fahrer seinen Arm zur Richtungsanzeige aus und betätigte im Falle eines

Ein weiteres Versuchsmodell von 1982, das dem späteren SR 50 schon sehr nahe kam.

Falles die von vier Monozellen gespeiste »Hupe«. Mit dem Motor M 531 konnte bis in den dritten Gang geschaltet werden; ein Zündschloss zum Abstellen des Triebwerks gab es nicht. Ein Schwunglichtprimärzünder und 25/25 W Lichtleistung waren weitere Parameter der elektrischen Anlage. Der Preis für das Fahrzeug betrug 1.880 Mark und lag damit um einiges höher als das Schwalbe-Grundmodell. Der Einsteiger stieß aber hauptsächlich mangels zeitgemäßer Ausstattung auf wenig Gegenliebe, weshalb schon 1987 seine Produktion stillschweigend wieder eingestellt wurde.

Wie bei den Simson-Mokicks war auch beim neuen Kleinroller das N-Modell der preiswerteste Einstieg, allerdings mit sehr überschaubarem Luxus.

Die B-Modelle des neuen Simson-Rollers gab es mit drei Getriebegängen (SR 50 B3) oder deren vier (SR 50 B4), wobei letzteres Modell mit weiteren Extras glänzte.

Immer noch drei Gänge, ein kleiner Rückspiegel und einfache Armaturen im Lenkergehäuse – aber jetzt mit Vierleuchten-Blinkanlage und 6-V-Batterie ergaben die Kurzcharakteristik des Modells SR 50 B3 für 2.190 (immer noch Ost-) Mark.
Ab der Variante SR 50 B4 und dem Preis von 2.365 Mark konnte nicht nur ein vierter Gang eingelegt und in zwei Rückspiegel geschaut werden. Den Lenkerkopf zierte nun ein rechteckiges Kombiinstrument mit Tachometer, Kontrollleuchten und Zündlichtschalter. Dank eines Seitengepäckständers am rechten Fahrzeugheck konnten auch größere Gepäckstücke transportiert werden. Die hinteren Federbeine lagen frei und wurden nicht mehr in hässlichen schwarzen Hülsen geführt.
Das Top-Modell SR 50 CE hatte noch einiges mehr zu bieten. Äußerlich stachen die komfortable, gesteppte Sitzbank und die beiden im Durchmesser 120 mm großen Spiegel ins Auge. Weniger gut sicht-, aber deutlich spür-

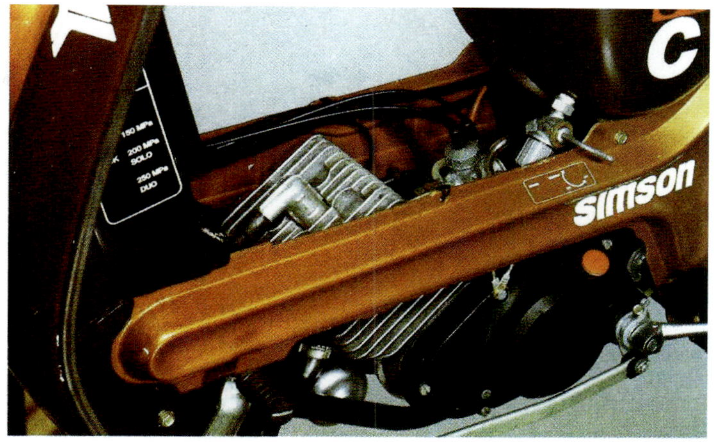

Einblicke in technische Details des neuen Simson-Fahrzeugs, das nahezu gleichsam Mokick und Roller war.

Das C stand auch beim neuen Roller wieder für das bestausgestattetste (und teuerste) Comfort-Modell, das es als CE auch mit einem Elektrostarter gab.

Die C-Modelle des Simson-Rollers wurden im Westen Deutschlands unter der Bezeichnung »Bunny« angeboten.

Die Luxusvariante des Simson-Rollers boten die Suhler auch als SR 80 CE mit dem auf 70 ccm aufgebohrten Motor an – ein Flop, wie sich bald zeigte.

bar die fünffach verstellbaren hinteren Federbeine, wie bereits an den besseren S 51-Modellen verwendet. Das 12-V-Bordnetz sorgte nicht nur für gute Lichtverhältnisse (35/35 W), sondern auch dafür, dass der kleine Fünfziger wahlweise mit dem Kickstarter oder mit einem – erstmals bei Simson eingesetzten – elektrischen Starter per Knopfdruck angelassen werden konnte.

Gezündet wurde beim CE selbstverständlich elektronisch. Soviel Luxus hatte natürlich seinen Preis; mit 2.885 Mark avancierte der SR 50 CE zum teuersten Simson-Fünfziger aller Zeiten. Kritikern dieses Punktes wurden die guten Exportchancen des Top-Fünfzigers entgegengehalten. Tatsächlich bekam der in der Bundesrepublik als »Bunny« angebotene Mokick-Roller beste Kritiken von der Fachpresse und das nicht nur wegen seines geringen Preises von DM 2.350 (West). Für die seit dem 1. April 1986 im Westen für Mokicks (jetzt »Kleinkrafträder«) geltende Höchstgeschwindigkeit von 50 km/h fuhr der »Bunny« mit gedrosseltem 3,4-PS-Motor.

Für ein paar Hunderter weniger reichte Simson 1987 den SR 50 C nach. Er bot allen Luxus des Top-Modells und verzichtete lediglich auf den sowieso entbehrlichen und störanfälligen Elektrostarter.

Nachdem der auf 70 ccm aufgebohrte Motor schon drei Jahre zuvor das Simson-Mokick zum Kleinkraftrad gemacht hatte, war es selbstverständlich, dass der stärkere Motor M 741 auch für die neue Roller-Generation eingesetzt werden würde. Mit dem großen Roller versprach man sich bessere Verkaufszahlen als beim schwächelnden S 70-Absatz. Doch das Gegenteil trat ein! Nicht mal 2.000 Exemplare des 2.995 Mark teuren SR 80 CE konnten bis 1989 abgesetzt werden! Bis auf den stärkeren Motor, der den Roller 70 km/h schnell machte, gab es gegenüber dem Fünfziger CE keine Veränderungen. Aber im Gegensatz zu diesem brauchte man eben einen Motorradführerschein, um den Achtziger fahren zu dürfen. Außerdem fuhr die Klientel, für die ein größerer Roller Jahre zuvor vielleicht interessant gewesen wäre, jetzt lieber Auto.

Wie das Mokick-Programm wurde auch das Roller-Angebot mit Beginn des Modelljahres 1989 gestrafft. Alle Modelle erhielten jetzt eine moderne, schwarz emaillierte Kompaktabgasanlage und die 6-V-Elektrik gehörte, ebenso wie das Dreigang-Getriebe, endgültig der Vergangenheit an. Basismodell war jetzt der SR 50 /1B mit 35/35 W Lichtausbeute. So hell war es auch beim SR 50 /1C, allerdings von einer Halogenlampe ausgehend. Die besaßen auch die Roller SR 50 /1CE und SR 80 /1CE. Allen drei C-Modellen war noch ein Wechselspannungsregler gemeinsam.

Nur im Westen erhielt der SR 50 /1CE, hier immer noch als »Bunny« angeboten, wahlweise einen Katalysator für 200 Mark Aufpreis. Das erfreute zwar wieder die Motor-Journalisten, lockte aber kaum mehr Käufer hinter dem Ofen hervor.

Nach der Straffung des Simson-Programms 1989 war nun das Modell SR 50 /1B das neue Basis-Modell.

Im Westen, zu dem die DDR 1990 quasi auch schon gehörte, konnte der »Bunny« für 200 D-Mark Aufpreis mit einem Katalysator geliefert werden.

Modell	SR 50N	SR 50B3	SR 50B4	SR 50C	SR 50 CE
Motor	M 531/2KFS	M 531KF	M 541KF	M 541/1KFS	M 541EFS
Bauart	Einzylinder-Zweitakt	Einzylinder-Zweitakt	Einzylinder-Zweitakt	Einzylinder-Zweitakt	Einzylinder-Zweitakt
Starter	Kick	Kick	Kick	Kick	Kick
Kühlung	Fahrtwind	Fahrtwind	Fahrtwind	Fahrtwind	Fahrtwind
Bohrung (mm)	38	38	38	38	38
Hub (mm)	44	44	44	44	44
Hubraum (ccm)	49,8	49,8	49,8	49,8	49,8
Verdichtung	9,5:1	9,5:1	9,5:1	9,5:1	9,5:1
Leistung (PS/min)	3,7/5.500	3,7/5.500	3,7/5.500	3,7/5.500	3,7/5.500
Schmierung	1:50	1:50	1:50	1:50	1:50
Kerze	M14-260	M14-260	M14-260	M14-260	M14-260
E-Anlage	6V/25W	6V/25W	6V/25W	Zündelektronik 6V/35W	Zündelektronik 6V/35W
Vergaser	BVF 16 N3-2	BVF 16 N3-2	BVF 16 N3-2	BVF 16 N3-2	BVF 16 N3-2
Hauptdüse/Nadeldüse	70/215	70/215	70/215	70/215	70/215
Kraftübertragung					
Getriebe	3-Gang	3-Gang	4-Gang	4-Gang	4-Gang
Kupplung	4-Scheiben-Ölbad	4-Scheiben-Ölbad	4-Scheiben-Ölbad	4-Scheiben-Ölbad	4-Scheiben-Ölbad
Fahrwerk					
Rahmen	Blech-Formteil-Rahmen	Blech-Formteil-Rahmen	Blech-Formteil-Rahmen	Blech-Formteil-Rahmen	Blech-Formteil-Rahmen
Bereifung	3,00-12 R	3,00-12 R	3,00-12 R	3,00-12 R	3,00-12 R
Bremse vorn/hinten	Vollnabenbremse mittels Seilzug				
Radführung vorn	Teleskopgabel	Teleskopgabel	Teleskopgabel	Teleskopgabel	Teleskopgabel
Radführung hinten	Langschwinge mit Federbeinen				
Dämpfung	hydraulisch	hydraulisch	hydraulisch	hydraulisch	hydraulisch
Federwege vorn/hinten (mm)	130/85	130/85	130/85	130/85	130/85
Maße und Gewichte					
Eigengewicht (kg)	80	82	82,5	86	88
Tankinhalt (l)	6,5	6,5	6,5	6,5	6,5
Höchstgeschwindigkeit	60	60	60	60	60
Bauzeit	1986–1987	1986–1989	1986–1989	1987–1989	1986–1988
Stückzahl	6.740	96.430 (mit SR 50B4)	96.430 (mit SR 50B3)	16.750	7.300
Preis DM Ost (West)	1.880,-	2.190,-	2.365,-	k. A.	2.885,- (2.350,-)

Modell	SR 50/1B	SR 50/1C	SR 50/1CE	SR 80CE	SR 80/1CE
Motor	M 542KFS	M 542/1KFS	M 542EFS	M 741EFS	742 EFS
Bauart	Einzylinder-Zweitakt	Einzylinder-Zweitakt	Einzylinder-Zweitakt	Einzylinder-Zweitakt	Einzylinder-Zweitakt
Starter	Kick	Kick	Elektro	Elektro	Elektro
Kühlung	Fahrtwind	Fahrtwind	Fahrtwind	Fahrtwind	Fahrtwind
Bohrung (mm)	38	38	38	45	45
Hub (mm)	44	44	44	44	44
Hubraum (ccm)	49,8	49,8	49,8	69,9	69,9
Verdichtung	9,5:1	9,5:1	9,5:1	10,5:1	10,5:1
Leistung (PS/min)	3,7/5.500	3,7/5.500	3,7/5.500	5,6/6.000	5,6/6.000
Schmierung	1:50	1:50	1:50	1:50	1:50
Kerze	M14-260	M14-260	M14-260	M14-260	M14-260
E-Anlage	Zündelektronik 12V/35W	Zündelektronik 12V/35W	Zündelektronik 12V/35W	Zündelektronik 12V/35W	Zündelektronik 12V/35W
Vergaser	BVF 16 N3-2	16 N3-2	16 N3-2	16 N3-3	16 N3-3
Hauptdüse/Nadeldüse	70/215	70/125	70/125 72/215	72/215	
Kraftübertragung					
Getriebe	4-Gang	4-Gang	4-Gang	4-Gang	4-Gang
Kupplung	4-Scheiben-Ölbad	4-Scheiben-Ölbad	4-Scheiben-Ölbad	4-Scheiben-Ölbad	4-Scheiben-Ölbad
Fahrwerk					
Rahmen	Blech-Formteil-Rahmen				
Bereifung	3,00-12 R	3,00-12 R	3,00-12 R	3,00-12 R	3,00-12 R
Bremse vorn/hinten	Vollnabenbremse mittels Seilzug				
Radführung vorn	Teleskopgabel				
Radführung hinten	Langschwinge mit Federbeinen				
Dämpfung	hydraulisch	hydraulisch	hydraulisch	hydraulisch	hydraulisch
Federwege vorn/hinten (mm)	130/85	130/85	130/85	130/85	130/85
Maße und Gewichte					
Eigengewicht (kg)	83	87	88,5	88,5	89
Tankinhalt (l)	6,5	6,5	6,5	6,5	6,5
Höchstgeschwindigkeit	60	60	60	75	75
Bauzeit	1989–1990	1989–1990	1989–1990	1987–1988	1989–1990
Stückzahl	51.350	20.380	4.500	1.880	950
Preis DM (Ost)	2.365,-	k. A.	2.885,-	2.995,-	2.995,-

HMW

Nach 1945 nahmen viele westdeutsche Hersteller von Fahrrädern und Motorrädern, die in den 1930er Jahren Motorfahrräder produziert hatten, deren Fertigung, in oftmals unveränderter Form, wieder auf. Auch in der DDR wurde der Versuch unternommen, die vor dem Krieg so rapide angestiegene Motorfahrrad-Produktion wiederzubeleben. Ein wenig merkwürdig aus heutiger Sicht ist dabei schon, dass hier nur ein einziger Hersteller wieder aktiv wurde. 1950 stellte das »Metall- und Fahrradwerk Hainsberg« das erstmals als »Mofa« bezeichnete »HMW«-Motorfahrrad vor.
Es stellte praktisch den wenig veränderten, schon vor dem Krieg an gleicher Stelle produzierten Nachbau des Motorfahrrades »National« dar. Kaum war seitens der HO (Handels-Organisation) der Verkauf ab 1951 für sagenhafte 1.800 DM (Ost) angekündigt, musste das Projekt nach ganzen 32 Exemplaren erst einmal wieder eingestellt werden. So viele Fahrzeuge waren noch fast ausschließlich aus Vorkriegsteilen zusammengebaut worden, ehe der Materialnachschub versiegte. Vor allem Fichtel & Sachs in Reichenbach/Vogtl., nach dem Krieg auch in die Awtowelo-Gruppe integriert, konnte die 98-ccm-Motoren nicht mehr wie geplant liefern. Dennoch hielten die Hainsberger bis 1952 eine bescheidene Produktion aufrecht und hinterließen danach eine Lücke unterhalb der RT 125. Spätere Ausführungen des Mofas wiesen geschlossene statt offene Gabelscheiben auf, hatten die Lampe mit integriertem Tachometer der RT 125 bekommen und neben der bis dahin ausschließlichen schwarzen Lackierung noch eine rotbraune, wie sie damals im DDR-Motorradbau üblich war, im Angebot. In dieser Ausführung war auch oft vom Typ »Mücke« die Rede.

In der letzten Ausführung als Typ »Mücke« trug das HMW-Mofa den Scheinwerfer der DKW IFA RT 125.

Das HMW-Mofa hier schon mit geschlossenen Gabelscheiden, aber noch ohne Tacho in der Lampe. Der hier angebaute Geschwindigkeitsmesser gehörte nicht original zum Fahrzeug.

Modell	HMW Mofa (»Mücke«)
Bauart	Motorfahrrad
Motor	Sachs-Zweitakt/KMZ-Zweitakt
Hubraum ccm	98
Leistung PS	2,25
bei Drehzahl 1/min	3.000
Zylinderzahl	1
Bohrung/Hub mm	48/54
Verdichtung :1	6
Gassteuerung	Querstromspülung
Starter	Pedale
Zündung	Magnet
Kraftübertragung	
Getriebe/Gangzahl	2
Schaltung	Hand
Hinterradantrieb	Kette
Fahrwerk	
Rahmen	Stahlrohr, geschraubt
Federung vorn	Parallelogramm-/Trapezgabel
Federung hinten	keine
Reifen vorn	2,25x26
Reifen hinten	2,25x26
Maße und Gewichte	
Leergewicht kg	55
Höchstgeschwindigkeit km/h	60
Farben	schwarz / rotbraun
Linierung	weiß
Baujahre	1950–52
Stückzahl	1.500
Preis DM (Ost)	850,- (1951)

Fahrrad-Hilfsmotoren

Irgendwie hatten die offiziellen Planer der DDR-Volkswirtschaft vergessen, dass ein Fahrrad-Hilfsmotor den Einstieg in die Motorisierung der Bevölkerung bedeutete. Andererseits war keiner der früheren Hersteller nach Kriegszerstörungen, Demontagen und Enteignungen mehr in der Lage, eine Fertigung dieser einfachen Motörchen wieder aufzunehmen.

Während auf der IFMA 1953 bereits 26 westliche Moped-Hersteller mit ihren 1 bis 1,5 PS leistenden, meist noch eingängigen Fahrzeugen um Käufer buhlten und Fahrrad-Anbaumotoren längst zur Tagesordnung gehörten, stellte die Kraftfahrzeugtechnik in ihrer Juni-Ausgabe noch die Frage: »Wann kommt der Fahrradmotor?«

Einen ersten Versuch, diese Frage zu beantworten, hatte es bereits lange vor der Gründung der DDR gegeben. Schon 1947 hatte Walter Kratsch in Gößnitz gebläsegekühlte Fahrrad-Hilfsmotoren mit der Bezeichnung Kratmo FM 35 in geringen Stückzahlen gebaut, die sich aber nicht sonderlich bewährten. Mit einem verbesserten 40-ccm-Modell 1950/51 (das hier näher vorgestellt und gezeigt wird), das ins Rahmendreieck des Fahrrades eingebaut wurde, und die Entwicklungstendenz zum Moped bestätigte, hätte er Maßstäbe setzen können, scheiterte aber an der Behördenwillkür, die ihn schließlich in den Westen trieb. Obwohl die Presse 1950 berichtete, dass der hier abgebildete »Kratmo 40 FM« nun in die Serienproduktion gehen würde, hat es diese in nennenswerten Stückzahlen

Der Motor über dem Vorderrad und der Antrieb mittels Reibrolle – so stellte sich Hellmuth Kratzsch das Fahrrad mit Hilfsmotor vor.

Das Modell Kratmo 40 FM von Walter Kratsch konnte zusammen mit dem Fahrrad schon als Moped-Vorläufer angesehen werden.

Zum Jahreswechsel 1953/1954 sollte die Serienfertigung des Fahimo »Student« beginnen, zu mehr als einigen Prototypen kam es aber nicht.

nie gegeben. Im Westen machte sich Kratsch als Lieferant für Mopedeinbaumotoren mit dem »Kratmo 50« schnell einen Namen.

So ähnlich wie Walter Kratsch erging es auch dessen Fast-Namensvetter Bernhard Hellmuth Kratzsch, der mit dem Versuch scheiterte, den vielversprechenden, über dem Vorderrad angebrachten Reibrollenmotor »Student« (Entwicklung seit 1950 in Zella-Mehlis) in eine Serienproduktion zu bringen. In den verschiedenen Entwicklungsstadien hatten die Motoren eine Hebelvorrichtung am Lenker gemein, die statt einer Kupplung für den Kraftschluss zwischen Vorderreifen und der aus Metall gefertigten Reibrolle des 1-PS-Motors sorgte. Während auch hier die Presse 1953/54 vom baldigen Serienstart sprach, hat dieser tatsächlich nie stattgefunden.

Die oben gestellte Frage nach dem Fahrrad-Hilfsmotor für die DDR wurde dann doch noch im Jahre 1953 beantwortet. Auf der Leipziger Frühjahrsmesse erstmals vorgestellt, kam der unter dem Tretlager zu montierende Hilfsmotor »Steppke« des VEB Werkzeugfabrik Treptow tatsächlich Ende 1954 auf den DDR-Markt. Eine Besonderheit dieses Fahimos war die sechsfach verstellbare Reibrolle, die das Hinterrad antrieb. Für 360 Mark stand erstmals ein Hilfsmotor in größeren Stückzahlen zur Verfügung, der sich trotzdem nur schwer behaupten konnte. Aus Suhl drängte das erste Moped auf den Markt und mit dem MAW kam bald der bessere Motor aus Magdeburg. Im letzten Produktionsjahr musste der Preis deshalb auf 250 Mark gesenkt werden.

Der Steppke wurde unter dem Tretlager montiert, der Reibrollenantrieb zum Hinterrad war verstellbar.

Der HAZA aus dem »Zentrifugen- und Motorenbau G. Haza, Dresden« war zweifellos dem westdeutschen Lohmann-Kleinstdiesel-Hilfsmotor nachgebaut. Da es sich bei Gustav Hazas Betrieb um eine private Firma handelte, hatte der Inhaber große Probleme, sich Materialkontingente zu sichern, um überhaupt eine Serienproduktion aufzuziehen. Der »Vielstoffmotor«, der Diesel und Petroleum verarbeiten konnte und unter dem Tretlager montiert werden musste, war recht kompliziert zu handhaben und überforderte die Kunden oft. So musste zum Starten der Zylinder auf dem Motorgehäuse verschoben werden, um so Zündzeitpunkt und Verdichtung zu regulieren. Der staatlich diktierte Preis von 250 Mark (ursprünglich waren 500 Mark angesetzt) für den Fahrradhilfsmotor war der Grundstein zu Hazas späterem Konkurs.

Der »Steppke« aus dem VEB Werkzeugfabrik Treptow war der erste in der DDR in nennenswerten Stückzahlen gebaute Fahrrad-Hilfsmotor.

Bausatz HAZA-Motor. Der »Vielstoffmotor«, der Diesel und Petroleum verarbeiten konnte, war zweifellos dem Lohmann-Triebwerk nachempfunden.

Stilecht: Unter dem Tretlager eines echten Fahrrad-Klassikers angebrachter HAZA-Hilfsmotor.

Die ausgereifteste Konstruktion eines Fahrrad-Hilfsmotors in der DDR lieferte das Magdeburger Armaturenwerk.

Der überzeugendste Anbaumotor aus DDR-Produktion, der aus 50 ccm Hubraum 1 PS holte und links am Hinterrad zu installieren war, kam vom Magdeburger Armaturenwerk (MAW) und ging als der »Maff« in die DDR-Kraftfahrzeuggeschichte ein. Der Motor (dessen Konstrukteur Rudolf Bauer unübersehbar beim Berliner amo-Motor abgeschaut hatte) mit einem Leichtmetallzylinder kostete anfangs 485, später nur noch 285 Mark und kam mit über 170.000 Exemplaren in den Handel. Damit war er mit Abstand der meistverkaufte Hilfsmotor in der DDR. Er wurde mittels Schellen an das linke Rahmenhinterteil angebaut und übertrug seine Kraft durch eine Spreizkupplung und eine kurze Kette.

Die Blütezeit der Fahrrad-Hilfsmotoren war beim Erscheinen des MAW und der anderen Himos eigentlich längst vorbei. Die Rufe nach einem solchen Radantrieb in den Jahren zuvor waren ungehört geblieben oder konnten auf Grund der langen Planungsvorläufe nicht früher erfüllt werden. Als der MAW kam, war auch schon das erste DDR-Moped auf den Weg gebracht.

Mit 170.000 Exemplaren dürfte der »MAW« zu einem der meistgebauten Fahrrad-Hilfsmotoren der Welt zählen.

Modell	Kratmo FM 35/40	Student	Steppke	Haza	MAW
Motor	Einzylinder-Zweitakt	Einzylinder-Zweitakt	Einzylinder-Zweitakt	Einzylinder-Druckzünder	Einzylinder-Zweitakt
Hubraum ccm	35/39,5	41	38,5	25	49,5
Leistung PS	1	1	0,8	1	1,3
bei Drehzahl 1/min	4.500	k. A.	k. A.	k. A.	3.600
Bohrung/Hub mm	35/36 / 35/41	k. A.	35/40	32/31	39,8/49,5
Verdichtung :1	k. A.	k. A.	6	k. A.	6,9
Vergaser	k. A.	k. A.	Schwimmerverg. HG 10	k. A.	Zentralschwimmerverg. NKJ 121
Zündung	Magnet	Magnet	Magnet	Druck	Magnet
Maße und Gewichte					
Tankinhalt Liter	k. A.	k. A.	3	k. A.	2,3
Leergewicht kg	10	k. A.	6,6	5	6
Höchstgeschwindigkeit km/h	k. A.	k. A.	35	30	35
Baujahre	1947–1951	1950–1954	1954–1956	1955/56	1955–1961
Stückzahl	k. A.	ca. 15	ca. 30.000	ca. 1.000	170.000
Preis DM/Ost	270,-	k. A.	360,- (250,-/1956)	250,-	485,- / 285,- ab 1956

Krankenfahrstühle

Obgleich es in der DDR nicht wenige gab, die sich auch im Osten Deutschlands Kleinstautomobile wie den Messerschmidt-Kabinenroller, das Goggomobil oder die BMW-Isetta vorstellen konnten, lehnten die obersten Automobilbauer solche Pläne rundweg ab. Dennoch gab es einige private Initiativen, die mit der Kleinserienfertigung solcher Fahrzeuge liebäugelten. Wie etwa der Leipziger Ingenieur Alfred Jokisch, der 1949 mit seinem »Juwel-Flitzer« in die Schlagzeilen kam. Sein Fahrzeug, damals als Mischung aus Motorrad und Personenwagen bezeichnet, wurde von einem 250er Zündapp-Motor, der acht PS leistete, angetrieben und erreichte immerhin eine Höchstgeschwindigkeit von 85 km/h. Dem Fahrzeug, heutigen Trikes ähnlich, war aber keine Zukunft beschieden. Diese und eine Vergangenheit dazu hatte ein anderer Leipziger »Bastler« fünf Jahre später. Die Firma Louis Krause präsentierte auf der Leipziger Herbstmesse 1954 ein vielbestauntes, geschlossenes Dreiradfahrzeug für zwei Personen. Es war speziell für Körperbehinderte konstruiert (die 1880 gegründete Firma beschäftigte sich seit den 1940er Jahren mit dem Bau von Krankenfahrstühlen), sollte im Sinne Krauses aber auch gesunden Interessenten zugänglich gemacht werden. Die wenigen in Einzelfertigung gebauten und von einem gebläsegekühlten Motor der IFA RT 125/1 angetriebenen Fahrzeuge blieben dann aber doch in den Händen von Versehrten bzw. Behinderten.

Mit einem geschlossenen Dreirad-Fahrzeug für versehrte und unversehrte Kundschaft präsentierte sich die Firma Louis Krause 1954 auf der Leipziger Messe.

Als ab 1955 der Mopedmotor des SR 1 zur Verfügung stand, hatte Krause, der zuvor schon offene, meist vom 98er Sachs-Motor angetriebene Krankenfahrstühle in Einzelfertigung gebaut hatte, ein Triebwerk an der Hand, das ideal für seine Fahrzeuge geeignet war und größere Stückzahlen zuließ. »Piccolo Trumpf« nannte sich das erste einer Reihe weiterer Fahrzeuge mit Simson-Antrieb, das von 1955 bis 1958 gebaut wurde. Der Rahmen bestand hier aus einem offenen Kasten-Profilrohr, gegen den sich hinten mittels zweier Federbeine eine Triebsatzschwinge mit dem Mopedmotor abstützte. Angetrieben wurde das rechte Hinterrad, Schaltung und Gas befanden sich wie beim SR 1 am Lenker. Den Weg vom Lenker zur SR 1-Vorderradgabel übernahmen zwei Seilzüge, die beide Hinterräder (alle Räder hatten die Größe 20 x 2,25) durch Heranziehen des Lenkers an den Körper bremsten. Ein Vor und Zurück des Lenkers konnte das Fahrzeug auch ohne Motorkraft bewegen. Optisch dominierte die Bugverkleidung des IWL-Rollers Pitty das Fahrzeug, von dem etwa 3.000 Stück gebaut worden sind.

Louis Krause zeigt sich mit einem frühen Krankenfahrstuhl – den er schon »Piccolo« nannte – mit MAW-Hilfsmotor über dem Vorderrad, vor der Fichtelberg-Baude, die mit eigener Kraft erreicht wurde.

Mit dem »Piccolo Trumpf« legte Louis Krause 1955 die Basis für eine langjährige Fertigung von motorisierten Krankenfahrstühlen.

Mit der Moped-Nachfolge in Suhl und dem neuen SR 2-Motor erhielt der Piccolo 1958 mit dem »Trumpf/5« ein Nachfolgemodell, das bis 1965 sogar 4.500 Mal gebaut wurde, wobei mehr als die Hälfte aller Piccolos stets in den Export gingen. Der Motor war jetzt auf der linken Seite angebracht und trieb auch das dortige Hinterrad an. Zum Bremsen musste jetzt nach vorn gedrückt werden; durch Ziehen und Drücken des Lenkers war wieder eine motorunabhängige Fortbewegung möglich. Das 85 kg schwere Fahrzeug, das noch 125 kg zuladen durfte, stand auf den 23 x 2,25 großen SR 2-Rädern und schaffte maximal 30 km/h.

Parallel zum einsitzigen Trumpf erschien 1961 ein zweisitziges Modell mit der Bezeichnung »Piccolo Duo«. Dieses Fahrzeug war antriebstechnisch zwar mit dem Trumpf/5 identisch, das Fahrwerk war aber verstärkt worden und die Höchstgeschwindigkeit, vor allem im Zweipersonenbetrieb, lag bei noch höchstens 23 km/h. Viel Platz war nicht, dann das Duo war nur 200 mm breiter geworden.

Aus dieser Perspektive wird die Bugverkleidung des IWL-Rollers Pitty am Krause Piccolo besonders deutlich.

Das Modell Piccolo Trumpf/5 erhielt den Simson-Motor des SR 2, der jetzt an der linken Fahrzeugseite montiert war und das entsprechende Hinterrad antrieb.

Entsprechend erhielt die Pitty-Haube ein Zwischenstück. Die produzierte Stückzahl dieses ersten Zweisitzers auf Piccolo-Basis ist nicht bekannt, dürfte aber deutlich weniger als die Hälfte der Solo-Modelle betragen haben.
Mit dem alten Sömmerdaer Spatz-Motor und Frontverkleidungsteilen der Simson-Vogelserie erschien 1968 der »Piccolo Trumpf/7«. Fahrwerk und Heckteil wurden hier vom Vorgänger übernommen. 2.500 Exemplare, von denen die meisten exportiert wurden (Hauptexportland war Polen), entstanden bis 1975. Der /7 war der letzte einsitzige, motorisierte Krankenfahrstuhl der DDR; in den Folgejahren entstanden nur noch zweisitzige Fahrzeuge.

Die Krankenfahrstühle wurden in der DDR über die staatlichen Versicherungen in Abstimmung mit dem für den Fahrzeugbau zuständigen Ministerium verteilt. Da jede Arbeitskraft in der DDR gebraucht wurde, erhielten nur solche Versehrte oder Behinderte ein Fahrzeug, die noch in Lohn und Brot standen. Einmal zugeteilt, hatten diese Personen dann nach sechs Jahren Anspruch auf ein Neufahrzeug. Alle Kosten übernahm die Versicherung.
Von 1968 bis 1970 wurde der »Piccolo Duo 2« gebaut, dessen Unterschied zum Vorgänger unter anderem im neuen Simson-Motor M 53/1 bestand, der seit 1968 auch Schwalbe und Star antrieb. Außerdem war das Fahrzeug minimal (2 cm) breiter geworden und nahm jetzt 1,45 m in Anspruch.

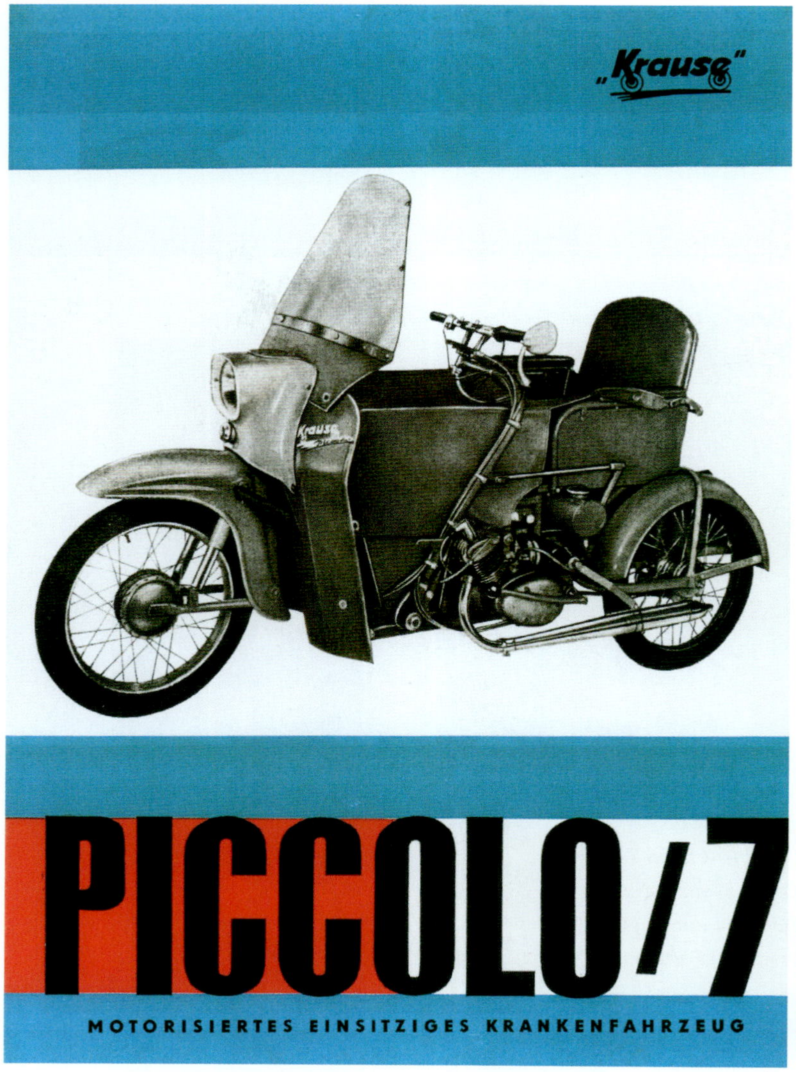

Für den Piccolo/7 wurde erstmals die komplette Vorderradführung nebst Verkleidungsteilen der Simson-Vogelserie verwendet.

Das Duo 2 fuhr immer noch mit der verbreiterten Bugverkleidung des IWL Pitty, bot aber insgesamt etwas mehr Platz als das Vorgängermodell.

Mit dem »Piccolo Duo 3« gingen weit mehr Änderungen einher und das von der Hochschule Halle entwickelte Design mit diversen Simson-Teilen blieb nun bis zum Ende der DDR nahezu unverändert. Die komplette Vorderrad-Technik samt Schutzblech stammte ebenso aus dem Simson-Baukasten (Schwalbe/Star) wie die Lampe samt Verkleidung und die aus dem geteilten Schwalbe-Heckteil gefertigten hinteren Kotflügel. Der Simson-Motor leistete jetzt 3,6 statt 3,4 PS. Die Lenkung war beim Duo 3 gegenüber den Vorgängern unverändert geblieben, also nach wie vor wurden mittels Lenkstange zwei Seilzüge betätigt. Das änderte sich mit dem Krause Piccolo Duo 4, dem letzten von 1970 bis 1972 in Leipzig gefertigten Fahrzeug. Jetzt kam eine Gestänge-Lenkung zur Anwendung und die hydraulische Dämpfung der Federbeine machte das Fahrzeug komfortabler. Etwa 900 Stück sollen von diesem Modell pro Jahr gebaut worden sein.
Die Krankenfahrstuhlfabrik Louis Krause wurde 1972, in der letzten großen Enteignungsoffensive der DDR, verstaatlicht und baute nach dem Auslaufen der Piccolo Trumpf/7-Fertigung nur noch Krankenfahrstühle ohne Motor. Dies als VEB-Betrieb jetzt im Verbund mit dem VEB Fahrzeug und Ausrüstungsbau Brandis, wohin ab 1972 die Fertigung des Duo 4 verlegt wurde. 1981 wurde der Betrieb den Roburwerken in Zittau angegliedert. Und was heute kaum einer weiß: Ab 1981 waren die Duos ein Produkt der Roburwerke! Spätestens mit dem Umzug nach Brandis wurden die motorisierten Krankenfahrstühle übrigens nur noch »Duo« genannt, das »Piccolo« aus Krause-Zeiten war verschwunden.

In Brandis wurde der Duo 4 noch bis 1973 gebaut und danach vom bekanntesten DDR-Krankenfahrzeug, dem Duo 4/1 abgelöst, das wiederum bis 1989 im Programm blieb. Die Änderungen gegenüber dem Duo 4 waren gering. Hydraulische Stoßdämpfer waren zuletzt schon im Vorgänger montiert worden, große Außenspiegel links und rechts veränderten ein wenig die Optik, und der von 6,8 auf 13 Liter vergrößerte Tank die Reichweite. Rund 1.000 dieser skurrilen Fahrzeuge wurden jährlich gebaut und für 2.900 Ostmark an die oder den Bedürftige(n) gebracht, sofern der Export noch etwas von der Produktion im eigenen Lande ließ.
1982 wurde der 40.000ste motorisierte Krankenfahrstuhl seit dem Piccolo Trumpf ausgeliefert, 1989 war dann nahezu Schluss: Die politischen Umwälzungen ließen die Nachfolgekonstruktionen Duo 4/2 und Duo 5 nicht mehr richtig Fuß fassen.

Eine Gestänge-Lenkung und ein komfortableres Fahrwerk kennzeichneten vor allem die Unterschiede zwischen Duo 3 und Duo 4.

Und so fuhr der Krankenfahrstuhl Duo 4/1 bis in seine letzten Tage. Orange war dabei mit Abstand die meistverwendete Farbe.

Einblicke in einen gestrippten Duo 4/1 mit großem 13-Liter-Tank und Gestänge-Lenkung.

Seitenwagen

Motorrad-Seitenwagen spielten in ganz Deutschland nach dem Zweiten Weltkrieg sowohl in der Personen- als auch in der Lastenbeförderung eine bedeutende Rolle. Der Krieg hatte nur wenige Automobile überleben lassen und die Fertigung von Neuwagen kam sehr schwer wieder in Gang. Und leisten konnten sich die sowieso die Wenigsten. Ein an ein altes oder neues Motorrad gebauter Seitenwagen reichte zur großen Tour für Kind und Kegel oder zum Transport der Utensilien eines Handwerksmeisters. In der DDR, wo der Wunsch nach einem Automobil oft Jahrzehnte unerfüllt bleiben musste, war das Motorrad mit Seitenwagen häufiger und länger im alltäglichen Einsatz, als das im Westen der Fall war. Planwirtschaftlich gesteuert, lief die Beiwagen-Fertigung nach 1961 auf einen Hersteller (MZ) hinaus.

Stoye

Der Leipziger Mechaniker Walter Stoye und sein motorradsportbegeisterter Freund Hans Mittenzwei begannen Anfang der 1920er Jahre erst für sich, dann für andere Motorradsportler Motorrad-Seitenwagen zu bauen. Ab 1925 fertigte der »Stoye Fahrzeugbau Leipzig« Seitenwagen in Serie und avancierte mit unzähligen verschiedenen Modellen in den 1930er Jahren zum führenden deutschen Anbieter in diesem Metier. Hitlers Aufrüstung sorgte für einen zusätzlichen Schub und schließlich dafür, dass tausende Stoye-Seitenwagen nebst ihren Antriebsmaschinen in afrikanischem Wüstensand oder russischem Schlamm versanken.
1949 durfte Stoye dann wieder mit der Fertigung beginnen, in Zusammenarbeit mit der AWTOWELO und für deren in Eisenach und Suhl gefertigten Maschinen R 35 und AWO, die zu dieser Zeit noch ausschließlich für sowjetische Bedarfsträger bestimmt waren.

Ein klassisches DDR-Gespann der frühen Jahre: EMW R 35 mit Stoye SM.

Das erste Modell mit der Bezeichnung SM war die nahezu unveränderte Fortführung der Vorkriegstypen HS Standard und HS Luxus. Das »S« stand jeweils für Sport, was vor allem bedeutete, dass es am Heck Gepäckschienen zur Aufnahme eines Koffers, aber keinen Kofferraum gab.
Die Karosserie aus Aluminium und Stahlblech lief am Bug sehr spitz zu, was den Füßen des Passagiers nur wenig Freiraum ließ.
Parallel zum SM-Modell legte Stoye 1952 auch wieder einen Lasten-Seitenwagen auf, der an das Transport-Standard-Modell aus Vorkriegszeiten erinnerte. Der jetzt »UR« genannte Anhänger mit verschließbarem Deckel und knapp einem halben Kubikmeter Ladevolumen war in erster Linie für die neu gegründete Deutsche Post gedacht, ging aber auch an andere Behörden und in Ausnahmefällen sogar mal an private Handwerksbetriebe. Die Auslieferung erfolgte in der Regel immer an der Seite einer AWO 425, bzw. Simson 425 T.

Im Auftrag der AWTOWELO durfte die Firma Stoye ab 1949 wieder Seitenwagen bauen. Im Bild das Modell SM von 1952.

Ein luxuriös ausgestatteter Stoye-Seitenwagen, Modell SM, von 1954.

Hauptsächlich für die Deutsche Post baute Stoye ab 1952 den Lasten-Seitenwagen Typ UR.

Dem Wunsch nach mehr Platz im Boot kam Stoye 1954 mit dem Typ »TM« nach, was für Touren-Modell stand. Ein breiter Aluminiumsteg vorn zwischen den beiden Karosserie-Hälften sorgte für mehr Beinfreiheit, ein geänderter Rahmen samt Federung für mehr Komfort und im höhergezogenen Heck mit Klappe konnte nun Gepäck verstaut werden.
Als Ableger vom TM folgte 1956 der »TS«, was für Touren-Sport und einen fehlenden Kofferraum stand. Wie beim SM-Modell gab es hier wieder Gepäckschienen, an denen die Bagage festgezurrt werden konnte.
Mit dem Stoye EL kam dann 1958 ein Seitenwagen mit einem völlig neu konstruierten Fahrwerk auf den DDR- und Exportmarkt. Da es inzwischen nahezu ausschließlich Motorräder mit Hinterrad-Schwinge gab, hatte die Firma Stoye eine Seitenwagen-Schwinge entwickelt, die, mit der des Motorrads verbunden, am Rahmen drehbar gelagert war und sich wie ein Drehstab verwinden konnte. Dadurch erlangte die Verbindung von Maschinen-Hinterrad und Seitenwagenrad eine gewisse Elastizität, was dem Beiwagen auch seinen Namen einbrachte: Das EL stand für »Elastik«. Im Inland wurde dieser Seitenwagen, dessen Boot gegenüber dem TM-Typ unverändert blieb, an die Simson 425 und die MZ-Typen ES 250 und ES 300 geschraubt. Diese Kombination ließ recht hohe Kurvengeschwindigkeiten zu und erhöhte den Fahrkomfort auf ostdeutschen Pflasterstraßen ungemein.

Ab 1954 konnte das Boot in etwas breiterer Form als Modell TM (Touren-Modell) geordert werden. Im Bild die Kombination mit der AWO 425.

Der ab 1958 angebotene Stoye EL hatte zunächst noch das Boot des Vorgängers, war aber am geänderten Fahrgestell erkennbar, das in diesem Fall mit der Hinterradschwinge der Simson 425 S verbunden war.

1961 wurde der Stoye-Fahrzeugbau teilverstaatlicht und unter die Oberaufsicht von MZ in Zschopau gestellt. Im gleichen Jahr kam mit dem Typ »SEL« ein neuer Seitenwagen heraus, der nun nichts mehr mit den spitz zulaufenden Bugformen aus Vorkriegszeiten zu tun hatte. Eine moderne, breite Karosserieform schaffte genügend Beinfreiheit und das aufklappbare Vorderteil erleichterte den Einstieg. Das Seitenwagen-Fahrgestell war jetzt auf einem eigenen Federbein (von der ES 150) abgestützt und durch eine spezielle Verbindung der beiden Schwingen konnten nun Seitenwagenrad und Motorrad-Hinterrad unabhängig voneinander einschwingen, was den Komfort weiter erhöhte.

Mit geringfügigen Änderungen und an das jeweils aktuelle 250er MZ-Motorrad angepasst, wurde der SEL bis in die Nachwendezeit hinein gebaut. Ab 1972 wurde die Stoye-Fabrik komplett enteignet und als »MZ Werk IV« weitergeführt. Der letzte Geschäftsführer, Hans Mittenzwei, musste sich mit 60.000 Ostmark Abfindung zufrieden geben.

Auf dem Chassis des SEL entstanden ab 1964 einige tausend Lastenbeiwagen mit einem einfachen, wannenförmigen Aufbau. In erster Linie für Handwerksbetriebe gedacht, fand man diese Fahrzeuge auch bei Behörden, der Armee oder den Grenztruppen der DDR.

Bleibt zu erwähnen, dass bei Stoye zahlreiche Spezialseitenwagen für den Straßenrennsport und für Moto-Cross-Einsätze gebaut wurden.

Als »Superelastik-Seitenwagen« mit völlig neu konstruiertem Boot kam der weiterentwickelte Stoye 1961 auf den Markt und (in diesem Fall) an die ES 250/1.

Zum besseren Einstieg war das Bugteil des SEL hochklappbar.

Der Typ SEL wurde bis nach der politischen Wende in der DDR gebaut und den jeweils aktuellen MZ-Motorrädern – hier die ETZ 250 – angepasst.

Die ETZ 251 mit dem Superelastik-Seitenwagen, der jetzt einige Detailänderungen z. B. an der Beleuchtungsanlage und dem Kotflügel aufweist.

Ab 1964 entstanden auf der Basis des SEL einfache, wannenförmige Lastenbeiwagen.

Die MZ TS 250/1 in Militärausführung für die NVA, mit dem Superelastik-Lastenbeiwagen.

Wünsche

Die Firma Walter Wünsche aus Pirna, die sich im Karosseriebau bereits einen Namen gemacht hatte, begann 1952 mit der Fertigung von Motorrad-Beiwagen. Da die spitze Bugform, wie sie Stoye favorisierte, noch als modern galt, baute Wünsche zunächst Boote in dieser Form auf, ehe er 1957 zu seiner eigenen, bis heute bekannten Form mit dem markanten Frontgrill fand. Die Karosserie-Außenhaut bestand aus Aluminium, der Boden war aus Holz gefertigt. Die Seitenwagen mit schön verkleidetem Rad ließen sich an alle gängigen Motorräder aus DDR-Produktion anschließen, wurden aber meistens an Importmodelle von Jawa und Pannonia geschraubt. Bis 1966 baute man bei Wünsche etwa 100 bis 120 Seitenwagen pro Jahr.

An einer IFA BK 350 machte der Wünsche-Seitenwagen eine gute Figur.

So sah das individuell gestaltete HTH-Boot aus, ähnlich dem von Wünsche, aber ohne Holzboden.

HTH

HTH stand für Hans Tautenhahn Hartenstein (Sachsen). Der kleine Karosseriebaubetrieb, der von 1924 bis 1971 existierte, hatte in den frühen 1930er Jahren begonnen, nebenher auch Motorrad-Seitenwagen zu bauen. Auf eigene Fahrgestelle wurden Boote gesetzt, die wieder den Stoye-Modellen sehr ähnelten, was schlicht mit deren moderner Bauform zu tun hatte.
Zu Beginn der 1950er Jahre setzte die Firma ihre Seitenwagen-Fertigung fort, wobei die neu geformten Boote denen von Walter Wünsche doch sehr ähnlich sahen. Aber im Unterschied zu den Pirnaern verbauten die Hartensteiner keine Holzböden für ihre Karosserien.
Zunächst konnten die HTH-Seitenwagen nur an Motorräder mit Geradweg-Hinterradfederung geschraubt werden, wie bei Wünsche waren sie meistens an Importmodellen zu finden. Da diese aber spätestens ab Ende der 1950er Jahre mit einer Hinterrad-Schwinge ausgerüstet waren, konnte die letzte Entwicklungsstufe der Tautenhahn-Beiwagen auch mit solchen Modellen kooperieren.
In Hartenstein sollen insgesamt etwa 2.500 Motorrad-Seitenwagen entstanden sein.

Auch bei Hans Tautenhahn sahen die ersten Seitenwagen-Modelle denen von Stoye sehr ähnlich.

In der letzten Entwicklungsstufe, die bis 1971 gebaut wurde, konnten die HTH-Seitenwagen auch an Motorräder mit Hinterradschwinge montiert werden.

Falke

Die beiden 1949 aus der Lufthansa AG und der Zeppelin-Gießerei hervorgegangenen VEB-Betriebe »Stahlleichtbau« und »Leichtguss« Staaken fusionierten Mitte der 1950er Jahre zum »VEB Metallindustriewerk Staaken«. Dieser versuchte sich in einem Zweigbetrieb im benachbarten Falkensee ebenfalls im Bau von Motorrad-Seitenwagen, zu denen es allerdings wenig gesicherte Informationen gibt. Da der hier an eine R 35/2 angeschraubte Beiwagen aus dem Jahre 1959 stammt, muss davon ausgegangen werden, dass die Fertigung zumindest bis zu diesem Zeitpunkt aufrechterhalten wurde. Ein Jahr zuvor war von der Berliner Firma sogar ein Werbeprospekt zu ihrem Falke-Seitenwagen herausgegeben worden.
Die in geringen Stückzahlen gebauten Beiwagen galten zwar als die preiswertesten in der DDR, sie boten aber auch nur sehr wenig Platz und die Verarbeitungsqualität soll zu wünschen übrig gelassen haben. Sehr wahrscheinlich konnten die Modelle nur an Motorräder mit Geradweg-Hinterradfederung geschraubt werden, denn im Prospekt von 1958 werden ausdrücklich die Motorradtypen BK 350, AWO 425 T und EMW R 35 genannt, für die ein Anschluss vorgesehen war.

Der kleine Falke-Seitenwagen an der großen EMW R 35/2.

Haschütt und GeWo

Von den beiden Dresdner Bastlern Hans Schütz (»Haschütt«) und Gerhard Wolff (»GeWo«) ist kaum etwas überliefert. Beide fertigten zu Beginn der 1950er Jahre eine geringe Zahl an Seitenwagen in Kleinstserie. Die Modelle waren jeweils nur für Motorräder mit Geradwegfederung geeignet, die Vollschwingen-Ära erlebten sie nicht mehr. Die Haschütt-Typen fielen besonders durch ihre Fischform auf, die vorn mit einem Fischmaul begann und im Fischschwanz-Heck endete.

Immer wieder gern genommen: Die EMW R 35/3 hier im Gespann mit einem schönen GeWo-Seitenwagen.

Auffällig waren die von Hans Schütz in Fischform gebauten Beiwagenboote.

Ein von Hans Schütz persönlich aufgenommenes Foto einer DKW NZ mit Haschütt-Seitenwagen.

Die 125er MZ-Rennmaschine aus dem Jahre 1956 leistete 16 PS bei 9.000 U/min, womit das 80 kg leichte Motorrad 155 km/h schnell sein konnte.

Straßen-rennsport-Maschinen

AWO / Simson

Kaum waren die ersten Serien-AWOs auf den Straßen der DDR zu sehen, starteten sie auch schon bei diversen sportlichen Veranstaltungen. Ende 1951 begannen die Suhler auf Befehl der immer noch bestimmenden SAG AWTOWELO mit der Entwicklung einer Straßenrennmaschine. Der damalige Leiter der Versuchsabteilung und echte Motorradprofi Michael Heise übernahm die Leitung des Projekts, aus dem heraus schließlich 15 Rennmaschinen entstanden. Noch recht bescheidene 24 PS und ein noch sehr von der Serien-AWO bestimmtes Fahrwerk reichten dennoch, um schon 1953 die DDR-Meisterschaft mit Rudi Juhrisch in der 250er Klasse zu erringen. Der junge Hans-Joachim Scheel schaffte das in den beiden folgenden Jahren, in denen die Urkonstruktion der AWO 425 R aber schon zahlreiche Verbesserungen erhalten hatte. Eine Hinterradschwinge, insgesamt längere Federwege, größere Bremsen und die erste Bugverkleidung sorgten 1954 für Konkurrenzfähigkeit. Scheel wurde mit dieser Maschine beim Großen Preis der CSSR in Brünn (zählte nicht zur Fahrer-WM) immerhin Dritter.

Eine von 15 AWO-Rennmaschinen, die 1953 in Suhl gebaut wurden und durch Tuningmaßnahmen am Motor auf 24 PS kamen. Bereits 1952 waren mit einer solchen Maschine erste Siege eingefahren worden.

Links eine AWO RS, wie sie um 1953 herum unter der Leitung von Michael Heise aufgebaut wurde. Bei der rechten Maschine, die immer noch den seriennahen Einzylinder-Motor trägt, ist der geänderte Ventiltrieb über oben liegende Nockenwellen statt der herkömmlichen Stoßstangen deutlich zu erkennen.

1955 sollten mit der Gründung des Simson-Rennkollektivs unter der Leitung von Helmut Dähn (Michael Heise hatte sich im gleichen Jahr in den Westen abgesetzt) die Kräfte für den Motorradsport gebündelt werden. Trotz stets knapper Mittel fuhren die Thüringer nicht nur in der DDR erfolgreich mit und obwohl es nie zum großen Durchbruch reichte, bekam Simson zum Ende der fünfziger Jahre auf den Rundstrecken Europas einen klangvollen Namen. In der DDR wurden Fahrzeuge und Fahrer sogar schon zu Lebzeiten Legende.

1956 fuhren die jetzt Simson RS 250 genannten Maschinen mit überarbeitetem Motor (zwei oben liegende Nockenwellen über Dreieckskette angetrieben) unter den Fahrern Rosenbrock und Weinert nur bescheidene Erfolge ein, bevor Helmut Weber (1957) und Hans Weinert (1958) dann wieder DDR-Straßenmeister wurden. Zu größeren internationalen Erfolgen reichte es aber trotz weiterer Verbesserungen der Rennmaschinen nicht mehr. Der Kardan wurde durch einen Kettenantrieb abgelöst, völlig neue Ein- und Zweizylindermotoren, die nichts mehr mit den Serientriebwerken gemein hatten, kamen zum Einsatz und eine Kurzhebelschwinge führte das Vorderrad. Trotzdem kamen die Thüringer Viertakter nach 1958 nicht mehr an den Zweitaktern von MZ vorbei. Mit dem Beschluss, das Ende des Motorradbaus in Suhl einzuleiten, lösten die Funktionäre das Rennkollektiv 1959 wieder auf (damit endeten auch alle Aktivitäten an den Rennmaschinen) und ließen lediglich noch eine kleine Gruppe im Geländesport weiterfahren.

Helmut Weber, der DDR-Meister von 1957, war im Jahr zuvor – wie hier im Leipziger Stadtpark – noch mit der alten AWO 425 R unterwegs.

Ab 1957 war die völlig neu entwickelte Simson RS mit Zweizylinder-Motor, Sechsgang-Getriebe und Kurzschwinge einsatzbereit.

Die ersten Verkleidungen für die Renn-Awos wurden 1954 ausprobiert. Diese hier stammt samt Maschine von 1956/57.

Nach 1955 kamen unter der Bezeichnung Simson RS 250 Rennmaschinen zum Einsatz, die mit den früheren Serienmodellen nichts mehr gemein hatten. Kurzhebelschwinge vorn, Kette statt Kardan, leichter Doppelrohrrahmen und Doppelnockenwellenmotor waren die wichtigsten Eckpunkte.

Drei Generationen von Renn-Awos: Links die ab 1953 eingesetzte 425 R, in der Mitte das 56er Modell noch mit Telegabel, aber kettengetriebener Doppelnockenwelle und die beiden Maschinen rechts als letzte Entwicklung mit Kurzhebelschwinge und zahnradgetriebener Doppelnockenwelle.

Nachdem das Ende der Motorrad-Produktion in Suhl eingeläutet und die Sportabteilung 1959 aufgelöst war, baute Simson 20 Jahre lang keine Straßenrennsport-Maschinen mehr. Dabei hätte man, vor allem nach Einführung der 50-ccm-Klasse in den Grand-Prix-Wettbewerben, gerne auch auf dieser Bühne mitgemischt. Doch dafür fehlte es den Thüringern an Geld und der Zustimmung der Staatsorgane. Ab 1972 zählte Motorsport nicht mehr zu den Priorität-1-Sportarten in der DDR und fiel aus der Hauptförderung heraus. Die Beteiligung an den großen, internationalen Ereignissen im Straßenrennsport kam dabei völlig unter die Räder und die Wettbewerbe durften nicht mehr mit Fahrern oder sonstigem Personal aus der DDR beschickt werden.
Innerhalb der DDR und des sozialistischen Auslands wurden weiterhin Straßenrennen ausgetragen, allerdings mit Technik, die dem Weltniveau immer mehr hinterher hinkte. Vor allem für MZ, bis dahin eine der führenden Marken auf den größten Rundstrecken der Welt, eine schmerzliche Erfahrung. Für die innersozialistischen Veranstaltungen beauftragte das IFA-Kombinat für Zweiradfahrzeuge die Firma Löscher in Zwickau mit der Entwicklung und dem Kleinserienbau einer 50-ccm-Straßenrennmaschine. Unter Verwendung des Serienmotors M 541, der nach fachmännischer Umgestaltung 15 PS bei 16.000 /min leistete und sechs Gänge hatte, stand 1977 die erste, 160 km/h schnelle Maschine bereit und wanderte ein Jahr später gleich in die Abstellkammer, da die Klasse bis 50 ccm inzwischen nicht mehr zum Reglement gehörte. Und daran hielten sich auch die Ostblockstaaten. 80 ccm waren nun gefragt, aber über Prototypen kam man hier nicht hinaus.
Ende der achtziger Jahre versuchten sich dann ein paar Unentwegte in Suhl am Bau einer 125-ccm-Rennmaschine, die vielversprechende Daten aufwies, aber mit dem Ende des Sportgeschehens bei Simson 1990 nur noch für einen Platz im Museum gut war.

Diese Simson RS 50 von 1978 leistete 15 PS bei 16.000 U/min und war 160 km/h schnell.

Ab 1985 entwickelte die Privatfirma Löscher in Zwickau im Auftrag von Simson eine 80-ccm-Rennmaschine, die bei 15.000 U/min 30 PS leistete.

IFA / MZ

Zwischen den beiden Weltkriegen war die Zschopauer DKW-Armada auf deutschen und internationalen Rennstrecken gefürchtet. Viele Jahre lang waren die Ladepumpen-Rennmaschinen zwischen 175 und 350 ccm sowie die 500er und 600er Gespanne kaum zu schlagen. DKW holte sich insgesamt neun Europameister-Titel, die seit der Saison 1938 Weltmeister-Status hatten. DKW-Fahrer wie Arthur Geiss, Walfried Winkler oder Ewald Kluge wurden in dieser Zeit zu Idolen der Massen.
Natürlich wollten die Zschopauer Motorradbauer nach dem Krieg an die alten Zeiten anknüpfen und so wurde im seit 1948 zur »Industrieverwaltung Fahrzeugbau (IFA)« gehörenden Motorradwerk bereits Ende der 1940er Jahre Renn- und Geländesport betrieben. Unter schwierigsten Bedingungen mit einem demontierten Werk und den Entbehrungen der Nachkriegszeit im Rücken. Nicht zu vergessen die sowjetische Besatzungsmacht, die mit Rennveranstaltungen wenig am Hut hatte. Erst am 17. Oktober 1948 durfte in Schleiz das erste Motorradrennen auf dem Gebiet der späteren DDR stattfinden. Die zunächst noch sehr bescheidenen Aktivitäten der Zschopauer basierten auf den Maschinen der Vorkriegszeit, deren Fahrwerke und Motoren in neuen Kombinationen und Weiterentwicklungen auftauchten. Bald schon konzentrierte sich die Rennmaschinen-Entwicklung auf die DKW RT 125, nach dem Krieg das erste wieder serienmäßig in Zschopau gebaute Motorrad. Mit einer vom ehemaligen DKW-Rennmonteur Kurt Haase getunten 125er quälte sich der Versuchsfahrer Hermann Scherzer wenig erfolgreich durch die Saison.
Ende 1949 konnte am alten Standort in Zschopau wieder eine Versuchsabteilung eingerichtet werden, die unter die Leitung des jungen Ingenieurs Kurt Kämpf gestellt wurde. Ihm zur Seite standen die alten DKW-Rennkempen August Prüssing und Alfred Liebers, der ebenfalls von DKW kommende Kurt Bang wurde Konstruktionsleiter. In den Folgejahren waren mit der schlitzgesteuerten 125er Rennmaschine und dem Fahrer Erhart Krumpholz einige Erfolge eingefahren worden. Mit der Einführung des Membrandrehschiebers durch den Luckenwalder Konstrukteur Daniel Zimmermann, zunächst für das private ZPH-Team um den Fahrer Bernhard Petruschke realisiert, startete der kleine Zweitakter als Rennmotor in eine neue Zukunft.

Hermann Scherzer fuhr 1949 mit seiner IFA-DKW 125 beim ersten Sachsenring-Rennen nach dem Krieg auf den zweiten Platz.

Auch Josef »Sepp« Ellmann gehörte zu den IFA-Werksfahrern der ersten Stunde, beim gesamtdeutschen Meisterschaftslauf 1950 auf dem Sachsenring konnte er sich aber nicht in die Siegerlisten eintragen.

Die 125er IFA-Werksrennmaschine, mit der Erhart Krumpholz 1952 seinen zweiten DDR-Meistertitel einfuhr.

Am 3. Mai 1953 siegte »Petrus« Petruschke mit dieser als »ZPH 125« gemeldeten Maschine in Chemnitz. Der Einlassdrehschieber sorgte künftig bei allen MZ-Rennern für die Gemischzufuhr.

1953 wurde eine selbständige Sportabteilung eingerichtet und Walter Kaaden zu ihrem Chef ernannt. Seine Aufgabe war es, zunächst 125-ccm-Rennmotorräder für Werksfahrer weiter zu entwickeln und zu bauen, die das Können der Zschopauer Motorenbauer dokumentieren, die aber auch in kleiner Stückzahl von Privatfahrern gefahren werden sollten, um so mit einer stattlichen MZ-Armada die »volkseigene« Industrie zu repräsentieren.
Die Rennmaschinen basierten zunächst auf der oben erwähnten Zweitakter-Konstruktion mit Einlass-Plattendrehschieber des Luckenwalders Daniel Zimmermann. Die in der Folge in Zschopau unter Verwendung des Drehschiebers gebauten 125er Rennmotoren zeigten, welche Möglichkeiten in der Schieber-Einlasssteuerung steckten. Aus dem Einzylinder-Zweitaktmotor entstanden sehr bald Zweizylinder-Varianten und auch ein Dreizylindermotor, und später wagte man sich auch – und das sehr erfolgreich – mit Zweizylindermotoren in die 250er- und mit aufgebohrten Exemplaren sogar in die 350er Klasse.
Bei nationalen Rennen waren die Zschopauer Rennmaschinen unschlagbar. Aber auch auf internationaler Ebene sollten die MZ-Maschinen bald zeigen, dass sie nicht nur konkurrenzfähig, sondern zeitweise der Konkurrenz sogar überlegen sein konnten.
Unter vielerlei Schwierigkeiten wurde bei MZ eine Motoren- und zwangsläufig auch Fahrwerks-Entwicklung in Gang gebracht, die den Zschopauer Zweitakt-Rennmaschinen in den sechziger und siebziger Jahren tatsächlich an die Weltspitze verhalfen. Frühe Erfolge, wie der erste Grand-Prix-Sieg und der anschließende dritte Platz in der Weltmeisterschaft von Horst Fügner in der 250er Klasse 1958 und der Vizeweltmeistertitel von Gary Hocking im Jahr darauf waren der mehr als verdiente Lohn.

Bernhard Petruschke, jetzt offiziell für die IFA fahrend, 1954 in Schleiz vor Karl Lottes auf MV Agusta. Petrus gewann und wurde wiederholt DDR-Meister.

Für 1954 war durch Verdoppelung der Zylinder auch die 250er Maschine fertig geworden, die Siegfried Haase hier um den Sachsenring jagt. Die MZ leistete 25 PS bei 8.000 U/min.

Mit der 250er Werks-MZ von 1958, deren 36 PS für 195 km/h reichten, konnte Horst Fügner mit dem ersten Grand-Prix-Sieg für MZ WM-Dritter werden.

Die Vervielfachung der Ausgangsleistung und die nicht minder entscheidende Standfestigkeit und Zuverlässigkeit der MZ-Maschinen waren das Resultat ständig neuer Entwicklungsschritte. Dabei hat sich MZ niemals vom Drehschieber-Einlass getrennt. Schrittweise gingen die Ingenieure von der Luft- zur (Thermosiphon-) Wasserkühlung über; die gesteigerten Leistungen erforderten neue Kolben- und Zylindermaterialien, die aber zunächst nicht zur Verfügung standen. Und das immer schmaler werdende nutzbare Drehzahlband der hochdrehenden Einkolben-Zweitakter verlangte auch nach immer neuen Getriebe-Varianten: vier-, fünf-, sechs- und (soweit vom Reglement zugelassen) auch noch weiter gestufte, klauengeschaltete hochpräzise Getriebe, die alle im Zschopauer Betrieb gefertigt wurden. An dieser Stelle muss erwähnt werden, dass zahllose westliche Firmen und Privatpersonen, oftmals ohne Gegenleistungen, Rennzubehör (z. B. Reifen, Bremsbeläge, Zündkerzen, Federbeine), zur Verfügung stellten, ohne die keine MZ-Maschine international hätte konkurrieren können.
Entscheidend aber war der Übergang von den in den ersten Jahren noch benutzten Megaphon-Auspuffanlagen, zu solchen mit konischem Diffusor und anschließendem Reflektor, wie sie noch heute zum Bild aller Zweitakt-Rennmaschinen gehören und mit denen bekanntlich sogar eine »Quasi«-Überladung des Motors erreicht werden kann.

1960 kam die MZ 250 RE schon auf 42 PS bei 10.500 U/min. Die Maschine wog 128 kg und schaffte maximal 210 km/h.

In der erfolgreichsten MZ-Saison 1961 leistete Degners 125er Rennmaschine 24 PS bei 11.000 U/min. Die 80 kg leichte Maschine war 180 km/h schnell und an drei Grand-Prix-Siegen beteiligt.

In der Saison 1963 wurde schrittweise auf Wasserkühlung (der Einfachheit halber nach dem Thermosiphon-Prinzip) umgestellt.

250er Zweizylinder-Modell von 1963, ebenfalls mit Wasserkühlung. Die Verrippung der Zylinderköpfe wurde noch einige Zeit beibehalten.

Den Zschopauern ist es, wie die zahllosen Erfolge beweisen, gelungen, ihre MZ-Rennmaschinen auf einen international beispielhaften Entwicklungsstand zu bringen. Dass den Männern der erstrebte Gewinn der Weltmeisterschaft versagt blieb, lag wirklich nicht an den MZ-Rennmotorrädern. Da gab es andere Gründe. Einer war sicher auch die Schwierigkeit, internationale Spitzenfahrer wie Mike Hailwood, Garry Hocking, Alan Shepherd oder Luigi Taveri jeweils über längere Zeit im Team zu halten (Hailwood und Shepherd holten 1963 auf MZ einen sensationellen Doppelsieg in der 250er Klasse auf dem Sachsenring). Den mit letztem Einsatz kämpfenden DDR-Fahrern fehlten nun mal Streckenkenntnis und Erfahrung im internationalen Straßenrennsport, mit denen die genannten ausländischen Fahrer brillierten und siegten, wenn sie auf MZ-Maschinen saßen. Aber mit den Summen, die diesen Stars dann prompt von der devisenstarken Konkurrenz geboten wurden, konnte MZ nicht konkurrieren. 1971 holten Silvio Grassetti und Peter Williams die letzten Siege für MZ, ehe das Werk 1977 endgültig aus dem Grand-Prix-Zirkus ausstieg.

Eine MZ RE 250 aus dem Jahre 1965, mit der Heinz Rosner und Derek Woodman WM-Punkte sammelten.

Ein geänderter Rahmen und die neue Gestaltung von Zylindern und Zylinderköpfen zeichneten unter anderem diese 250 Eigenbaumaschinevon 1966 aus.

Immerhin konnte sich MZ insgesamt sieben Mal unter die Top Drei der Weltmeisterschafts-Abrechnung mischen: 1958 bleibt Horst Fügner Zweiter bei den 250ern, im Jahr darauf schaffte der Rhodesier Garry Hocking in der gleichen Klasse ebenfalls den zweiten Platz, 1960 wurde Ernst Degner Dritter bei den 125ern und im Jahr darauf Vizeweltmeister in der gleichen Klasse. Der Engländer Alan Shepherd schaffte 1964 den dritten Platz in der Klasse bis 250 ccm und sein Landsmann Derek Woodman wurde im Jahr darauf ebenfalls Dritter in der Achtelliter-Klasse. Schließlich schaffte Heinz Rosner 1968 noch einen dritten Platz bei den 250ern. Einen schweren Schlag bedeutete 1961 der Übergang des MZ-Spitzenfahrers Ernst Degner zur japanischen Konkurrenz. Vor allem, weil Degner, den ersten WM-Titel für MZ vor Augen, diesen Schritt kurz vor dem Saisonende wagte.

1969 war der Dreizylinder-Motor für eine ganz neue 125er fertig. Zu spät, das 28 PS leistende Triebwerk konnte nicht mehr eingesetzt werden, weil die FIM die Zylinderzahl inzwischen auf zwei begrenzt hatte.

Diese Achtelliter-Maschine mit Zweizylinder-Tandem-Motor (34 PS / 14.000 U/min) war die Letzte, mit der MZ 1970 bei den 125ern startete. Danach zog man sich aus dieser Klasse zurück.

Ein neuer Zylinderblock kennzeichnete das 250er Triebwerk von 1971. Mikuni-Vergaser und kontaktlose Kröber-Thyristorzündung waren auf dem aktuellen Stand der Technik. Eine Wasserpumpe gab es hingegen immer noch nicht.

MZ RZ 250 von 1972. Mit der 58 PS starken und 235 km/h schnellen Zweizylinder-Maschine (125 kg) konnte der Italiener Silvio Grassetti noch 30 WM-Punkte sammeln und MZ auf Platz drei der Konstrukteurswertung fahren.

Die 1975er Grand-Prix-MZ in der Viertelliter-Klasse erreichte inzwischen 62 PS bei 12.000 U/min. Der Finne Tapio Virtaanen konnte damit noch einige WM-Punkte herausfahren.

In den Jahren nach 1977 fuhren MZ-Maschinen nur noch nationale oder auf die RGW-Länder beschränkte internationale Siege ein. Sonderlich spektakulär war das nicht mehr. Zudem liefen Eigenkonstruktionen, mit oder ohne MZ-Basis, den alten Werksmaschinen bald den Rang ab. Und mit dem Vordringen westlicher Renntechnik nach Osteuropa und der DDR hatten einheimische Zweitakter ab etwa 1982 sowieso keine Siegchancen mehr.

Die MZ-Grand-Prix-Siege

Jahr	Ort	Hubraumklasse	Fahrer
1958	Hedemora	250	Horst Fügner
1959	Monza	125	Ernst Degner
1959	Kristianstad	250	Gary Hocking
1959	Ulster	250	Gary Hocking
1960	Spa	125	Ernst Degner
1961	Hockenheim	125	Ernst Degner
1961	Sachsenring	125	Ernst Degner
1961	Monza	125	Ernst Degner
1963	Sachsenring	250	Mike Hailwood
1964	Daytona	250	Alan Shepherd
1971	Salzburgring	250	Silvio Grassetti
1971	Spa	250	Silvio Grassetti
1971	Ulster	350	Peter Williams

Endstation einer über 20-jährigen Erfolgsgeschichte: Die 250er Triebwerkseinheit von 1977. Für internationale Erfolge reichte es auch deshalb nicht mehr, weil keine geeigneten Fahrer zur Verfügung standen.

DDR-Straßenrennsportmeister 1950–1958

Jahr	125 ccm	250 ccm	350 ccm	500 ccm	Seitenwagen 500 ccm	Seitenwagen 750 ccm
1950	Erhart Krumpholz (IFA)	Gerhard Hofmann (DKW)	Erich Wünsche (Velocette)	Erich Wünsche (Norton)	-	-
1951	Jochen Seidel (Puch-Eigenbau)	Gerhard Hofmann (DKW)	Werner Michael (Norton)	Gerhard Mette (BMW)	Heinz Krause/Fritz Trinkhaus (BMW)	Heinz Laue/Haase (BMW)
1952	Erhart Krumpholz (IFA)	Karl-Heinz Kirchner (NSU)	Walter Knoch (AJS-Eigenbau)	Gerhard Mette (BMW)	Fritz Bagge/Kurt Schönherr (Zündapp)	Hans Fräbel/Jacobi (BMW)
1953	Bernhard Petruschke (IFA)	Rudi Juhrisch (AWO)	Walter Knoch (AJS-Eigenbau)	Gottfried Pohlan (BMW)	Rudolf Richter/Erwin Klim (BMW)	Willy Krenkel/Perduß (BMW)
1954	Bernhard Petruschke (IFA)	Hans-Joachim Scheel (AWO)	Walter Knoch (AJS-Eigenbau)	Kurt Maul (Norton)	Fritz Bagge/Kurt Schönherr (Norton)	-
1955	Horst Fügner (IFA)	Hans-Joachim Scheel (AWO)	Walter Knoch (Horex)	Hans-Joachim Scheel (Norton)	Fritz Bagge/Kurt Schönherr (Norton)	-
1956	Horst Fügner (IFA)	Karl-Heinz Kirchner (NSU)	Walter Knoch (Horex)	Kurt Maul (Norton)	Willy Krenkel (Norton)	-
1957	Ernst Degner (MZ)	Helmut Weber (Simson)	-	-	Willy Krenkel (Norton)	-
1958	Horst Fügner (MZ)	Hans Weinert (Simson)	-	-	Rudolf Richter/Erwin Klim (BMW)	-

DDR-Straßenrennsportmeister 1959–1973

Jahr	125 ccm	250 ccm
1959	Werner Musiol (MZ)	Werner Musiol (MZ)
1960	Hartmut Bischoff (MZ)	Werner Musiol (MZ)
1961	Walter Brehme (MZ)	Werner Musiol (MZ)
1962	Klaus Enderlein (MZ)	-
1963	Dieter Krumpholz (MZ)	Gottfried Aehlig (NSU)
1964	Friedhelm Kohlar (MZ)	Wolfgang Gast (MZ-Eigenbau)
1965	Joachim Leitert (MZ)	Hartmut Bischoff (MZ-Eigenbau)
1966	Hartmut Bischoff (MZ)	Hartmut Bischoff (MZ-Eigenbau)
1967	Thomas Heuschkel (MZ)	Eberhard Hellwig (MZ-Eigenbau)
1968	Günter Bartusch (MZ)	Heinz Rosner (MZ)
1969	Jürgen Lenk (MZ)	Heinz Rosner (MZ)
1970	Hartmut Bischoff (MZ-Eigenbau)	Eberhard Mahler (MZ)
1971	Hartmut Bischoff (MZ-Eigenbau)	Bernd Tüngethal (MZ-Eigenbau)
1972	Hartmut Bischoff (MZ-Eigenbau)	Bernd Tüngethal (MZ)
1973	Jürgen Lenk (MZ)	Bernd Tüngethal (MZ)

Der mehrfache DDR-Meister Hartmut Bischoff baute anfangs für sich, später für eine ganze Reihe von Privatfahrern seine Eigenbau-MZ mit der Zusatzbezeichnung »HB« auf. Im Bild eine Einzylinder-Maschine von 1981, die bei 9.000 U/min 38 PS leistete und 190 km/h schnell war.

DDR-Straßenrennsportmeister 1974–1980			
Jahr	**50 ccm**	**125 ccm**	**250 ccm**
1974	Günther Hilbig (Kreidler)	Jürgen Lenk (MZ)	Jürgen Lenk (MZ)
1975	Gernot Weser (Kreidler)	Wolfgang Rösch (MZ)	Rainer Richter (MZ)
1976	Gernot Weser (Kreidler)	Roland Rentzsch (MZ)	Eberhard Hellwig (MZ)
1977	Gernot Weser (Kreidler)	Frank Wendler (MZ)	Rainer Richter (MZ)
1978	Gernot Weser (Kreidler)	Frank Wendler (MZ)	Bernd Dörfefeldt (MZ)
1979	Gernot Weser (Kreidler)	Bernd Köhler (MZ)	Bernd Dörffeldt (MZ)
1980	Gernot Weser (Eigenbau)	Ehrenfried Poppitz (MZ)	Frank Wendler (MZ)

DDR-Straßenrennsportmeister 1981–1990					
Jahr	**50 ccm**	**80 ccm**	**125 ccm**	**250 ccm (Einzylinder)**	**250 ccm (Mehrzylinder)**
1981	Gernot Weser (Eigenbau)	-	Frank Henning (MZ-Eigenbau)	Andreas Brandt (Eigenbau)	Frank Wendler (MZ)
1982	Gernot Weser (Eigenbau)	-	Roland Rentzsch (Eigenbau)	Lutz Brandenburger (MZ)	Bernd Dörffeldt (MZ)
1983	Harald Kötting (Eigenbau)	-	Peter Junghans (Eigenbau)	Andreas Brandt (Eigenbau)	Thomas Wittig (Eigenbau)
1984	Heiner Schulz (Eigenbau)	-	Frank Rien (Eigenbau)	Joachim Holstein (HM)	Uli Grobe (Eigenbau)
1985	Maik Beelitz (Eigenbau)	-	Roland Rentzsch (Eigenbau)	Günter Hösel (MZ)	Stefan Tennstädt (Eigenbau)
1986	Rainer Liebe (Eigenbau)	-	Roland Rentzsch (Eigenbau)	Wolfgang Endler (MZ-Eigenbau)	Peter Kehrer (Eigenbau)
1987	Thomas Müller (Eigenbau)	-	Frank Rien (Eigenbau)	Michael Freudenberg (MZ)	Lothar Neukirchner (Eigenbau)
1988	Thomas Müller (Eigenbau)	Thomas Müller (Eigenbau)	Peter Junghans (Eigenbau)	Michael Freudenberg (MZ)	Lothar Neukirchner (Eigenbau)
1989	-	Rainer Czech (Czech)	Frank Rien MBA)	Michael Freudenberg (MZ)	Lothar Neukirchner (Honda)
1990	-	Rainer Czech (Czech)	Frank Rien (MBA)	Gerd Schiemak (ČZ)	Robby Müller (Yamaha)

So konnte eine Eigenbau-MZ für die ab 1981 geschaffene DDR-Meisterschaft für Einzylinder-250er aussehen.

1990 wurde auch wieder die Klasse bis 500 ccm ausgetragen, in der sich Johannes Kehrer auf Honda den letzten DDR-Meistertitel holte.

Startaufstellung zum Frohburger Dreieckrennen 1984 in der Klasse bis 125 ccm. Frank Riens MBA (Morbidelli-Benelli-Armi) lief offiziell als Eigenbau und war kaum zu schlagen.

Geländesport- und Moto-Cross

Mit der Simson GS 350 hatten die Suhler ab 1957 eine zu dieser Zeit noch konkurrenzfähige Maschine entwickelt.

Maschinen

AWO / Simson

Im Geländesport waren die AWOs von Anfang an mit von der Partie. »Leistungsprüfungsfahrten« nannte man damals, was heute Enduro-Wettbewerbe sind. Die Geländeeinsätze waren zu jener Zeit allerdings weniger Moto-Cross-lastig als in den letzten Jahrzehnten.

Anfangs fuhr man noch mit einer Geländeausführung der Touren-AWO. Analog zu den Straßenrennern konnten mit der AWO 425 G die DDR-Meisterschaften der Jahre 1953 bis 1955 und dann wieder 1957 und 1958 gewonnen werden. 1957 auch mit der neuen Simson GS 350, einer international absolut konkurrenzfähigen Maschine, an der noch bis 1961 gefeilt wurde.

1961, am Ende seiner Karriere, leistete der 350er Eintopf 24 PS bei 6.000 U/Min. Die Zeit der schweren Viertakter ging im Geländesport dem Ende entgegen.

Wie 1953 mit den 15 Rennmaschinen geschehen, sollte für den in der DDR immer populärer werdenden Geländesport ebenfalls eine Kleinserie in Suhl aufgelegt werden. 1957 wurde dies mit insgesamt 60 Motorrädern realisiert. In den Folgejahren kamen in geringeren Stückzahlen noch einige Maschinen dazu. 17 PS leisteten diese Enduros in der Ausführung mit dem 250-ccm-Motor. Abgegeben wurden sie an den Export oder an staatlich organisierte Motorsportclubs.
In Suhl waren, wie oben beschrieben, auch 350er Geländesportmaschinen entstanden, die aber den Simson-Werksfahrern vorbehalten blieben. Zylinder und Zylinderköpfe der Maschinen waren immer aus Leichtmetall.
Ab Mitte der fünfziger Jahre stiegen die Suhler Viertakter dann auch sehr erfolgreich in den gerade aufkommenden Moto-Cross-Sport ein. Simson stellte hier von 1956 bis 1959 die DDR-Meister der Klassen 250 und 350 ccm und holte noch 1960 bei internationalen Veranstaltungen 18 erste Plätze. Simson war in dieser Sportart durchaus als Trendsetter zu bezeichnen und selbst der Schwabe Walter Heubach tauschte seine Maico gegen eine Simson-Cross-Maschine. Er ging aber nach der Einstellung der Suhler Sportaktivitäten mit den großen Viertaktern wieder in den Westen zurück.

Dies ist die fünfzigste von etwa 80 gebauten Simson 425 GS, recht seriennahen Geländesportmaschinen für den Nachwuchsbereich.

Lange Zeit wurden die Moto-Cross-Strecken auch mit den GS-Modellen beschickt, diese Simson MC 350 weist neben dem kleinen Tank auch noch motorspezifische Besonderheiten auf.

DDR-Meister Motorradgeländesport

Jahr	Fahrer	Motorrad	Hubraumklasse
1953	Rolf Neubert	AWO 425	250
1954	Woldemar Lange	AWO 425	250
1955	Gottfried Pohlan	AWO 425 G	250
1955	Mannschaft	AWO 425 G	250
1957	Mannschaft	Simson GS 250	250
1957	Günther Claring	Simson GS 350	350
1958	Lothar Bock	Simson GS 250	250

DDR-Meister Moto-Cross

Jahr	Fahrer	Motorrad	Hubraumklasse
1956	Walter Knoch	Simson 425 GS	250
1957	Walter Knoch	Simson 350 GS	350
1958	Karl Nier	Simson 250 GS	250
1958	Karl Nier	Simson 350 GS	350
1959	Karl Nier	Simson 250 GS	250
1959	Walter Heubach	Simson 350 GS	350

Mit dem Auslaufen der Simson-425-Produktion war 1961 auch das große Engagement der Suhler im Motorsport erst einmal vorbei. Um die damals sehr werbewirksamen Aktivitäten aber nicht ganz sterben zu lassen, setzte die Simson-Werkleitung den Vorschlag durch, mit einer verkleinerten Sportabteilung in der Klasse bis 50 ccm im Geländesport weiter präsent zu sein. War Simson mit den sportlichen Ausführungen der 425 S (AWO) in nahezu allen motorradsportlichen Bereichen vertreten, ging man mit den kleinen Zweirädern nur noch im Geländesport an den Start.

Dazu brauchte man natürlich entsprechende Fahrzeuge und die Thüringer ließen einfach das gescheiterte SR 3-Serienprojekt als SR 3 Geländesportmaschine weiter

Mit der GS 50 stieg Simson nach der Aufgabe der Motorradproduktion ab 1962 wieder in den Geländesport ein.

durch die Akten laufen. Ab der Saison 1962 konnte Simson mit den nun GS 50 genannten Zweirädern wieder an Wettbewerben teilnehmen. Das völlig von der SR 4-Serie abweichende Fahrwerk hielt ein geschweißter Zentralrohrrahmen zusammen. Daran hingen vorn und hinten Schwingen mit hydraulisch gedämpften Federbeinen aus dem Motorradbau. Auf die 19"-Felgen waren importierte Stollenreifen aufgezogen, die Bremsen stammten aus der Serie. Recht seriennah blieb auch das Triebwerk, das durch ein am Getriebegehäuse angeflanschtes Vorgelege die drei Gänge nochmals unterteilte und so praktisch sechs Gänge aufwies. Ein leicht geänderter Kurbeltrieb, ein wuchtiger Leichtmetallzylinder mit Graugusslaufbuchse und veränderten Spülkanälen und schließlich ein Vergaser mit 17 mm Ansaugweite und geänderter Ansauggeräuschdämpfung waren unter anderem die Voraussetzung für beachtliche 5,5 PS bei 8.000 /min. Den Geräuschpegel des Motors hielt ein Kreidler-Schalldämpfer im erlaubten Bereich.
25 solcher Maschinen entstanden 1963 und fast doppelt so viele im Jahr darauf. Wenngleich Simson die GS 50 auf Ausstellungen zum Kauf anpries, blieb sie für den Normalbürger in der DDR unerreichbar, es sei denn, er wurde Spitzenfahrer bei einem der im ADMV (Allgemeiner Deutscher Motorsport-Verband) organisierten und geförderten Clubs. Die meisten Maschinen gingen ohnehin ins Ausland, nicht zuletzt, um das Starterfeld der untersten Wettbewerbsklasse zur Sollstärke aufzufüllen. Ab 1964 brachte Simson neben der 50er eine aufgebohrte 75er mit 9 PS bei 8.200 /min an den Start. Der kleinere Motor leistete da bereits 6,3 PS.
1966 traten die GS 50/75-Modelle mit neuem Outfit in Erscheinung und lösten ab 1967 die Kleinserie der Vorgänger als GS 50-1 und GS 75-1 ab. Sofort ins Auge sprangen der neue, vom Sperber übernommene Tank und ab 1968 das große 21"-Vorderrad, das an einer neuen Telegabel mit hydraulischer Dämpfung und 130 mm Federweg hing. Große Motorradbremsen (150 mm Durchmesser) und ein verstärkter Rahmen sorgten für noch mehr Sicherheit und Zuverlässigkeit.

1964 wurde die Simson-Kleinserie auf ein 75-ccm-Modell ausgeweitet. Der 50er (hier im Bild) leistete da bereits 6,3 PS.

Ein Übergangsmodell der kleinen GS-Modelle von 1965, noch mit dem alten Tank, aber schon mit einer Telegabel.

Ab 1966 gab es die Modelle GS 50-1 und GS 75-1, optisch sofort am vom Sperber übernommenen Tank zu erkennen.

Schon 1969 hatte die 75er Werks-Simson einen gefächerten Zylinderkopf.

Der weiterhin seriennahe, jetzt durch Sperbergetriebe und Vorgelege 4 + 4 Gänge aufweisende Motor brachte es auf 6,5 PS bei 9.000 /min, bzw. 9,5 PS bei 8.900 /min in der 75er Variante. Der Motor erwies sich bald als die Achillesferse der GS-Modelle. Bei den mit elektronischer Zündanlage von Bosch bestückten Werksrennern, erreichte er 1970 zwar erstaunliche 10 PS/9.800 /min (13 PS/9.000 /min), war aber von Hercules und Zündapp, der damaligen Hauptkonkurrenz in den kleinen Klassen, schon überholt worden.
1970 war das Triebwerk bei Simson erstmals von einem kräftigen, doppelten Rahmenunterzug geschützt worden. Dafür sparten die Ingenieure anderswo Gewicht ein und hielten die GS-Modelle einigermaßen konkurrenzfähig. Zu ersten Plätzen reichte es auf internationalen Strecken aber kaum noch. Die letztlich erreichten 11,5 PS bei über 11.000 Touren (14 PS mit der 75er) des Triebwerks, das immer noch auf dem Ende der fünfziger Jahre entwickelten Motor M 53/54 basierte, waren für die Konkurrenz zu wenig, für die eigene Standfestigkeit hingegen zu viel. Nachfolgend eine Tabelle mit technischen Daten derjenigen Simson-GS-Maschinen, die in Kleinserie gebaut wurden und nicht nur den Werksfahrern vorbehalten waren.

Während ihrer Produktionszeit durchliefen GS 50-1 und GS 75-1 eine ständige Weiterentwicklung. So gab es ab 1975 u. a. eine neue Auspuffanlage und den gefächerten Zylinderkopf.

Modell	Simson 425 GS	Simson GS 50	Simson GS 75	Simson GS 50-1	Simson GS 75-1
Bauart	Enduro	Enduro	Enduro	Enduro	Enduro
Motor	Simson-Viertakt	Simson-Zweitakt	Simson-Zweitakt	Simson-Zweitakt	Simson-Zweitakt
Hubraum ccm	247	49,6	73	49,6	73
Leistung PS	17,5	5,5	9	6,5 (8 ab 1975)	9,5 (12 ab 1975)
bei Drehzahl 1/min	7.200	8.000	8.200	8.700 (9.500 ab 1975)	8.200 (9.400 ab 1975)
Zylinderzahl	1	1	1	1	1
Bohrung/Hub mm	68/68	40/39,5	45/46	40/39,5	45/46
Verdichtung :1	8	10,5	10,5	10,5	k. A.
Gassteuerung	ohv	Schlitz	Schlitz	Schlitz	Schlitz
Vergaser	BVF Flachschieber	BVF	BVF	BVF	BVF
Durchlass mm	26	17	19	19	19
Starter	Kick	Kick	Kick	Kick	Kick
Zündung	IKA Magnet	IKA Magnet	IKA Magnet	IKA Magnet (Zündelektronik ab 1975)	IKA Magnet (Zündelektronik ab 1975)
Kraftübertragung					
Getriebe/Gangzahl	Zahnrad/4	2x3/Vorgelege	2x3/Vorgelege	4x4/Vorgelege	4x4/Vorgelege
Hinterradantrieb	Kardanwelle	Kette	Kette	Kette	Kette
Fahrwerk					
Rahmen	Stahlrohr mit doppeltem Unterzug	Zentralrohr	Zentralrohr	Zentralrohr (ab 1975 mit doppeltem Unterzug)	Zentralrohr (ab 1975 mit doppeltem Unterzug)
Vordergabel	Teleskopgabel	Langschwinge mit Federbeinen	Langschwinge mit Federbeinen (ab 1965 Telegabel)	Telegabel	Telegabel
Federung hinten	Schwinge mit Federbeinen	Langschwinge mit Federbeinen			
Dämpfung vorn	hydraulisch	hydraulisch	hydraulisch	hydraulisch	hydraulisch
Dämpfung hinten	hydraulisch	hydraulisch	hydraulisch	hydraulisch	hydraulisch
Bremse vorn	Vollnabe 180 mm	Vollnabe 125 mm	Vollnabe 125 mm	Vollnabe 150 mm	Vollnabe 150 mm
Bremse hinten	Vollnabe 180 mm	Vollnabe 125 mm	Vollnabe 125 mm	Vollnabe 150 mm	Vollnabe 150 mm
Reifen vorn	3,50x19	19" Gelände	19" Gelände (21" ab 1965)	21" Gelände	21" Gelände
Reifen hinten	4,00x18	19" Gelände	19" Gelände	19" Gelände	19" Gelände
Maße und Gewichte					
Tankinhalt Liter	16	8,5	8,5	9,5	9,5
Radstand mm	1.375	1.250	1.250	k. A.	k. A.
Leergewicht kg	157	86	86	k. A.	k. A.
Baujahre	157–59	1962–1965	1964–1965	1966–1979	1966–1979
Stückzahl	ca. 80	ca. 100	k. A.	k. A.	k. A.

Schon seit 1969 war eine kleine Gruppe von Spezialisten bei Simson dabei, einen reinen Sportmotor, fernab von der Serientechnik zu entwickeln. Er sollte mit variablem Hubraum in den Klassen 75, 100 und 125 ccm einsetzbar sein; bei den Fünfzigern, die international bereits als Auslaufmodell galten, wollte man mit der bisherigen Motor-Technik weiterfahren. Zunächst galt es, den Motor mit 75 und 100 ccm rennfest zu machen. Motor und Getriebe blieben getrennt. Der mittels Drehschieber gesteuerte Zweitakter konnte zuerst in der mittleren 100-ccm-Version in die GS-Maschinen eingebaut und ab 1971 zu Rennveranstaltungen an den Start geschickt werden. Dank geringer Konkurrenz in dieser Hubraumklasse fuhr Simson mit dem neuen Motor, trotz diverser Getriebeschäden, den ersten EM-Titel seiner Geschichte ein.

Die 100er Werks-Simson mit Drehschiebermotor und Doppelrohrrahmen, mit der Dieter Salevsky 1971 Europameister wurde.

Um das Getriebe robuster zu machen, stufte man es von den ursprünglich neun Gängen auf sechs herunter. Das Fahrzeug selbst war dem neuen, maximal 17 PS leistenden Motor angepasst worden. Ein geändertes Fahrwerk mit größerem Radstand, längeren Federwegen (180 mm Telegabel), MZ-Hinterradantrieb, höher gezogenem Lenker und veränderter Sitzposition trug den immer rasanter verlaufenden Veranstaltungen Rechnung. Dazu sorgten Plastikkotflügel für Gewichtsreduzierung und der inzwischen bewährte Doppelschleifenrahmen für die nötige Stabilität. Daran mangelte es den neuen Triebwerken noch, die ab 1972 auch in der Klasse bis 75 ccm – hier schlitzgesteuert – eingesetzt, reihenweise mit Kurbelwellen- oder Getriebeschäden ausfielen.

In den Folgejahren gelang es, die Triebwerke widerstandsfähiger zu machen und wieder an die Weltspitze zu führen, wo Zündapp und Simson Mitte der siebziger Jahre in den kleinen Klassen den Ton angaben. Dazu wurde auch weiter am Fahrwerk gebastelt: Überarbeitete Telegabel mit doppelt wirkender hydraulischer Dämpfung und 185 mm Federweg, in Nadellagern geführte Hinterradschwinge mit hydraulisch gedämpften Federbeinen und 110 mm Federweg, 160 mm Bremstrommeldurchmesser hinten und jede Menge Aluminium, Magnesium und Plastik zur weiteren Gewichtsreduzierung am gesamten Fahrzeug.

Salevskys 100er von der linken Fahrzeugseite lässt im Detail den Drehschieber-Einlass erkennen.

Eine Simson GS 75 von 1973. Von den in Kleinserie gebauten GS-1-Modellen hatten sich die Werksrenner inzwischen sehr weit entfernt.

Der neue Sportmotor, hier in der schlitz-gesteuerten 75-ccm-Version von 1973, mit abgeflanschtem Getriebe.

Die GS 100 von 1978 mit längeren Federwegen und mehr Power. Der Drehschiebermotor leistete inzwischen 23 PS bei 10.000 U/min.

Inzwischen hatten sich die Werks-Geländesport-Maschinen, mit denen die Fahrer aus der Simson-Sportabteilung an großen Veranstaltungen, wie auch an DDR-Meisterschaften, teilnahmen, deutlich von den nach wie vor in Kleinserie gebauten GS 50-1 und GS 75-1 abgekoppelt. Die hoch gezüchteten, mit teuren Importteilen bestückten Spitzenmaschinen konnten nur noch in Einzelstücken gefertigt und von niemandem mehr bezahlt werden.
Anders die neuen, ab 1975 an die Sportclubs abgegebenen GS-Modelle, die ihre alte Bezeichnung wie auch die immer noch auf das alte Simson-Triebwerk M53/54 zurückgehende Motortechnik behielten. Mit neuem Zylinder und elektronisch gezündet, leistete er in der Schnapsglasklasse jetzt 8 PS bei 9.500 /min und in der 75er Version 12 PS bei 9.400 /min. Äußerlich fielen die Maschinen durch den Serientank des S 50, einem längeren Radstand und hydraulisch gedämpften Teleskopgabeln auf. Wie bei den Werksmaschinen war der Rahmen durch einen Doppelschleifen-Unterzug verstärkt worden.
Gegen die Werksrenner wirkten die Kleinserien-Fahrzeuge inzwischen brav und bieder. Und dieser Eindruck verstärkte sich im Laufe der Jahre noch, da auch die Auseinandersetzungen im internationalen Motorrad-Geländesport zu immer intensiveren Materialschlachten der Hersteller wurden.
Während sich Simson Mitte der siebziger Jahre völlig aus der 50-ccm-Klasse zurückzog, setzte man 1976 erstmals die 125-ccm-Maschine zu Europameisterschaftsläufen ein, ohne jedoch ganz vorne mitfahren zu können. Aber der Entwicklungsweg erwies sich als richtig und zukunftsträchtig.
Für die Saison 1978 überarbeiteten die Techniker die Werksmaschinen im Detail. Dabei war die Leistungssteigerung von sekundärer Bedeutung, wenngleich die GS 75 jetzt bis zu 17 PS und der 100-ccm-Drehschiebermotor maximal 23 PS bei 10.000 /min leisten konnten. Der nochmals verlängerte Radstand mit extrem schräg gestellter Hinterradfederung, ein auf 240 mm verlängerter Federweg der Telegabel, wuchtige Stollenreifen und ein riesiger Auspuffkrümmer waren einige Punkte des 78er Paketes.
1981 kappte die Internationale Motorsportorganisation FIM endlich die zu inzwischen elf (!) Hubraumklassen ausgeuferten Geländesport-Wettbewerbe Six Days und Europameisterschaft um fünf Klassen. Simson betreffend waren von nun an die 75er und die 100er nicht mehr dabei. Dafür führten die Funktionäre die Klasse 80 ccm ein und stärkten die 125er. In letzterer Klasse zahlten sich die jahrelangen Bemühungen der Thüringer endlich aus: Während ein gutes 80er Modell nicht so schnell bereit stand, fuhr man ab 1982 mit den 125ern wieder an die Weltspitze.
Für die neuen Modelle griff Simson tief in den internationalen Enduro-Baukasten: Marzocchi-Telegabel vorn und Bilstein-Federbeine hinten, dazu Bing-Vergaser sowie Kotflügel und Reifen westlicher Hersteller. Eine HKZ-Zündanlage von Bosch lieferte die Funken zur richtigen Zeit. Das Ganze hielt ein aus dünnem Chrom-Molybdän-Rohr verschweißter Doppelschleifenrahmen zusammen, wobei das kräftige Zentralrohr, mit Schlitzen versehen, die Luft für das Gemisch ansaugte. Das Hinterrad hing an einer nadelgelagerten Schwinge. Die Sitzbank war weiter nach vorn verlängert, der Tank entsprechend geändert worden. Nach wie vor gab es bei der GS 80 die extreme Schrägstellung der hinteren Federbeine nicht. Die Motoren

Geländesport im Dreierpack: (von links) GS 75 von 1980 (17 PS/10.300 U/min), GS 125 von 1982 (32 PS/11.000 U/min) und GS 125 von 1985 (34 PS/11.000 U/min).

Mit den 125ern, hier eine Detailaufnahme vom 1984er Modell, fuhr Simson zu Beginn der 1980er Jahre wieder an die Weltspitze heran.

beider Modelle bauten auf dem gleichen, über zehn Jahre zuvor entwickelten Grundtyp auf. Der schlitzgesteuerte Achtziger (78,3 ccm) schaffte 1983 bei 11.650 /min 22 PS. Der Einlass des 125ers erfolgte mittels des auf der Kurbelwelle angeordneten Plattendrehschiebers. 30 PS bei 10.500 /min wurden für den größeren Motor (123,2 ccm) gemessen. Beide Maschinen verfügten über ein angeflanschtes 7-Gang-Getriebe und eine 5-Scheiben-Ölbadkupplung. Je nach Übersetzung konnten die beiden Enduros bis zu 115 bzw. 135 km/h schnell sein.
Entsprechend den veränderten Bedingungen im internationalen Motorrad-Geländesport, wo nicht mehr, wie vor Jahrzehnten, in erster Linie Ausdauer, Zähigkeit und Standfestigkeit gefragt waren, sondern kurze Sonderprüfungen auf der Sprintstrecke und im Moto-Cross-Acker über Sieg oder Niederlage entschieden, hatten sich die Enduro-Fahrzeuge immer mehr den Moto-Cross-Maschinen angenähert. Dem mussten natürlich die Konstrukteure von Geländesportmaschinen Rechnung tragen.
Diejenigen bei Simson hatten ihre Hausaufgaben gemacht und setzten ab 1986 eine neue 80er mit der Bezeichnung GS 80-7 WKH ein. In zweijähriger Entwicklungszeit war den Ingenieuren der Sportabteilung wahrlich ein Quantensprung gelungen. Die Grundkonzeption des Rahmens mit doppeltem Unterzug blieb erhalten, der Radstand verlängerte sich geringfügig auf 1.480 mm. Völlig neu war die Hinterradfederung. Ein mit einem nadelgelagerten Hebelsystem verbundenes Zentralfederbein mit Billstein-Gasdruckdämpfer sorgte für 320 mm Radfederweg und Sicherheit gegen lästiges Durchschlagen. Die Hinterradschwinge blieb dabei nahezu unverändert. Für den Antrieb des Hinterrades verzichteten die Techniker (je nach Veranstaltung) erstmals auf die patentierte MZ-Kettenkapselung. Extremer Leichtbau war mehr denn je gefragt und so musste auch diese »Institution« ostdeutschen Motorradbaus weichen.

Schön zu sehen das Zentralfederbein und der neue, wassergekühlte Motor der GS 80-7 WKH von 1986. Mit dieser Maschine war Simson in der kleinen Klasse wieder absolut konkurrenzfähig

Entwicklungsstand des 125er Drehschieber-Motors der GS 125 WKH von 1989. Der Motor leistete immer noch 34 PS bei 11.000 Umdrehungen.

Die Simson GS 80, Stand 1987. Extremer Leichtbau und viele Zulieferteile aus dem westlichen Ausland hielten die Maschine an der Weltspitze.

An der neuen Marzocchi-Gabel mit 38 mm Standrohr-Durchmesser hing links ein Brembo-Bremssattel, während die 200-mm-Bremsscheibe schwimmend an der Vorderradnabe befestigt war. Scheibenbremse und Zentralfederbein gehörten inzwischen zum guten Ton in der Enduro-Weltelite. Ebenso wie flüssigkeitsgekühlte Motoren. Und auch damit wartete die 80er (etwas später auch die 125er) jetzt auf. Dabei war der Motor nahezu unverändert geblieben und äußerlich höchstens an den verkürzten Rippen von Zylinder und Zylinderkopf erkennbar. Außerdem hat-

Links die Simson GS 125 WKH, wie sie 1989 und 1990 gebaut wurde. Rechts die GS 80 WKH von 1990, deren Motor, jetzt auch drehschieber-gesteuert, 27 PS bei 12.500 U/min leistete.

ten die Mechaniker eine Kühlmittelpumpe angebaut, die Flüssigkeit aus den beiden zwischen Tank und vorderem Kotflügel platzierten Alu-Behältern saugte. So gekühlt konnte der Motor höhere Drehzahlen vertragen und nun mit 12.000 U/min 24 PS an das Hinterrad abgeben.
1989 rüsteten die Mechaniker noch Up-Side-Down-Telegabeln der Firma White Power nach. Die hatten einen maximalen Federweg von 300 mm und konnten in der Dämpfung verstellt werden. Die Verzögerung des Vorderrades erledigten jetzt ein Zweikolben-Bremssattel und eine auf 240 mm Durchmesser vergrößerte Scheibe.
Im Jahr darauf bekam schließlich auch der 80er Motor einen Einlassdrehschieber. Mit jetzt noch mehr Leistung und mehr Zugkraft fuhr die Maschine zu einem der größten Erfolge der Simson-Sportgeschichte – dem Weltmeistertitel 1990.
Der Aufwand an Devisen, der nötig war, um die Simson-GS-Modelle in der Weltspitze mitfahren zu lassen, war für DDR-Verhältnisse inzwischen immens geworden. Das Ende des Sozialismus brachte zwar nun die D-Mark als legales Zahlungsmittel auch nach Suhl und zu den Simson-Einkäufern, die hatten damit allerdings Wichtigeres zu tun, als die kleine Sportabteilung am Leben zu halten. Die Schlacht auf Europas Geländesportfeldern war für immer geschlagen.

Europameister (Europacup 1967,Weltmeister 1990)		
Jahr	**Fahrer**	**Hubraumklasse (ccm)**
1967	Lothar Schünemann	75
1971	Dieter Salevsky	100
1974	Ewald Schneidewind	75
1975	Ewald Schneidewind	75
1976	Steffen Mauersberger	75
1979	Stanislav Olszewski	75
1980	Stanislav Olszewski	75
1984	Rolf Hübler	125
1985	Rolf Hübler	125
1990	Thomas Biberbach	80

Internationale 6-Tage-Fahrt (Trophy war ab 1970 Mannschafts-WM, Silbervase ab 1985 Junioren-WM)	
Jahr	**Titel**
1964	Silbervase
1982	Silbervase (mit MZ)
1984	Silbervase (mit MZ)
1985	Silbervase (mit MZ)
1987	Silbervase (mit MZ)
1987	Trophy (mit MZ)

IFA / MZ

Was den Motorrad-Standort Zschopau betrifft, verhält es sich beim Geländesport ähnlich wie bei den Straßenrennern: DKW hinterließ auch hier eine Tradition, die im Gewinn der Silbervase 1935 und der Trophy 1939 (zusammen mit BMW) bei den Sechstage-Rennen gipfelte.
Mit der Gründung der MZ-Sportabteilung unter Walter Kaaden stiegen die Zschopauer wieder mit Werksbeteiligung in den Geländesport ein, auch auf internationaler Ebene. Anfangs mit umgebauten RT 125 und BK 350 (deren Motor hier bis 18,5 PS leisten konnte) und ab Mitte der fünfziger Jahre mit den neuen ES-Modellen begann ein kaum vergleichbarer Siegeszug auf internationalen Pisten.
Schon 1956 gab es eine echte Werks-Enduro auf der Basis der gerade erst erschienenen ES 250. In den Jahren 1956 und 1957 waren DDR-Starter noch in einer gesamtdeutschen Mannschaft bei den Six Days am Start, 1958 starteten DDR-Fahrer dann in den Klassen 175, 250 und 350 ccm und im Jahr darauf schaffte man es in der Trophy-Wertung immerhin schon auf Platz drei.

Mit der MZ BK 350 konnten die Zschopauer auf internationaler Ebene Erfahrungen sammeln, aber noch keine Blumentöpfe gewinnen.

Für die damals noch zum Geländesport-Programm gehörenden Seitenwagen-Klassen war die BK 350 eine gute, weil leichte Alternative.

Frühe, auf Geländesport getrimmte ES 250 von 1955, noch mit Doppelport-Auspuffanlage.

Schon im Jahr darauf (1956) fuhren die im Werk angestellten Fahrer mit einer solchen ES 250 G zu nationalen und internationalen Wettbewerben.

1959 begann in der MZ-Lehrwerkstatt die Kleinserienfertigung von Geländesportmaschinen auf Basis der ES-Modelle. Die MZ ES 175 G und 250 G, die eine etwas höhere Motorleistung als die normalen Straßenmaschinen hatten, waren für den Export bestimmt oder wurden an organisierte Clubs in der DDR abgegeben. Für den Normalbürger blieben sie in der Regel unerreichbar. Anfangs entsprachen die Kleinserienmodelle noch fast den Motorrädern, mit denen sich MZ-Werkfahrer langsam an die Weltspitze des Geländesports fuhren; neben dem hochgezogenen Auspuff und den üblichen Gelände-Accessoires fielen die Maschinen durch ihr schon nahezu graziles Erscheinungsbild auf – verglichen mit den normalen MZ-Maschinen. Die vorderen Reifen waren noch Neunzehnzöller.
Mit geringfügigen Änderungen wurden diese Maschinen bis 1965 gebaut und dann von den ETS-Modellen abgelöst.

Mit den Modellen MZ ES 175 G und 250 G begann in der MZ-Lehrwerkstatt die Kleinserienfertigung von Geländesport-Motorrädern. Im Bild das 250er Modell von 1960.

Mit Erscheinen der neuen ES 125 kam ab 1963 auch eine Geländesport-Version in Kleinserie auf den eingeschränkten Markt. Im Bild das Modelljahr 1966 mit Fächer-Zylinderkopf.

Um im internationalen Mannschaftssport voranzukommen, war es ganz wichtig, eine weitere Hubraumklasse bei den Veranstaltungen einsetzen zu können. Nach Erscheinen der kleinen ES 125/150 wurde ab 1963 nur die 125er als ES 125/G, wieder in Kleinserie gebaut, angeboten, da es im Motorsport keine Klasse für 150-ccm-Motorräder gab. Auch diese Maschine mit dem charakteristischen, fächerförmigen Zylinderkopf, die immerhin 10,5 PS leistete, war für den Normalbürger nicht käuflich zu erwerben. Sie unterschied sich aber z. B. in Vergaser und Getriebe (vier statt fünf Gänge) von den erfolgreichen Werksenduros, die im gleichen Jahr erstmals die Six-Days gewannen. Übrigens im Zusammenspiel mit einer 300er Werks-MZ, die es in der Kleinserienfertigung erst 1966 gab.

Die von Fred Willamowski bei internationalen Wettbewerben eingesetzte Werks-Enduro ETS 300 G von 1964. Der Motor leistete 27,5 PS bei 6.200 U/min, was die 138 kg schwere Maschine 120 km/h schnell machte.

Stilistisch ins Bild dieser Zeit passte auch die 125er Werksmaschine, die sich doch sehr deutlich von den Kleinserien-Modellen abhob.

Modell	ES 250/G	ES 175/G	ES 125/G	ETS 175 G
Bauart	Enduro	Enduro	Enduro	Enduro
Motor	MZ-Zweitakt	MZ-Zweitakt	MZ-Zweitakt	MZ-Zweitakt
Hubraum ccm	247	172	123	172
Leistung PS	15	11	10,5	14
bei Drehzahl 1/min	5.000	5.000	6.000	5.500
Drehmoment mkg	2,3	1,6	k. A.	k. A.
bei Drehzahl 1/min	3.600	3.600 . k. A.	k. A.	k. A.
Zylinderzahl	1	1	1	1
Bohrung/Hub mm	70/65	58/65	52/58	58/65
Verdichtung :1	9	9	10	
Gassteuerung	Umkehrspülung	Umkehrspülung	Umkehrspülung	Umkehrspülung
Kühlung	Fahrtwind	Fahrtwind	Fahrtwind	Fahrtwind
Vergaser	BVF	BVF	BVF	BVF
Durchlass mm	27	25,5	k. A.	25,5
Starter	Kick	Kick	Kick	Kick
Zündung	Batterie	Batterie	Batterie	Batterie
Kraftübertragung				
Getriebe/Gangzahl	4	4	4	4
Hinterradantrieb	Kette	Kette	Kette	Kette
Fahrwerk				
Rahmen	Rohrrahmen	Rohrrahmen	Pressstahl mit Alu-Heck	Stahlrohr
Federung vorn	Langschwinge mit Federbeinen	Langschwinge mit Federbeinen	Langschwinge mit Federbeinen	Telegabel
Federung hinten	Schwinge mit Federbeinen			
Bremse vorn	Vollnabe 160 mm	Vollnabe 160 mm	Trommel 150 mm	Trommel 160 mm
Bremse hinten	Vollnabe 160 mm	Vollnabe 160 mm	Trommel 150 mm	Trommel 160 mm
Reifen vorn	3.50-19	3.50-19	3.00-21	3.00-21
Reifen hinten	4.00-18	4.00-18	3.50-18	4.00-18
Maße und Gewichte				
Tankinhalt Liter	16	16	9	15
Baujahre	1959–65	1959–65	1963–1968	1966
Preis DM (Ost)	3.570	2.730	k. A.	k. A.

Die Bezeichnung ETS für Einzylinder Telegabel Schwinge hatte es vor den normalen Straßenmaschinen schon für die in Kleinserie gebauten Geländesport-Maschinen gegeben, die ab 1966 hier die ES-Modelle (bis auf die 125er) ablösten. Die Werksenduros waren sogar schon seit 1963 mit einer Telegabel unterwegs und heimsten ungezählte Erfolge ein, die nachfolgend im Wesentlichen aufgeführt sind. Zu den bisherigen Hubraumklassen kam noch die 300er hinzu (obwohl die Fertigung der 300er Serienmaschine schon im Jahr zuvor eingestellt worden war), so dass es die Modelle ETS 175/G, ETS 250/G und ETS 300/G für den DDR-Nachwuchs und einige Exportkunden gab. 1969 folgte die ETS 125/1 G, während die 300er nicht mehr angeboten wurde. Die optische und technische Weiterentwicklung bescherte auch der 175er und der 250er bereits ab 1967 den /1-Zusatz. Wesentlich war hier die Einführung des dringend notwendigen Fünfgang-Getriebes. Außerdem konnten die kleinen Wettbewerbsmaschinen (125 und 175 ccm) der MZ-Werksfahrer analog zu den MZ-Straßenrennern mit einem Einlassdrehschieber ausgestattet werden.

Das offizielle Pressefoto tituliert diese Maschine als ETS 175/250/300/G Modell 1966. Optisch unterschieden sich die Kleinserien-Fahrzeuge also offensichtlich nicht voneinander.

Völlig neue Optik (u. a. mit Sperber-Tank) der 125er Werksenduro, Stand 1967. Gut zu erkennen mit Einlass-Drehschieber ins Kurbelgehäuse.

Im gleichen Design wie die 125er und auch mit einem Einlass-Drehschieber zeigte sich die 1967er MZ 175 G. Der Zylinder war etwas breiter.

MZ hatte zwischen 1963 und 1969 neun Mal die Trophy bei der Internationalen Sechstage-Fahrt gewonnen und ausgerechnet 1970, dem ersten Jahr, in dem dieser Titel als Mannschaftsweltmeisterschaft geführt wurde, patzten die Zschopauer. Trotz zweier Europameistertitel 1970 und 1971 in der 350er Klasse war die Hochphase der MZ-Enduros erst einmal vorbei. Die inzwischen in die Jahre gekommenen Fahrgestelle mit Zentralrohrrahmen und die immer noch auf den Serientriebwerken basierenden Motoren konnten den gestiegenen Anforderungen im internationalen Geländesport nicht mehr gerecht werden.

Ab 1967 begann die MZ-Lehrwerkstatt die /1 G-Modelle mit 125, 175 und 250 ccm in Kleinserie zu fertigen. Im Bild die ETS 250/1 G von 1970.

Und so sah die 250er Werksmaschine von 1970 aus. Der Motor leistete jetzt 32 PS bei 6.800 U/min, konnte aber zusammen mit dem nicht mehr ganz taufrischen Fahrwerk kaum noch in der Weltspitze mithalten.

Isle of Man 1971: Beim Internationalen Sechstage-Rennen setzte MZ diese offiziell als »MZ 400« gemeldete Maschine mit 380 ccm Hubraum ein.

Modell	ETS 250/G	ETS 300/G	ETS 125/1 G	ETS 175/1 G
Bauart	Enduro	Enduro	Enduro	Enduro
Motor	MZ-Zweitakt	MZ-Zweitakt	MZ-Zweitakt	MZ-Zweitakt
Hubraum ccm	247	293	123	172
Leistung PS	19	21	12	19,5
bei Drehzahl 1/min	5.500	5.500	6.000	5.500–6.000
Zylinderzahl	1	1	1	1
Bohrung/Hub mm	70/65	72/72	52/58	58/58
Verdichtung :1	10	10	10	10
Gassteuerung	Umkehrspülung	Umkehrspülung	Umkehrspülung	Umkehrspülung
Kühlung	Fahrtwind	Fahrtwind	Fahrtwind	Fahrtwind
Vergaser	BVF	BVF	BVF	BVF
Durchlass mm	28,5	32	24	28,5
Starter	Kick	Kick	Kick	Kick
Zündung	Batterie	Batterie	Batterie	Batterie
Kraftübertragung				
Getriebe/Gangzahl	4	4	5	5
Hinterradantrieb	Kette	Kette	Kette	Kette
Fahrwerk				
Rahmen	Stahlrohr	Stahlrohr	Zentralrohr mit Unterzügen	Zentralrohr mit Unterzügen
Federung vorn	Telegabel	Telegabel	Telegabel	Telegabel
Federung hinten	Schwinge mit Federbeinen			
Bremse vorn	Trommel 160 mm	Trommel 160 mm	Trommel 160 mm	Trommel 160 mm
Bremse hinten	Trommel 160 mm	Trommel 160 mm	Trommel 160 mm	Trommel 160 mm
Reifen vorn	3.00-21	3.00-21	3.00-21	3.00-21
Reifen hinten	4.00-18	4.50-18	4.00-18	4.00-18
Maße und Gewichte				
Tankinhalt Liter	k. A.	16	15	15
Leergewicht kg	k. A.	k. A.	107	107
Baujahre	1966	1966	1969–72	1967–71

Ab 1971 produzierte die Lehrwerkstatt keine 125er und 175er Geländesportmaschinen mehr für den Markt, während die 250er als ETS 250/1 G-5 in den Jahren 1973 und 74 als Kleinserienmodell weiterlebte. Danach war für einige Jahre keine MZ GS mehr außerhalb des Werksteams zu erhalten.
Und in diesen Jahren fuhren MZ-Fahrer auch keine ganz großen Erfolge mehr ein.

1975 ging MZ mit dieser ETS 360 G-5 an den Start. 38 PS bei 7.500 U/min, 5- oder 6-Gang-Getriebe und ein neuer Doppelschleifen-Rohrrahmen. Gewicht leer 110 kg.

Die 250er von 1975/76 mit Blockzylinder und dem identischen Fahrwerk der größeren Schwester. MZ trat längst nur noch in zwei Hubraumklassen bei internationalen Wettbewerben an.

Das änderte sich Ende der siebziger Jahre wieder und gleichzeitig setzte auch die Kleinserienfertigung von Geländesportmaschinen wieder ein. 1978/79 konnte zumindest im Westen die TS 250/G 6 mit Sechsgang-Getriebe und ordentlichen 35 PS käuflich erworben werden. Mit ihrem Doppelschleifen-Rohrrahmen war diese Maschine sehr stark an die Werksenduros angelehnt und hatte entgegen früherer Zeiten kaum noch etwas mit den Straßenmotorrädern gemein. Die Werksmaschinen selbst hatten zu dieser Zeit wieder in die Weltspitze zurück gefunden. Mit den 380-ccm-Maschinen in der 500er Klasse startend, arbeitete sich Jens Scheffler langsam nach ganz vorn und mit dem verrückten 505-ccm-Zweitakter konnte Manfred Jäger 1978 den Europameistertitel in der Klasse über 500 und bis 750 ccm holen. Auch bei den Six-Days lief es in den 80er Jahren wieder besser, wie die Tabelle unten zeigt.

Ein Einzylinder-Zweitakt-Motor mit 505 ccm und 48 PS – das war nur etwas für ganz harte Kerle. Manfred Jäger wurde 1978 mit dieser Maschine in der Klasse über 500 ccm Europameister.

Die MZ TS 250/G-6 von 1979. Zu dieser Zeit beherrschten Marken wie KTM und SWM die Viertelliter-Klasse im Geländesport.

Modell	ETS 250/1 G	ETS 250/1 G-5	TS 250/G-6	GE 250
Bauart	Enduro	Enduro	Enduro	Enduro
Motor	MZ-Zweitakt	MZ-Zweitakt	MZ-Zweitakt	MZ-Zweitakt
Hubraum ccm	243	243	244	243
Leistung PS	27,5	27,5	35	30
bei Drehzahl 1/min	5.500–6.000	5.500–6.000	6.500	7.500
Zylinderzahl	1	1	1	1
Bohrung/Hub mm	69/65	69/65	69/65	69/65
Verdichtung :1	10	10	11,3	k. A.
Gassteuerung	Umkehrspülung	Umkehrspülung	Umkehrspülung	Umkehrspülung
Kühlung	Fahrtwind	Fahrtwind	Fahrtwind	Fahrtwind
Vergaser	BVF	BVF	BVF	BVF
Durchlass mm	30	30	38	30
Starter	Kick	Kick	Kick	Kick
Zündung	Batterie	Batterie	Magnet	Elektronik
Kraftübertragung				
Getriebe/Gangzahl	5	5	6	5
Hinterradantrieb	Kette	Kette	Kette	Kette
Fahrwerk				
Rahmen	Zentralrohr mit Unterzügen	Zentralrohr mit Unterzügen	Doppelschleifen-Rohrrahmen	Doppelschleifen-Rohrrahmen
Federung vorn	Telegabel	Telegabel	Telegabel	Telegabel
Federung hinten	Schwinge mit Federbeinen	Schwinge mit Federbeinen	Schwinge mit Federbeinen	Schwinge mit Federbeinen
Bremse vorn	Trommel 160 mm	Trommel 160 mm	Trommel 150 mm	Trommel 150 mm
Bremse hinten	Trommel 160 mm	Trommel 160 mm	Trommel 160 mm	Trommel 160 mm
Reifen vorn	3.00-21	3.00-21	3.00-21	3.00-21
Reifen hinten	4.00-18	4.00-18	4.50-18	4.50-18
Maße und Gewichte				
Tankinhalt Liter	15	15	10	9
Leergewicht kg	138	138	108	126
Baujahre	1967–72	1973/74	1978/79	1987–1990

Nachdem bis 1978/79 bei MZ rund 2000 Kleinserien-Enduros entstanden waren, boten die Zschopauer nach acht Jahren Pause ab 1987 neben den Werksrennmaschinen wieder eine Geländesportmaschine »zur Förderung des Enduro-Nachwuchses in der DDR«, wie es offiziell hieß, an. Die MZ GE 250 basierte fahrwerkseitig mit dem Doppelschleifenrohrrahmen und den über ein Hebelsystem angelenkten hinteren Federbeinen (Federweg 290 mm, vorn 260 mm) auf den Werksenduros, während der Motor bis auf den geänderten Zylinderkopf (der 30 PS ermöglichte) dem der normalen ETZ entsprach.

Die 250er MZ-Werksmaschine von 1983 verfügte erstmals über eine Zentralfederung, die über ein Hebelsystem umgelenkt wurde.

Jens Grüner auf einer 1985er Werks-MZ, deren 250-ccm-Zweitakt-motor erstmals über einen Auslassschieber verfügte.

Die 250er Werks-MZ von 1986 – immer noch luftgekühlt, aber mit dem Auslassschieber auch immer noch gut genug für den Europameistertitel in diesem Jahr.

Wasserkühlung und Bilstein-Feder-elemente an der 1989er Werks-MZ mit 350 ccm Hubraum.

1983 führte MZ bei den Werksenduros die zentral positionierten Federbeine ein, die mit dafür sorgten, dass in der 250er Klasse vier Mal hintereinander der EM-Titel nach Zschopau ging. Ab 1985 wurden die Abgase des Viertelliter-Motors mittels Auslassschieber gesteuert. Übrigens galt für die Ausstattung der MZ-Werksenduros das Gleiche wie für die Simson-Maschinen: Ohne Teile aus dem Westen, vor allem Fahrwerkselemente, ging schon lange nichts mehr.
1987 holte MZ auch zum siebten und letzten Mal den Trophy-Sieg bei der Internationalen Sechstage-Fahrt nach Zschopau.

Der nur leicht modifizierte ETZ-Motor kennzeichnet diese Maschine als das letzte Kleinserien-Modell MZ GE 250.

Und so sah die letzte, zu DDR-Zeiten gebaute, 250er MZ-Werksenduro mit Wasserkühlung aus.

Und wie war das denn mit MZ als Hersteller von Moto-Cross-Maschinen? MZ hat sich offiziell nicht in dieser Sportart betätigt, zahlreiche Eigenbauten auf MZ-Basis hat es freilich gegeben. Mit den Importen von Motorrädern aus der Tschechoslowakei seit Beginn der 1950er Jahre bestand die Möglichkeit, DDR-Moto-Cross-Fahrer mit Fahrzeugen aus dem Nachbarland zu versorgen. Die hatten sich mit den Marken ESO, Jawa und vor allem ČZ auf diese Sportart spezialisiert und dominierten vor allem in den 1960er Jahren das Geschehen an der Weltspitze. Schließlich wurde der vielleicht überhaupt erfolgreichste DDR-Motorsportler Paul Friedrichs von 1966 bis 1968 dreimal Weltmeister auf einer ČZ 500! Dennoch hat es MZ-Crosser in Kleinstserie gegeben: Motorradhändler Helmut Radke aus Zirndorf bei Nürnberg baute in den 1960er Jahren einige Moto-Cross-Maschinen mit Hercules-Fahrwerk (und deren berühmten halblangen Vorderradschwingen) mit 250er MZ-Motor auf. Als Radke-MZ oder einfach nur R-MZ gingen diese Maschinen in die Geschichte ein.

Eine Radke-MZ, etwa 1966, mit Hercules-Fahrwerk und ES 250-Motor.

Europameister (Europacup 1967)		
Jahr	**Fahrer**	**Hubraumklasse**
1967	Peter Uhlig	175
1967	Bernd Uhlmann	250
1967	Karl-Heinz Wagner	350
1968	Peter Uhlig	175
1968	Werner Salevsky	250
1970	Fred Willamowski	über 350
1971	Fred Willamowski	über 350
1978	Manfred Jäger	über 500 bis 750 ccm
1981	Jens Scheffler	500
1983	Harald Sturm	250
1983	Jens Scheffler	500
1984	Harald Sturm	250
1984	Jens Scheffler	500
1985	Harald Sturm	250
1985	Jens Scheffler	500
1986	Harald Sturm	250

Internationale Sechs-Tage-Fahrt (Silbervase war ab 1985 Junioren WM)		
Jahr	**Land**	**Titel**
1963	CSSR	Trophy
1964	DDR	Trophy
1965	England	Trophy
1966	Schweden	Trophy
1967	Polen	Trophy
1969	BRD	Trophy
1982	CSSR	Silbervase (MZ/Simson)
1984	Holland	Silbervase (MZ/Simson)
1985	Spanien	Silbervase (MZ/Simson)
1987	Polen	Trophy (MZ/Simson)
1987	Polen	Silbervase (MZ/Simson)

Grand-Prix-Sieger und Geländesport-Meister

Erhart Krumpholz

Erhart Krumpholz wurde am 17. November 1912 in Wilkau bei Zwickau geboren, lernte Kfz-Mechaniker und begann 1936 seine Rennsportkarriere als Ausweisfahrer auf einer 500er BMW. 1949 wurde er Testfahrer im Zschopauer DKW-IFA-Werk und fuhr auf präparierten RT 125 erste Rennen. Gleich 1950 und dann noch einmal 1952 holte sich Erhart Krumpholz auf der IFA RT 125 seine beiden Landestitel. Ab 1953 fuhr er im neu gegründeten Zschopauer Rennstall als Werksfahrer mit, konnte aber – mittlerweile schon 41-jährig – mit den jungen Wilden nicht mehr mithalten. Er fuhr aber noch bis 1956 aktiv mit und wurde 1955 immerhin noch einmal DDR-Vizemeister. Danach war er in der Sportabteilung für den Nachwuchs und das Marketing zuständig. Zum Nachwuchs gehörte auch sein Sohn Dieter, der aber 1966 bei einer Testfahrt tödlich verunglückte. Vater Erhart starb am 22. November 2008.

Erhart Krumpholz gehörte nach dem Zweiten Weltkrieg zu den IFA-Rennfahrern der ersten Stunde.

Walter Brehme (1921–2007), hier 1961 auf dem Schleizer Dreieck, war schon seit 1955 MZ-Werksfahrer. In seinem besten Jahr 1961 fuhr er beim Grand Prix in Hockenheim mit seiner 125er auf den dritten Platz.

Erhart Krumpholz 1951 mit der 125er IFA-Rennmaschine auf dem Sachsenring, wo er gegen die starke Mondial-Armada nichts ausrichten konnte.

Bernhard Petruschke

Bernhard »Petrus« Petruschke wurde am 6. April 1910 in Grünberg/Schlesien geboren, wurde Zimmermann, machte schon mit 17 Jahren seinen Führerschein und startete ab 1931 als Motorradrennfahrer bei Berg- und Bahnrennen. Bereits ein Jahr später erhielt er die Fahrerlizenz und fuhr sich stetig nach vorn: 1934 Vize-Bergmeister und im Jahr darauf Vize-Straßenmeister in der 500er Klasse auf Rudge. Ab der Saison 1937 wurde Petrus Werksfahrer bei DKW und 1938 und 1939 Vize-Europameister bei den 250ern. Nach dem Krieg machte er mit der von Daniel Zimmermann aufgebauten Drehschieber-125er auf sich aufmerksam, die auf staatliche Weisung hin dem neuen IFA-Rennkollektiv einverleibt wurde. Samt Fahrer Petruschke, der 1953 und 1954 in dieser Klasse DDR-Meister werden konnte. Mit 44 Jahren erst gab »Petrus« die Rennerei auf, blieb dem MZ-Renndienst aber weiter erhalten. Bernhard Petruschke starb am 1. Januar 2005.

Bernhard »Petrus« Petruschke beim Grand Prix von Deutschland 1954 auf der Solitude. Gegen die starke NSU-Konkurrenz gab es nichts zu gewinnen.

Hans-Joachim Scheel

Hans-Joachim Scheel wurde am 23. Juni 1933 geboren, wurde Kraftfahrzeugschlosser und arbeitete in der AWO-Versuchsabteilung. Schnell erkannte man dort sein Können als Rennfahrer, was ihm einen Platz in der Ende 1952 gegründeten Rennmannschaft sicherte. 1954 holte er sich mit der Renn-AWO den DDR-Meistertitel in der 250er Klasse. 1955 konnte er diesen Titel verteidigen und mit seiner Federbett-Norton auch die Klasse bis 500 ccm gewinnen. Danach versuchte er sich im AWE-Rennwagen, was aber ebenso missglückte, wie der Versuch, 1957 eine 250er MZ-Rennmaschine zu pilotieren.
Scheel versuchte sich weiter mit seiner Norton, konnte aber selbst in der DDR-Wertung nicht mehr ganz vorne mitmischen. 1959 stürzte Scheel auf der Bernauer Schleife schwer, brach sich den linken Oberarm und beendete damit seine motorsportliche Karriere. 1972 verließ Scheel die DDR und wurde ein anerkannter Orthopädie-Facharzt im nordrhein-westfälischen Warburg.

Heft 18/III. Jahrgang 1. Oktober-Heft 1953 Preis 0.60 DM

Illustrierter
MOTORSPORT

Fachblatt der Sektion Motorrennsport der Deutschen Demokratischen Republik

Fahrer und Maschine wie aus einem Guß: Der junge Hans-Joachim Scheel auf seiner Renn-AWO. Nach

Hans-Joachim Scheel schaffte es auf die Titelseite des Illustrierten Motorsports. *Mit der AWO wurde er zweimal DDR-Meister.*

Horst Fügner

Horst Fügner wurde am 11. März 1923 in Chemnitz geboren, erlernte den Beruf des Mechanikers und fuhr 1950 in Dessau sein erstes Motorradrennen mit einer selbst zurechtgemachten DKW RT 125. Auf dem Sachsenring wurde Fügner 1952 Dritter, was faktisch seine Eintrittskarte in das 1953 gegründete IFA-Rennteam war. Nach durchwachsenen Anfangsjahren holte sich Fügner 1955, 1956 und 1958 den DDR-Meistertitel in der 125er Klasse. In diesem letzten Jahr startete Fügner international auf der 250er MZ und konnte im schwedischen Hedemora den ersten Grand-Prix-Sieg für die Sachsen einfahren. Am Ende der Saison reichte es knapp für den Vize-Weltmeistertitel. 1959 stürzte Fügner in Spa so schwer, dass er seine Rennsport-Karriere beenden musste. Für die MZ-Sportabteilung war er aber noch viele Jahre tätig.

Horst Fügner siegte am 17. August 1958 mit der MZ Re 250 auf dem Sachsenring.

Horst Fügner (links) wurde 1955 DDR-Meister, Bernhard Petruschke nahm seinen vorläufigen Abschied als aktiver Rennfahrer.

Ernst Degner

Ernst Degner wurde am 22. September 1931 als Ernst Eugen Wotzlawek in Gleiwitz (Oberschlesien) geboren, beendete 1950 in der Sowjetzone seine Lehre als Autoschlosser und fuhr ab 1952 mit einer selbst aufgebauten IFA RT 125-Rennmaschine in der DDR-Meisterschaft mit. Ab 1954 war Degner dann Lizenzfahrer, wurde 1955 mit der privaten RT 125 DDR-Vizemeister und danach zwangsläufig vom MZ-Rennteam rekrutiert. 1957 holte er dann den DDR-Titel in der 125er Klasse, um danach vornehmlich im Grand-Prix-Zirkus Punkte zu sammeln und zwar sowohl in der Achtel- wie in der Viertelliter-Klasse. Am 6. September 1959 gelang ihm der erste Grand-Prix-Sieg in Monza. Weitere Siege folgten 1960 in Spa, 1961 in Hockenheim, am Sachsenring und wieder in Monza. In diesem Jahr 1961 war der WM-Titel in der 125er Klasse für MZ deutlich in Sicht, da setzte sich Degner beim Schweden-Grand-Prix in den Westen ab. »Degner hat die DDR verraten«, hieß es wenig später in der ostdeutschen Presse. Nein, meint der Autor, selbst DDR-Flüchtling, dieses Land konnte man nicht verraten – seine Mannschaft, die Fahrerkollegen, Monteure und Konstrukteure aber sehr wohl. Zumindest diesen Vorwurf musste sich Degner gefallen lassen.
Bei Suzuki unter Vertrag fuhr Ernst Degner dann 1962 in der Schnapsglasklasse (50 ccm) den ersten WM-Titel ein. Insgesamt holte er bis 1966 zehn Grand-Prix-Siege für Suzuki, für einen weiteren Titel reichte es aber nicht mehr. Unter mysteriösen Umständen starb Ernst Degner am 8. September 1983 auf Teneriffa.

Schon Ende der 1950er Jahre war Ernst Degner in der DDR ein Star und ein hoffnungsvolles Talent mit Weltmeister-Potenzial.

Ernst Degner (links) und der Schweizer Luigi Taveri beim Fachsimpeln unter Experten. Der spätere dreifache Weltmeister Taveri fuhr 1959 einige Rennen für MZ.

Werner Musiol

Vier DDR-Meistertitel und zwei Grand-Prix-Podestplätze waren die Ausbeute des neben Ernst Degner fahrenden Werner Musiol.

Neben Ernst Degner galt Werner Musiol als einer der talentiertesten Rennfahrer der DDR. Am 9. Juni 1930 geboren, begann er schon 1949 als Ausweisfahrer in der 125er Klasse, brauchte aber einen langen Anlauf, ehe er 1956 Lizenzfahrer wurde. Zum MZ-Team gehörte er aber erst einmal noch nicht, wenngleich er oft mit Werksunterstützung unterwegs war. Beim Schweden-Grand-Prix 1959 wurde er mit seiner 125er Werks-MZ Dritter und schaffte so seinen ersten Podestplatz. 1959 wurde er auch zweifacher DDR-Meister, mit der 125er und der 250er MZ. Auch 1960 und 1961 holte er diesen Titel in der Viertelliter-Klasse. Mit der 250er landete er auch seinen letzten Achtungserfolg, als er beim Sachsenring-Grand-Prix 1962 hinter Redman und Hailwood Dritter wurde. Nach Degners Flucht war bei MZ nichts mehr wie es war und DDR-Fahrer hatten kaum noch Gelegenheit im westlichen Ausland zu starten. So wurde es um Werner Musiol ruhig. Er verstarb nach langer, schwerer Krankheit am 15. Oktober 1982.

Heinz Rosner

Volle Konzentration vor dem Rennen: Heinz Rosner war alles in allem der beste Fahrer aus der DDR, der je auf einer MZ-Rennmaschine saß.

Heinz Rosner auf der 350er MZ. Zeitweise war der Sachse in drei Rennklassen auf den Grand-Prix-Strecken der Welt unterwegs.

Heinz Rosner wurde am 14. Januar 1939 in Hundshübel (Erzgebirge) geboren, wurde Kfz-Mechaniker und startete mit einer Eigenbau-RT 1958 auf der Halle-Saale-Schleife sein erstes Motorradrennen. Schon ein Jahr später war er gelegentlich mit MZ-Werksmaterial unterwegs, wurde 1960 Lizenzfahrer und spezialisierte sich auf die 250er Klasse. Durch unbedachte Äußerungen fiel Rosner in Ungnade, durfte nicht mehr ins westliche Ausland und auch nicht mehr im MZ-Werksteam fahren. 1965 war er wieder dabei und fuhr gleich dreimal aufs Grand-Prix-Podest: Dritter in Brünn (125er), Zweiter in Imatra und Monza (250er). Danach folgten 16 Podestplätze bis 1968 in den Klassen 250 und 350 ccm und der dritte Platz im Endklassement 1968 in der Viertelliter-Klasse. Drei weitere Top-Drei-Platzierungen kamen in diesem denkwürdigen Jahr 1968 noch in der 125er Klasse dazu. Rosner fuhr also zeitweise in drei Klassen im Grand-Prix-Zirkus mit! In seiner letzten Saison 1969 schaffte er es noch dreimal aufs Podest, zum Sieg reichte es leider nie. Bedenkt man heute, dass Heinz Rosner zu einer Zeit auf den MZ-Maschinen unterwegs war, als diese nicht mehr die schnellsten Zweitakter der Welt waren, dafür aber sehr häufig wegen technischer Defekte ausfielen, und dass nicht jedes Rennen im westlichen Ausland beschickt werden konnte, dann muss man ihn als besten DDR-Rennfahrer überhaupt bezeichnen.

Hartmut Bischoff

Hartmut Bischoff, Jahrgang 1937, wurde zwischen 1960 und 1974 sieben Mal DDR-Meister, sammelte auch etliche Punkte in der Motorrad-WM, ohne hier aber je aufs Podest fahren zu können. Dafür reichte es bei seinen Eigenbau-Maschinen nicht, in der DDR und im Wettbewerb mit den sozialistischen Ländern waren sie aber Spitze. HB-MZ wurde zu einer eigenen Marke, auf der viele Fahrer im Ostblock unterwegs waren. Bischof hatte für seine Maschinen ab 1974 selbst entwickelte Scheibenbremsen eingesetzt, er konstruierte eigene Vergaser und ganze Rennmotoren. Speziell seine 250er Einzylinder-Maschinen beherrschten in den 1970er und 1980er Jahren die Szene im Osten. Den DDR-Behörden war Bischoff stets ein Dorn im Auge, ihre ständigen Eingriffe in seine Tätigkeit führten schließlich 1983 zu seiner Ausreise in den Westen. Hier betreute er so bekannte Rennfahrer wie Reinhold Roth oder Peter Öttl. Hartmut Bischoff starb 1996 im Alter von nur 59 Jahren.

Hartmut Bischoff auf seiner 125er HB-MZ 1969 beim Großen Preis von Finnland in Imatra.

Gottfried Pohlan

Gottfried Pohlan (12. Februar 1927 – 30. November 1989) begann als gelernter Kfz-Schlosser 1947 Motorradrennen zu fahren und wurde mit einer selbst aufgebauten Vorkriegs-BMW 1953 DDR-Straßenmeister in der 500er Klasse. Danach ging er mit der EMW R 35/3 ins Gelände, wurde DDR-Mannschaftsmeister, wechselte 1955 zur Suhler Sportabteilung und wurde mit der Gelände-AWO sowohl im Einzel wie auch in der Mannschaft DDR-Meister. Ab 1956 sammelte Pohlan Medaillen bei den Internationalen Sechstage-Fahrten; er war sich nicht zu schade, nach der Einstellung der Viertakter-Produktion ab 1962 bei den »Mopeds« mitzufahren. Zusammen mit Siegfried Rauhut, Ewald Schneidewind und Lothar Schünemann gewann er bei den Six Days 1964 im eigenen Land die Silbervase.

Gottfried Pohlan war Universal-Motorradsportler und sich nicht zu schade, eine 50er GS von Simson mit Gebläsekühlung zu testen.

Peter Uhlig

Peter Uhlig (21. Mai 1940 – 1. September 1971) begann Ende der 1950er Jahre als Armeesportler mit dem Motorrad-Geländesport und entwickelte sich hier schnell zu einem der besten Fahrer der Welt. Von 1961 bis 1970 wurde er mit der 175er MZ ununterbrochen DDR-Meister, gehörte von 1963 bis 1969 zu allen sechs MZ-Trophysieger-Mannschaften bei den Six Days, gewann 1967 den Europacup und wurde 1968 Europameister in der Klasse bis 175 ccm. Da MZ aus der 175er ausstieg, setzte er sich ab 1970 auf eine 350er MZ-GS. Vermutlich hätte er auch hier weiter für Furore sorgen können, wenn er nicht an den Folgen eines Verkehrsunfalls in Zschopau gestorben wäre.

Peter Uhlig war in der Klasse bis 175 ccm ein Jahrzehnt lang der vermutlich beste Motorrad-Geländesportler der Welt.

Werner Salevsky

Der gelernte Schlosser Werner Salevsky (23. Februar 1940 – 7. März 1991) bestritt 1956 seine erste Geländefahrt (Rund um Zschopau), wurde ab 1959 MZ-Werksfahrer und holte sich gleich die DDR-Meisterschaft in der 175er Klasse. Wie Peter Uhlig gehörte Salevsky zu den MZ-Fahrern, die an allen Trophy-Siegen bei den Six Days von 1963 bis 1969 dabei waren. Nach zahlreichen Siegen auf internationalem Gelände konnte er 1968 die erstmals ins Leben gerufene Gelände-Europameisterschaft in der Klasse bis 250 ccm gewinnen. Nachdem sich Salevsky auch im Moto Cross versucht hatte, beendete er aus gesundheitlichen Gründen 1972 seine sportliche Karriere. Er starb nach einem Autounfall in England.

Dieses offizielle MZ-Werksfoto zeigt Werner Salevsky in Aktion auf der MZ ES 250/1/G.

Werner Salevsky nimmt vor dem Start noch Hinweise eines Offiziellen entgegen. Geländesportler mussten hart im Nehmen sein – auch unter winterlichen Bedingungen.

Ewald Schneidewind

Der am 18. Oktober 1939 in Danzig geborene Schneidewind gehörte 1962 zur neu gegründeten Simson-Werksmannschaft der ersten Stunde. Schon zwei Jahre später holte er mit dem Simson-Team die Silbervase bei der Sechstage-Fahrt im eigenen Land. Zunächst auf der kleinen Simson 50 GS unterwegs sattelte er später auf die 75-ccm-Maschine um. In beiden Klassen wurde er ab 1968 sechsmal DDR-Geländemeister. Nachdem er von 1970 bis 1973 viermal Vize-Europameister geworden war, holte er sich den Titel 1974 und 1975, jeweils in der Klasse bis 75 ccm. Zwei weitere Vizetitel folgten. 1978 holte er seine letzte Six-Days-Goldmedaille. Auf einer Simson RS 50 hatte er sich zuvor auch schon im Straßenrennsport versucht.

Mit sechs nationalen und zwei Europameister-Titeln, sowie dem Gewinn der Silbervase 1964, gehörte Ewald Schneidewind zu den erfolgreichsten Motorsportlern der DDR.

Fred Willamowski

Der gelernte Landmaschinenschlosser Fred Willamowski (21. März 1935 – 14. September 2003) begann 1952 bei der GST mit dem Motorrad-Geländesport auf einer AWO 425. 1957 nahm er erstmals erfolglos an den Six Days teil, kämpfte sich aber Jahr für Jahr nach oben. 1958 wurde er erstmals DDR-Geländemeister, und zwar mit einer MZ in der Klasse bis 350 ccm. 1960 wurde er bei den Six Days in Österreich schon Klassenbester, wechselte dann aber zum Moto Cross und wurde hier in den Folgejahren viermal DDR-Meister. 1968 kehrte er zum Geländesport zurück, wurde für 1969 wieder für das Trophy-Team nominiert und holte auf der 500er MZ mit seinen Kollegen Uhlig, Halser, Salewsky, Teuchert und Wagner die vorerst letzte Trophäe für die Zschopauer. 1970 und 1971 wurde er Europameister in der Klasse über 350 ccm und zwischen 1970 und 1974 viermal DDR-Meister in der größten Hubraumklasse. 1975 wechselte Willamowski noch einmal, fuhr jetzt Sand- und Grasbahnrennen und wurde hier 1978 mit 43 Jahren noch einmal DDR-Meister.

Fred Willamowski schaffte es gleich in drei motoradsportlichen Disziplinen DDR-Meister zu werden: Geländesport, Moto Cross und Bahnrennen.

Bernd Uhlmann, Jahrgang 1939, gehörte zu den MZ-Trophy-Siegermannschaften 1963, 1964 und 1965, außerdem gewann er 1967 den Europacup in der Klasse bis 250 ccm. Das Bild zeigt ihn auf einer MZ ES 300/G.

Simson schlachtete den Europacup-Sieg von Lothar Schünemann, Jahrgang 1938, in der Klasse bis 75 ccm werbetechnisch kräftig aus. Schünemann gehörte auch zum Simson-Silbervasen-Team von 1964.

Horst Lohr, Jahrgang 1938, unterwegs auf der MZ ES 175/1/G, holte mit der MZ-Mannschaft von 1963 bis 1966 die Six-Days-Trophy nach Zschopau.

Jens Scheffler

Schon mit 15 Jahren begann der am 11. Januar 1960 in Zschopau geborene Scheffler mit dem Enduro-Sport. 1978 stieß der gelernte Baufacharbeiter zum MZ-Werksteam und wurde 1981 Europameister in der 500er Klasse, die er in den Folgejahren mit dem großen MZ-Zweitakter international beherrschte. Von 1983 bis 1985 holte er sich noch dreimal hintereinander diesen Titel! 1987 gewann er mit der MZ-Simson-Trophymannschaft in Polen den WM-Titel bei den Six Days. Nach dem (einzigen) DDR-Meistertitel 1989 wechselte er 1990 zu Suzuki und holte sich den gesamtdeutschen Titel in der Klasse bis 400 ccm. Seit 2001 betreibt Jens Scheffler seine eigene Enduroschule in Zschopau.

Jens Scheffler beherrschte die 500er Zweitakt-MZ wie kein anderer und wurde mit ihr insgesamt viermal Enduro-Europameister.

Harald Sturm

Nach der DDR-Juniorenmeisterschaft 1974 in der 250er Klasse wurde Harald Sturm, der am 20. Januar 1956 in Witzschdorf geboren ist, im Jahr darauf in die MZ-Werksmannschaft berufen. In den Jahren 1978, 1980, 1981 und 1985 wurde er DDR-Meister und nach zwei zweiten und einem dritten Platz in den Jahren 1979 bis 1982 holte er 1983 endlich seinen ersten EM-Titel mit der 250er MZ. In den darauf folgenden Jahren 1984 bis 1986 konnte Harald Sturm den Titel dreimal verteidigen. 1987 holte er mit der MZ-Simson-Trophymannschaft in Polen den WM-Titel bei den Six Days. 1990 wechselte Sturm zu KTM und beteiligte sich noch weitere fünf Jahre auf nationaler Ebene am Endurosport.

Harald Sturm 1986 auf seiner 250er MZ-Enduro, mit der er vier Europameister-Titel und eine Mannschaftsweltmeisterschaft einfuhr und so zu den besten Geländefahrern der 1980er Jahre gehörte.

Stanislav Olszewski (links) und Steffen Mauersberger bestimmten beide auf Simson 75 GS das Enduro-Geschehen in der zweiten Hälfte der 1970er Jahre. Mauersberger holte einen EM-Titel (1976), Olszewski zwei (1979, 1980).

Rolf Hübler

Rolf Hübler (31. Mai 1956 – 14. Januar 2013), Agrotechniker aus Waldkirchen, begann 1974 bei der GST mit dem Endurosport. Nachdem er 1975 DDR-Vizemeister bei den 125ern wurde, berief man ihn 1977 ins Simson-Werksteam nach Suhl. Nach stetiger Weiterentwicklung wurde Hübler 1980 erstmals DDR-Meister und konnte dies von 1983 bis 1986 noch viermal wiederholen. 1982 wurde er bei den Six Days bester Einzelfahrer in der 125er Klasse und war zum Trophy-Team gehörend 1981, 1984 und 1985 mit der Mannschaft jeweils WM-Dritter geworden. Zudem holte er sich 1984 und 1985 überlegen den EM-Titel in der Klasse bis 125 ccm. 1986 wurde er hier noch einmal Dritter und beendete danach seine Karriere als aktiver Sportler.

Bliebe zu ergänzen, dass Rolf Hübler fünfmal DDR-Meister wurde, dreimal mit der Trophy-Mannschaft den dritten WM-Platz errang und einmal Klassenbester bei den Six Days war.

Thomas Biberbach

Der am 12. November 1966 in Suhl geborene Biberbach feierte den wohl letzten großen DDR-Motorsporterfolg. 1990 wurde der Landmaschinenschlosser bei der erstmals ausgetragenen Enduro-Weltmeisterschaft erster Titelträger in der Klasse bis 80 ccm. Das war auch schon der letzte Höhepunkt von Biberbachs Karriere, der seit 1986 Simson-Werksfahrer war und bei den Six Days 1987 als bester Einzelfahrer bei den 80ern mit der Mannschaft die Silbervase gewann. 1989 war Thomas Biberbach Vize-Europameister geworden. Nach 1990 konnte er nicht mehr an seine großen Erfolge anknüpfen, beendete seine Sportler-Karriere und wurde KTM-Vertragshändler.

Thomas Biberbach holte sich 1990 den Enduro-Weltmeistertitel in der Klasse bis 80 ccm und damit den letzten großen motorsportlichen Erfolg der DDR.

Paul Friedrichs

Bleibt noch einer nachzutragen, der vielleicht der erfolgreichste DDR-Motorsportler überhaupt war – wenn auch nicht auf einem Fahrzeug aus dem eigenen Land. Paul Friedrichs (21. März 1940 – 30. August 2012) war seit 1958 Moto-Cross-Fahrer und holte mit der tschechischen ČZ von 1966 bis 1968 dreimal in Folge den Weltmeister-Titel in der Klasse bis 500 ccm. Das hatte bis dahin noch keiner geschafft.
Der Meister der Forstwirtschaft war schon 1965 Vizeweltmeister geworden, schaffte das 1972 noch einmal und war dazwischen 1969 WM-Dritter. Bis 1972 holte er 19 DDR-Meistertitel in den Klassen 175, 250, 350 und 500 ccm. 1972 fuhr er auch im Silbervasen-Team der DDR bei den Six Days mit und beendete danach seine aktive Sportler-Laufbahn. Als MZ-Händler in Erfurt blieb er den motorisierten Zweirädern aber weiter treu.

Paul Friedrichs, hier 1966 in Österreich, war mit drei Weltmeistertiteln in der Königsklasse des Moto Cross vielleicht der erfolgreichste Motorsportler der DDR überhaupt.

Persönlichkeiten am Reißbrett

Ewald Dähn

Am 12. März 1915 – der Erste Weltkrieg schien noch zu Gunsten Deutschlands zu verlaufen – erblickte Ewald Dähn aus Mäbendorf bei Suhl das Licht der Welt. Sein Name ist wie kein zweiter eng mit der Entwicklung motorisierter Zweiradfahrzeuge in Suhl nach 1945 verbunden. Seine kraftfahrttechnische Laufbahn begann Dähn 1931, als er eine Lehre als Motorenschlosser im Simson-Automobilwerk in Suhl aufnahm. Danach führte ihn ein damals höchst begehrtes Volontariat zu den Junkerswerken ins anhaltinische Dessau, wo er sich für den Flugzeugbau begeisterte. Folgerichtig nahm er ein Ingenieursstudium in der Fachrichtung Flugzeugbau auf.
Nach den Wirren des Zweiten Weltkriegs tauchte der junge Ingenieur 1946 wieder bei Simson auf, fand seinen ehemaligen Lehrbetrieb aber in jämmerlichem Zustand vor. Im Juli 1945 hatte die Sowjetische Militär-Administration in Deutschland (SMAD) das Werk übernommen und es ab April 1946 demontieren und zerstören lassen. In alten, verschont gebliebenen Gebäuden begann jedoch bald wieder die Produktion von Jagdwaffen, Kinderwagen und Fahrrädern, die selbstverständlich für den sowjetischen Markt als Reparationsgut bestimmt waren.
Am 5. 3. 1947 gliederten die neuen Machthaber das Suhler Werk in die »SAG (Sowjetische Aktiengesellschaft) Awtowelo Moskau, Zweigstelle Weimar« ein.
Ende 1947 versuchten Ewald Dähn und andere deutsche Führungskräfte des Werks die Besatzer vom Bau eines 125-ccm-Motorrades, zu dem es bereits einen Rohentwurf gab, zu überzeugen. Allein, die Russen ließen die Aufnahme der Motorrad-Produktion (noch) nicht zu.
Ein Jahr später, im Dezember 1948 (das Werk hieß inzwischen offiziell »Suhler Fahrradfabrik der Sowjetischen Staatlichen AG Awtowelo) ordneten dann überraschenderweise die Sowjets ihrerseits an, ein Mittelklasse-Motorrad zu entwickeln. Die Vorgaben an die deutschen Konstrukteure (250 ccm, 12 PS, Einzylinder-Viertakt-OHV-Motor, Viergang-Blockgetriebe, Kardanantrieb sowie geschlossene Teleskopfederung vorn und hinten) erinnerten stark an die fast gleichzeitig in München in Entwicklung befindliche BMW R 25. Die Geschichte der AWO – wie oben beschrieben – begann. Alles in allem eine reife Leistung, die da unter Leitung der Ingenieure Helmut Pilz und Ewald Dähn vollbracht wurde. Und das galt sowohl für die Konstruktion als auch für die Umsetzung in die Produktion. Schon im Juli 1949 konnten die ersten drei Versuchsmuster vorgestellt werden; ein Jahr später standen 25 fertige Maschinen auf dem inzwischen wieder gewachsenen Werksgelände. Am 21. Dezember 1950 lief bereits die 1.000ste »AWO 425« (Awtowelo, 4-Takt, 250 ccm) vom Montageband.
Mit Beginn der Serienproduktion der Simson-Sport 1955 wurde Ewald Dähn zum Leiter der Simon-Sportabteilung (die sich nun »Rennkollektiv« nannte) berufen. In den Jah-

Ewald Dähn gilt als Schöpfer der wichtigsten Simson-Konstruktionen bis in die 1970er Jahre hinein.

ren zuvor waren unter der Leitung von Michael Heise diverse AWO-Rennsportmaschinen entstanden, die für einiges Aufsehen sorgten und national sehr erfolgreich um die Titel mitfuhren. Nachdem Heise im Frühjahr 1955 in die Bundesrepublik flüchtete, trat Dähn seine Nachfolge an.
Um international mithalten zu können, war klar, dass sich künftige Rennmotorräder aus Suhl deutlich von den bisher noch recht seriennahen Maschinen abheben mussten. Ein erster Schritt war der Umbau der Motoren auf Doppelnocken-ohc-Steuerung; parallel lief seit 1955 die Konstruktion einer völlig neuen 250-ccm-Rennmaschine, die nichts mehr mit der guten alten AWO gemein hatte. 1957 konnte die neue Maschine erstmals eingesetzt werden. Der Zweizylinder-Motor, der praktisch aus zwei gekoppelten 125ern bestand, hing in einem Doppelschleifenrahmen und gab seine Kraft (1959: 35 PS) mittels Rollenkette statt Kardan an das Hinterrad weiter. Der Nockenwellenantrieb erfolgte zunächst durch eine im Dreieck laufende Kette und ab Winter 1958/59 durch eine Königswelle für die Einlassseite und von da ab über Zwischenräder zum Auslass. Das Vorderrad wurde in einer Kurzschwinge geführt, die Bremsen entsprachen Rennsport-Standards.
Auch die Einzylinder-RS blieb, ständig weiterentwickelt, auf den Rennstrecken. Und auch sie erhielt für 1959 einen neuen Nockenwellenantrieb, wobei die Dreieckskette durch einen Stirnradantrieb zur Einlasswelle und weiter über Zwischenräder zum Auslass ersetzt wurde.
Neben den Aktivitäten im Straßenrennsport war die Suhler Sportabteilung auch in den Bereichen Motorrad-Geländesport und den ab 1955 auch in der DDR ausgetragenen Moto-Cross-Veranstaltungen sehr erfolgreich. Besonders im Geländesport konnten die Thüringer mit der neuen, ab 1956 eingesetzten Simson GS auch international mithalten. Diese Maschine war aus der neuen Simson Sport heraus entwickelt worden, war jedoch noch recht seriennah. Das änderte sich im Laufe der folgenden Jahre und gipfelte in der Simson GS 350, die 24 PS leistete und um 1960 herum zweifellos eine der besten Geländesport-Maschinen der Welt in dieser Klasse war.
Man mag sich vorstellen, wie es den Simson-Leuten zu Mute war, als ihnen verkündet wurde, dass die Fertigung der Simson-Viertakt-Motorräder dem Ende entgegen ging. Die staatliche Weisung von 1961, die Produktion des Viertakters zugunsten der Mopedfertigung einzustellen, war eine Tragödie und eines der schwärzesten Kapitel der DDR-Kraftfahrzeuggeschichte. Schon im Hinblick auf dieses Ende wurde das Rennkollektiv im Herbst 1959 aufgelöst.
Ewald Dähn machte das nicht arbeitslos, im Gegenteil. Er wurde 1960 zum Leiter der Entwicklungsabteilung befördert und bekam die Aufgabe, zusammen mit anderen Ingenieuren eine 50-ccm-Moped- und Mokick-Flotte zu entwickeln, die dem antiquierten Suhler Moped SR 2E und dem Kleinroller-Ableger KR 50 endlich Nachfolger bescheren sollte.
Die legendäre »Schwalbe« (KR 51) begründete zu Beginn des Jahres 1964 dann diese zweite Suhler Kleinkraftrad-Generation, die berühmte »Vogelserie«.
Am westlichen Markt orientiert und um breitere Käuferschichten zu erschließen, brachte Simson 1970 das Mofa »SL 1« heraus; inzwischen lief in Suhl die Vorbereitung des Serienstarts der dritten Kleinkraftrad-Generation – immer noch unter der konstruktiven Leitung von Ewald Dähn –, die allerdings um einige Jahre zu spät kam.

Der bereits 1979 für die Schwalbe verwendete Motor M531/541 (Drei-/Viergang) hielt Anfang 1980 auch bei den Mokicks Einzug, die jetzt die Typenbezeichnung S 51 trugen. Zu deren Entwicklung hatte Ewald Dähn allerdings nicht mehr beigetragen, wenngleich er offiziell immer noch Leiter der Entwicklungsabteilung war. 1980 ging er mit 65 Jahren in den Ruhestand.
Dähn, der Inhaber mehrerer Wirtschaftspatente ist, war fast sein ganzes Leben lang auch publizistisch tätig gewesen. Hier ragen seine zu Standardwerken gewordenen Bücher »Fachkunde für Motorenschlosser« und die beiden Bände zur Suhler Fahrzeuggeschichte »SIMSON-Autos aus Suhl« und »Motorräder aus Suhl« zweifellos heraus. Ewald Dähn starb am 28. Dezember 2012.

Herbert Friedrich

Dem am 27. September 1912 im erzgebirgischen Freiberg geborenen Herbert Friedrich fing Ende der dreißiger Jahre an, beim wieder größten Motorrad-Hersteller der Welt, DKW, zu arbeiten, war nach dem Krieg im Forschungs- und Entwicklungswerk der IFA (FEW) und hielt lange ein Patent auf einen Plattendrehschieber-Einlass für Zweitaktmotoren. Nach dem Abitur begann Friedrich Anfang der dreißiger Jahre ein Ingenieursstudium an der Technischen Akademie in Chemnitz. Auch ohne Diplom erhielt er 1937 einen der begehrtesten Jobs dieser Zeit in der Zentralen Versuchsanstalt (ZVA) der Auto Union am Ufer des Flüsschens Chemnitz. Friedrich, dessen Faible für Zweitaktmo-

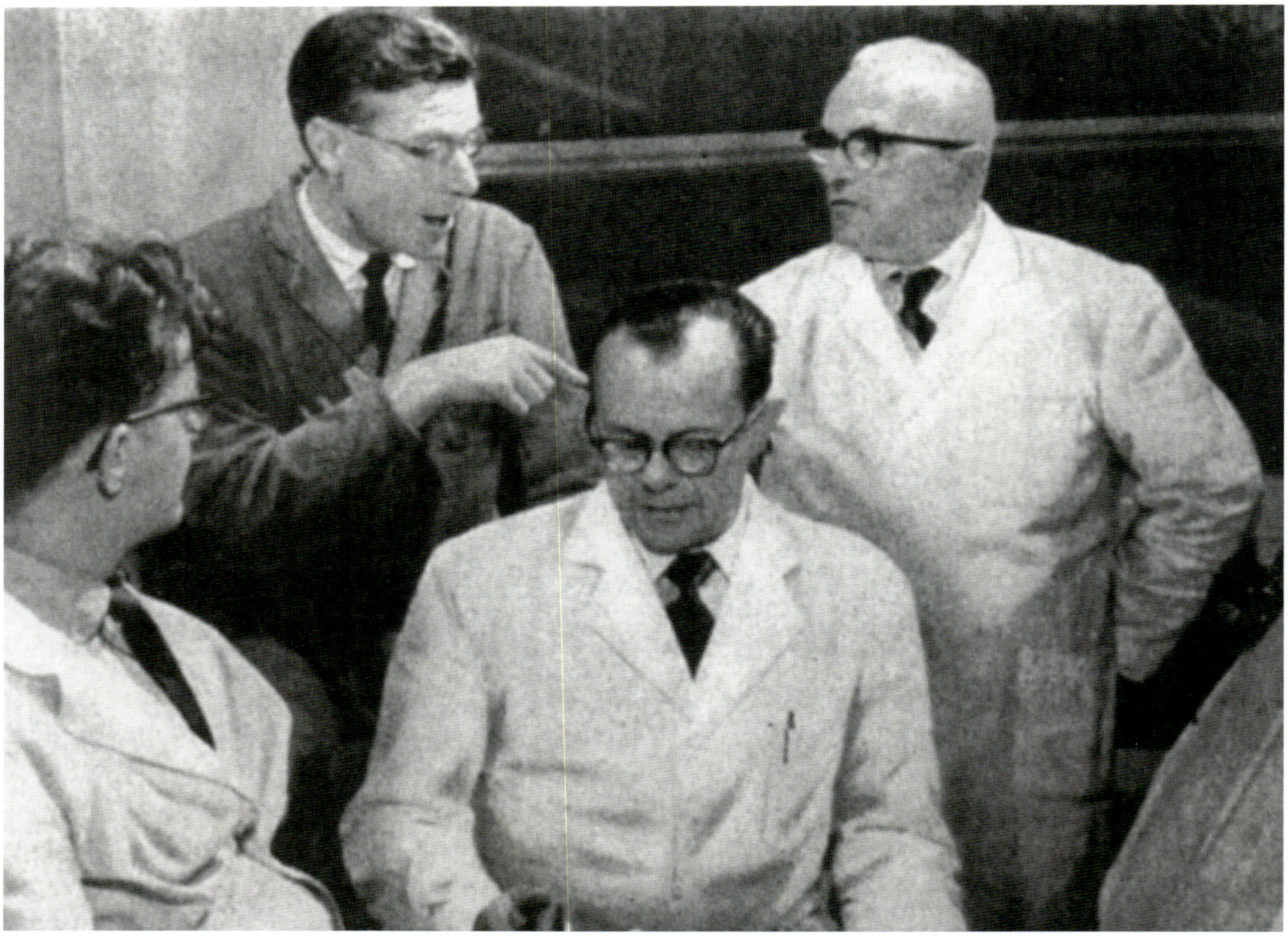

Das Zschopauer Entwicklungsteam um die Ingenieure Herbert Friedrich (hinten links) und Kurt Bang, das den Pedalmotor für die ersten Simson-Mopeds konstruierte.

toren schnell erkannt wurde, wechselte zum 1. Dezember 1938 zur DKW-Rennabteilung nach Zschopau und wurde mit der Weiterentwicklung neuer Kompressor-Rennmotoren beauftragt. Um der stetig wachsenden Viertaktkonkurrenz von Moto Guzzi, Benelli, BMW und anderen weiter Paroli bieten zu können, hatte bei DKW nämlich schon 1937 die Entwicklung von Zweitakt-Kompressormotoren begonnen. Hierbei lag der Schwerpunkt auf einem Zweizylinder-Doppelkolbenmotor, der je nach Hubraumgröße in den Klassen 250 und 350 ccm eingesetzt werden sollte. Mit dem selbst konstruierten Excenter-Flügelkompressor hatten die Zschopauer lange Zeit Probleme, was dazu führte, dass die für die Saison 1939 vorgesehenen, sehr schnellen Kompressor-Maschinen meist nur im Training eingesetzt wurden und man dann für die Rennen auf die bewährten Ladepumpen-Renner zurückgriff. Der Krieg verhinderte einen erfolgreichen Einsatz ausgereifter Kompressormaschinen mit der Bezeichnung US 250 und US 350, deren Leistung zuletzt bei 40 bzw. 49 PS bei jeweils 7.000 U/min lag.
1940 musste Herbert Friedrich seine Arbeit zunächst abbrechen, weil er zur Wehrmacht eingezogen wurde; Ende 1941 wurde er überraschenderweise wieder in den Zivildienst entlassen und konnte nun noch etwa ein Jahr lang an den neuen Kompressormaschinen weiter basteln. Dann musste sich auch Friedrich in den Dienst der Kriegsproduktion stellen. Im Herbst 1944 wurde er erneut eingezogen und geriet in Dänemark in englische Kriegsgefangenschaft. Während der Lagerhaft zog er sich eine zunächst nicht erkannte Lungentuberkulose zu, deren Nachwirkungen ihm für den Rest seines Lebens zu schaffen machten.
1946 nach Chemnitz zurückgekehrt, wurde er bald von den Sowjets beauftragt, mit einem Teil seines früheren Mitarbeiterstabes einen im Zweitaktprinzip arbeitenden Vierzylinder-Gegenkolbenmotor zu konstruieren und Versuchsmuster zu bauen. Trotz erbärmlicher Zustände (Friedrich war mit seinen Leuten inzwischen in die Chemnitzer Presto-Werke umgezogen), gelang es, einen Prototypen zu bauen und im Sommer 1948 in einem Motorrad-Fahrgestell zu testen. Doch dann schlug die tückische Krankheit zu. Friedrich, dem Tod näher als dem Leben, verbrachte drei Jahre im Krankenhaus und in der Lungenheilstätte Waldenburg, aus der er erst 1952 wieder entlassen werden konnte.
Im Januar 1953 fing er als Entwicklungsingenieur im FEW an. Unter der Leitung von Siegfried Rauch wurde er gleich mit der Weiterentwicklung eines Einlass-Drehschiebers für Zweitaktmotoren beauftragt. Das FEW, das in Teilen der ehemaligen ZVA der Auto Union untergekommen war, sollte für die gesamte Kraftfahrzeugproduktion der DDR die konstruktive Vorarbeit bis hin zur Schaffung seriennaher Prototypen erbringen. Eine Aufgabe, die nicht zuletzt an den Rivalitäten einzelner Betriebe untereinander und zum FEW im Besonderen scheiterte. Doch zunächst widmete sich Friedrich dem Einlassdrehschieber der Straßenrennversion der RT 125 (RT 125 DD), die erste Erfolge auf der Rennstrecke verbuchen konnte und mit zum Grundstein späterer MZ-Siege wurde.
Friedrich und Rauch entwickelten in diesen Jahren auch einen Platteneinlass-Drehschieber für den späteren Kleinwagen »Trabant«, der ihnen auch patentiert wurde.
Schon 1954 wurde das FEW aufgelöst und Herbert Friedrich wechselte wieder nach Zschopau, wo er Leiter der Versuchsabteilung des IFA-Motorradwerkes wurde. Hier galt es zunächst, die gute alte RT 125 zu modernisieren und für weitere Produktionsjahre flott zu machen. Friedrich steigerte die Leistung des kleinen Zweitakters von 4,75 auf schließlich 6,5 PS und Fahrwerk, Elektrik, Antrieb und viele Kleinigkeiten wurden bis zum Modell MZ 125/3, dessen Produktion erst 1962 auslief, ständig verbessert.
Zu einem der wichtigsten Projekte in Friedrichs MZ-Frühzeit gehörte die Entwicklung des Zweitaktmotors für das bei Simson in Suhl zu bauende Moped SR 1. Während der einfache, kleine Zweitakter den Ingenieuren wenig Mühe bereitete, betraten sie mit dem ausgeklügelten Pedaltrieb dennoch Neuland. Der Motor wurde von den MZ-Leuten bis zur Serienproduktion vorbereitet, die dann in der Büromaschinenfabrik Rheinmetall in Sömmerda begann.
Für die Zschopauer Produktion arbeiteten die Entwicklungsingenieure inzwischen mit Hochdruck an den ES-Vollschwingenmodellen, die 1956 mit dem neuen Markennamen »MZ« (Motorradwerk Zschopau) auf den Markt kamen. Die von Friedrich favorisierte Vorderradschwinge mit vielen hochinteressanten Details gehörte zum Besten, was Motorradbauerkunst Mitte der fünfziger Jahre auf die Straße brachte. Selbst westliche Fachleute lobten Fahrstabilität und Komfort der ES 250 und ES 175 in den höchsten Tönen. 1962 folgte auch die kleinste Zschopauer den modernen Trends und erschien als ES 125 und ES 150 mit Vollschwingen-Fahrwerk, aber mit einem gegenüber den größeren ES-Modellen geänderten Rahmen auf dem Markt.
Wenn Herbert Friedrich das Zschopauer Werk zum Feierabend verließ, hieß das übrigens noch längst nicht, das auch wirklich Feierabend war. Nicht selten nahm er eine

Auf diesem Familienfoto vermerkte Herbert Friedrich hinten drauf selbst: »MC Friedrich! September 1967 am Rochlitzer Berg. 2 x ES 150 (weibliches Familienteil), 4 x ES 250/1/2 (männliches Familienteil).«

Versuchsmaschine mit nach Hause und spulte noch diverse Testkilometer ab. Oder er beauftragte einen seiner Söhne (Friedrich hatte vier Kinder, die alle selbst Motorrad fuhren – auch seine Frau übrigens), noch ein paar Hundert Kilometer zu fahren. Ähnlich verhielten sich auch die Mitarbeiter in Friedrichs Team, das damals selbstverständlich ein »Kollektiv« war. In einem Interview, das er 1992 dem Motorrad-Journalisten Andy Schwietzer gab, sagte Friedrich: »Wenn meine jungen Versuchsingenieure, die zumeist in Chemnitz wohnten, Feierabend hatten, wurden »Heimwegrennen« gefahren. Da wurde langliegend rechts und links überholt … Im heutigen Verkehr ist so was nicht mehr denkbar.« Von diesen Fahrten profitierte nicht zuletzt die elastische Motoraufhängung der 1967 erschienenen ES 250/2.

Neben diesen Maschinen war die ab 1968 gebaute ETS 250, mit Telegabel und »Büffeltank« als sportliches Pendant zu den ES-Modellen ein letzter Höhepunkt in Friedrichs Konstrukteurs-Karriere. Freilich hatte er mit den Konstruktionen selbst inzwischen nicht mehr allzu viel zu tun, konnte seine Erfahrungen aber immer noch in starkem Maße mit einbringen. In der Versuchsabteilung war er der unumstrittene Chef. Bei seinen Vorgesetzten machte sich, speziell mit Beginn der Ära Honecker, oft Unmut darüber breit, dass Friedrich parteilos war und sich davon auch nicht abbringen ließ. Das machte das Agieren für den noch dazu mit sachlicher Kritik nicht zurückhaltenden Sachsen nicht einfacher. Dazu kam, dass mit der Gründung des Zweiradkombinates die Entscheidungsgewalt im Motorradbau der DDR nach Suhl verlagert wurde, und sich die Zschopauer nicht selten benachteiligt fühlten.

Herbert Friedrich begann – wie viele seiner Mitbürger auch – die Lust an der Arbeit unter diesen Bedingungen zu verlieren. Ein Beispiel für die aufkommende Resignation war die von Friedrich vorangetriebene Einführung einer 12-Volt-Anlage für alle Zschopauer Motorräder. 1970 ließ er 100 Funktionsmuster bauen, die Serieneinführung war problemlos möglich. Doch die Kombinatsleitung lehnte aus Kostengründen ab.

Zusammen mit seinen immer noch von der Tuberkulose herrührenden gesundheitlichen Problemen, gab es genügend Argumente für Herbert Friedrich, 1972 aus dem Berufsleben auszuscheiden. Der damals 60-jährige war aber noch lange als freier Mitarbeiter der Zeitschrift Kraftfahrzeugtechnik (KFT) tätig und fuhr noch bis zu seinem 79. Lebensjahr Motorrad. Eine MZ selbstverständlich.

Bis ins hohe Alter von 79 Jahren fuhr Herbert Friedrich nahezu täglich Motorrad.

Walter Kaaden

Mit der einst größten Motorradfabrik der Welt im erzgebirgischen Zschopau war der 1919 im nahen Pobershau geborene Walter Kaaden schon von Hause aus verbunden: Sein Vater hatte lange Jahre im DKW-Werk gearbeitet, und er selbst absolvierte dort eine Lehre als Maschinenschlosser. Daran schloss sich ein Ingenieurstudium an den Chemnitzer »Technischen Staatslehranstalten« (später Technische Hochschule) an.

Als Walter Kaaden aber nach dem Zweiten Weltkrieg (er war in dieser Zeit im Flugmotorenbau bei Henschel in Berlin Schönefeld tätig gewesen) wieder in seine Heimat zurückkehrte, sah es um die traditionelle Zschopauer Motorradindustrie, wie oben geschildert, zunächst recht traurig aus. Doch recht schnell besannen sich die Sowjets und genehmigten den Wiederaufbau. Walter Kaaden bemühte sich in den ersten Nachkriegsjahren mit einem eigenen Betrieb um die Bereitstellung der so dringend benötigten Baumaterialien.

Das freilich hinderte ihn nicht, sich aktiv in den Kreis derer einzureihen, die sich für einen baldigen Wiederbeginn des Motorrad-Rennsports in Deutschland einsetzten. Kaaden baute sich selbst eine 100er – ein ungewöhnlich niedriges Rennmotorrad mit nur 14 Zoll großen Rädern. Leichtbauweise und geringer Luftwiderstand sollten wettmachen, was an Motorleistung fehlte. Schließlich basierte die Maschine auf dem Fahr- und Triebwerk der DKW RT 3 PS. Beim »Tunen« seines Motors kam ihm eine Erinnerung an seine Lehrlingszeit zugute. Damals, noch vor dem Krieg, hatte er Versuche im DKW-Werk beobachtet, bei denen mit Prallblech im Auspuff gearbeitet worden war. Bei günstiger Positionierung dieser Bleche ließ sich eine deutliche Leistungssteigerung erzielen. Mit immerhin schon 33 Jahren fuhr Kaaden 1952 auf dieser Maschine bei verschiedenen Ausweisrennen mit und erregte mit seinen Siegen auf der Halle/Saale-Schleife und in Bernau die Aufmerksamkeit des Zschopauer Werksdirektors Alfred Liebers. Kaaden hatte damals sicherlich nicht ahnen können, welch wichtige Rolle die von diesem tastenden Anfang ausgehende Entwicklung – die Nutzung der Gassäulen-Schwingungen in Ansaug- und Auspufftrakt sowie im Motor selbst – bei seiner Leistungssuche in späteren MZ-Jahren spielen würde.

Im nunmehr zur IFA gehörenden Motorradwerk Zschopau wurde bereits Anfang der fünfziger Jahre, wie bereits beschrieben, Renn- und Geländesport betrieben. 1953

Walter Kaaden war Rennfahrer, Konstrukteur und Leiter der MZ-Sportabteilung mit den Bereichen Straßenrennsport und Geländesport.

Nach dem Sieg auf der Halle/Saale-Schleife erhielt Walter Kaaden neben dem Lorbeerkranz ein Radio – eine zur damaligen Zeit nicht zu unterschätzende Trophäe.

wurde dann eine selbständige Sportabteilung eingerichtet und Walter Kaaden zu ihrem Chef ernannt. Seine Aufgabe war es, zunächst 125-ccm-Rennmotorräder für Werksfahrer zu entwickeln und zu bauen, die in kleiner Stückzahl auch von Privatfahrern gefahren werden sollten. Die ersten unter Kaaden entstandenen Rennmaschinen basierten auf einer Zweitakter-Konstruktion mit Einlass-Plattendrehschieber, auf die der Luckenwalder Bootsmotorenbauer Daniel Zimmermann ein Patent erhalten hatte. Der von ihm zunächst für Bernhard Petruschke gefertigte Prototyp erwies sich als überdurchschnittlich leistungsfähig (11 PS bei 8.000 /min), und mit dem erfolgreichen Vorkriegsrennfahrer »Petrus« kam die Zimmermannsche Konstruktion, nicht zuletzt auf Druck »von Oben«, schließlich nach Zschopau. Auch die hier nun unter Verwendung des Drehschiebers gebauten 125er Rennmotoren zeigten, welche Möglichkeiten in der Schieber-Einlasssteuerung steckten. Kaaden hat dann mit seinem Team die Ausgangskonzeption ständig weiterentwickelt: Aus dem Einzylinder-Zweitaktmotor entstanden Zweizylinder-Varianten und ebenso ein Dreizylindermotor, und später wagte man sich auch – und das sehr erfolgreich – mit Zweizylindermotoren in die 250er- sowie mit aufgebohrten Exemplaren sogar in die 350er Klasse. Unter Walter Kaadens Leitung wurde mit beispielhaftem Einsatz und unter vielerlei, dem Fernerstehenden kaum fassbaren Schwierigkeiten eine Motoren- und zwangsläufig auch Fahrwerks-Entwicklung in Gang gebracht, die den Zschopauer Zweitakt-Rennmaschinen, vor allem in den sechziger Jahren, tatsächlich an die Weltspitze verhalfen. Frühe Erfolge wie der erste Grand-Prix-Sieg und der anschließende zweite Platz in der Weltmeisterschaft von Horst Fügner in der 250er Klasse 1958 sowie der Vizeweltmeistertitel von Gary Hocking im Jahr darauf waren der mehr als verdiente Lohn.

Die Vervielfachung der Ausgangsleistung und die nicht minder entscheidende Standfestigkeit und Zuverlässigkeit der MZ-Maschinen waren das Resultat ständig neuer Entwicklungsschritte. Kaaden hat sich dabei niemals vom Drehschieber-Einlass getrennt. Aber er hat die ursprüngliche Schnürle-Umkehrspülung durch den berühmten »dritten Kanal« ergänzt und damit nicht nur mehr Leistung, sondern, dank geeigneter Frischgasführung, auch eine verbesserte Kolbenkühlung erreicht. Außerdem ging er schrittweise von der Luft- zur (Thermosiphon-) Wasser-

Posieren nach dem ersten MZ-Sieg bei einem Grand-Prix-Rennen. Horst Fügner siegte auf der RE 250 beim Großen Preis von Schweden 1958. Ganz rechts Walter Kaaden, zweiter von Links Ernst Degner, davor Bernhard Petruschke.

kühlung über; die gesteigerten Leistungen erforderten neue Kolben- und Zylinder-Materialien, die aber zunächst nicht zur Verfügung standen. Und das immer schmaler werdende nutzbare Drehzahlband der hochdrehenden Einkolben-Zweitakter verlangte auch nach immer neuen Getriebe-Varianten: vier-, fünf-, sechs- und (soweit vom Reglement zugelassen) auch noch weiter gestufte, klauengeschaltete hochpräzise Getriebe, die alle im Zschopauer Betrieb gefertigt wurden.
Ständige Verbesserungen erfuhren natürlich auch Lager, Abdichtungen und – nicht zu vergessen – Vergaser sowie den hohen Drehzahlen gewachsene Zündanlagen. An dieser Stelle muss erwähnt werden, dass zahllose westliche Firmen und Privatpersonen, oftmals ohne Gegenleistungen, Rennzubehör (z. B. Reifen, Bremsbeläge, Zündkerzen, Federbeine) zur Verfügung stellten, ohne die keine MZ-Maschine international hätte konkurrieren können. Entscheidend aber war der Übergang von den in den ersten Jahren noch benutzten Megaphon-Auspuffanlagen, zu solchen mit konischem Diffusor und anschließendem Reflektor, wie sie noch lange zum Bild aller Zweitakt-Rennmaschinen gehörten und mit denen bekanntlich sogar eine »Quasi«-Überladung des Motors erreicht werden kann. Auch hier galt es nicht nur, durch Berechnungen und Messungen bei Prüfstand- und Fahrversuchen immer höhere Motorleistungen zu erzielen, sondern zudem auch der leidigen Materialschwierigkeiten Herr zu werden, mit denen spätere Entwickler von Zweitakt-Hochleistungsmotoren nicht mehr zu kämpfen hatten. Walter Kaaden ist es, wie die zahllosen Erfolge beweisen, gelungen, seine MZ-Rennmaschinen auf einen international beispielhaften Entwicklungsstand zu bringen. Dass ihm und seinen Männern der erstrebte Gewinn der Weltmeisterschaft versagt blieb, lag wirklich nicht an seinen MZ-Rennmotorrädern. Da gab es andere Gründe. Einer war sicher auch die Schwierigkeit, internationale Spitzenfahrer wie Mike Hailwood, Garry Hocking, Alan Shepherd oder Luigi Taveri jeweils über längere Zeit im Team zu halten (Hailwood und Shepherd holten 1963 auf MZ einen sensationellen Doppelsieg in der 250er Klasse auf dem Sachsenring). Mit den Summen, die diesen Stars dann prompt von der devisenstarken Konkurrenz geboten wurden, konnte Walter Kaaden nicht konkurrieren. 1971 holten Silvio Grassetti und Peter Williams die Letzten Siege für MZ, ehe das Werk 1977 endgültig aus dem Grand-Prix-Zirkus ausstieg.
Nach der Auflösung der Rennabteilung wechselte Kaaden zu den MZ-Geländesportlern. Auch hier hatten MZ-Fahrer seit 1963 die Weltspitze mitbestimmt und blieben bis zum Ende der DDR auch dort. 1985 schied Kaaden bei MZ mit Erreichen des Rentenalters aus, blieb dem Rennsport aber weiterhin in verschiedenen Funktionen (als Mitglied der FIM bis 1990) erhalten.
Auf das, was er und seine Männer in jahrelanger, intensivster Entwicklungsarbeit und mit persönlichem Einsatz unter schwierigsten Umständen erreicht haben, durfte Walter Kaaden in seinen letzten Lebensjahren voller Stolz zurückblicken. Schließlich schloss sich die stürmische Weiterentwicklung des Hochleistungs-Zweitaktmotors in Japan nahtlos an sein Lebenswerk an. Und als sich Kaaden 1995 bei der Dutch TT in Assen im Fahrerlager dem Yamaha-Team näherte, rief ihm Teamchef Kenny Roberts ein »Hello Walter, come in« entgegen. Es wird den von seiner Krankheit gezeichneten Kaaden gefreut haben, dass er nicht vergessen worden war. Bis zu seinem Tode im Jahr darauf, am 3. März 1996, und sicherlich noch sehr lange danach nicht.

Walter Kaaden hat viele staatliche und sportliche Auszeichnungen erhalten – vor allem auf Letztere konnte er bis zu seinem Tode sehr stolz sein. Dieses Bild aus den letzten Tagen der DDR zeigt ihn bereits als schwer kranken Mann.

Importmodelle

Die Bezeichnung »Perak« (Feder) stand für die vorne wie hinten gefederte Maschinen der Marke Jawa, hier die 250er, Typ 11.

Westdeutschland

Wenngleich sich die allermeisten DDR-Bürger, die zu Beginn der 1950er Jahre von einem Motorrad träumten, sich ein solches noch längst nicht leisten konnten, stieg die Nachfrage doch immerhin kontinuierlich an. Schnell tat sich eine Lücke im Angebot aus dem eigenen Land auf, da Zschopau zwischen der RT 125 und der BK 350 in den im Westen begehrten Zweitakt-Hubraumklassen 175, 200 und 250 ccm nicht präsent war und anderseits die AWO 425 als Viertakter teurer war und nie in den erforderlichen Stückzahlen produziert werden konnte. Also musste importiert werden, was etwa ab 1953 in überraschend großem Umfang auch geschah. In kleinem Umfang zwar, aber umso überraschender war der Import von Zündapp-Motorrädern aus Nürnberg, die vornehmlich Interessenten aus Berlin – Hauptstadt der DDR – und verdienten Genossen vorbehalten blieben.
Den Anfang machte der 200-ccm-Zweitakter Norma-Luxus. Ursprünglich war die preiswerte Norma DB 204 eine Abwandlung der DB 203. An ihr fehlte jeglicher Zierrat; alles war schwarz lackiert und der Zylinder hatte nur einen Ausgang anstelle der sonst verwendeten Doppelport-Auspuffanlage. Diese Maschine fand wenig Anklang beim Publikum und wurde noch 1953 durch die Norma-Luxus DB 234 ersetzt, die gleichzeitig den Entwicklungsendstand der Derby-Reihe markierte. Die Einportanlage blieb, aber es gab wieder blitzendes Chrom, poliertes Aluminium und Zierlinien auf dem Lack. Der geschlossene Kettenkasten und die Jurisch-Hirafe waren Standardbauteile.
Zur Leipziger Herbstmesse 1955 wurde die Lieferung der Zündapp-Modelle 200 S und Elastic 250 an die DDR besiegelt. 16 Vertragswerkstätten waren offiziell eingerichtet worden, über die importierten Stückzahlen wurde der Mantel des Schweigens gedeckt.
»Elastic« stand bei Zündapp für die auf zwei Federbeinen abgestützte Hinterradschwinge. Die 200-ccm-Maschine war eine völlige Neuentwicklung, lediglich die Telegabel und das Getriebe wurden von der parallel gebauten

Die Zündapp Norma-Luxus mit dem 200er Zweitaktmotor war das erste »Westmotorrad«, das in die DDR exportiert wurde.

Die Zündapp Elastic 250 mit der Werksbezeichnung DB 255.

Norma-Luxus übernommen. Optisch war die neue Maschine – speziell für die traditionelle Zündapp-Kundschaft – gewöhnungsbedürftig, was vor allem am »Kommissbrot«-Tank lag. Optische Verfeinerungen mit Chrom, Zierlinien und Sitzbezug sollten bei den späteren Serienmodellen das Gesamtbild etwas freundlicher erscheinen lassen. Der Rahmen der 200er war übrigens immer noch so ausgelegt, dass ein Beiwagen montiert werden konnte. Das galt auch für die 1954/55 gefertigte größere Schwester DB 255 Elastic 250. Optisch hob diese sich durch Leichtmetall-Vollnabenbremstrommeln und dem unter dem Sitz integrierten Kasten ab, der den Ansauggeräuschdämpfer und die Batterie aufnahm. Kaum ein Jahr nach Einführung der Elastic-Modelle erschien die 200er – erneut überarbeitet – als Zündapp 200 S. Der Tank war wieder runder, die Schutzbleche und der Kasten unter dem Sattel noch üppiger geworden. Abgespeckt hatte man dagegen den Rahmen, der jetzt keinen Seitenwagen mehr zuließ. Die Motorleistung hatte noch einmal deutlich zugelegt und rangierte mit 12 PS an der Spitze damaliger 200-ccm-Zweitaktmotoren. Das Ganze rollte jetzt auf 16-Zoll-Rädern. Ab 1956 bot Zündapp diese Maschine als 201 S parallel mit einer geschobenen Langschwinge als Vorderradführung an. Da hatte die DDR aber den Zündapp-Import schon gestoppt und sich auf Fabrikate aus dem sozialistischen Ausland konzentriert.
Im März 1955 importierte die DDR eine nicht genannte Zahl Mopeds des Münchener Rex-Motorenwerks. Der Typ »Luxus« war bei den Münchnern eigentlich ein Auslaufmodell, da kam die Order auf der Leipziger Herbstmesse 1954 gerade recht. Das getriebelose Moped war nur für Berliner Kunden gedacht und die (einzige) Lieferung schon im Vorfeld ausverkauft.

Die Werbung für die Zündapp 200 S stammt aus einer Westzeitung, im Osten wurden die Maschinen an ausgewählte Kunden verteilt.

Gehörte nicht zum offiziellen Import-Programm der DDR: Von der Triumph Cornet 200 aus Nürnberg wurden Mitte der 1950er Jahre diverse Maschinen für die Uran-Kumpel von Wismut Aue geordert.

Und noch eine Zeitschriftenwerbung aus dem Westen. Im Osten kostete das Rex-Moped mehr als das Doppelte.

Im Zuge der Motorrad-Lieferungen von Zündapp kamen auch diverse Mopeds vom Typ Zündapp-Combinette mit Zweigang-Triebwerk in die DDR.

Modell	Norma Luxus DB 234	DB 255 Elastic 250	200 S	Rex Luxus	Zündapp Combinette
Bauart	Motorrad	Motorrad	Motorrad	Moped	Moped
Motor	Zündapp-Zweitakt	Zündapp-Zweitakt	Zündapp-Zweitakt	Rex-Zweitakt	Zündapp-Zweitakt
Hubraum ccm	198	246	197	49	49
Leistung PS	8,3	13	12	1,3	1,8
bei Drehzahl 1/min	4.600	5.200	5.400	k. A.	5.000
Zylinderzahl	1	1	1	1	1
Bohrung/Hub mm	60/70	67/70	64/62	40,5/38,25	39/41,8
Verdichtung :1	6,1	6,7	6,5	k. A.	k. A.
Gassteuerung	Umkehrspülung	Umkehrspülung	Umkehrspülung	Umkehrspülung	Umkehrspülung
Vergaser	Bing	Bing	Bing	Ringschwimmer	Bing
Durchlass mm	18/17	26	24/24	10	k. A.
Starter	Kick	Kick	Kick	Pedale	Pedale
Zündung	Batterie	Batterie	Batterie	Magnet	Magnet
Kraftübertragung					
Getriebe/Gangzahl	4	4	4	kein	2
Schaltung	Fuß	Fuß	Fuß	kein	Hand
Hinterradantrieb	Kette	Kette	Kette	Kette	Kette
Fahrwerk					
Rahmen	Schmiedeteile, U-Bleche, Rohr	Zentralrohr	Zentralrohr	Stahlrohr	Zentralrohr
Vordergabel	Telegabel	Telegabel	Telegabel	Federgabel	Pendelgabel
Federung hinten	Geradweg-Teleskop	Schwinge mit Federbeinen	Schwinge mit Federbeinen	keine	keine
Dämpfung vorn	keine	keine	keine	keine	keine
Dämpfung hinten	keine	hydraulisch	hydraulisch	keine	keine
Bremse vorn	Innenbacken	Vollnaben 160 mm	Vollnaben 160 mm	Trommel	Trommel
Bremse hinten	Innenbacken	Vollnaben 160 mm	Vollnaben 160 mm	Rücktritt	Rücktritt
Reifen vorn	3,00x19	3,00x19	3,25x16	2,00x26	2,25x23
Reifen hinten	3,00x19	3,00x19	3,25x16	2,00x26	2,25x23
Maße und Gewichte					
Tankinhalt Liter	13,5	14,7	14	4,75	5,3
Radstand mm	1315	1350	1300	k. A.	k. A.
Leergewicht kg	132	147	131	30,5	33
Zul. Gesamtgewicht kg	157	157	155	k. A.	k. A.
Höchstgeschwindigkeit km/h	86	100	95	30	50
Verbrauch l/100 km	2,45	3,3	3,2	1,2	1,4
Baujahre	1953–55	1954/55	1955–57	1954/55	1954–1956
Preis DM (Ost)	2.475	k. A.	k. A.	1.035	1.085

Tschechoslowakei

1953 begann auch eine Importoffensive für Motorräder der Marken Jawa und ČZ, zunächst in allen von den Tschechoslowaken gelieferten Hubraumklassen. Den Anfang machten die Modelle ČZ 125 C und 150 C, der letzten eigenständigen Entwicklung vor dem Zusammenschluss mit Jawa. Die 125er, die mit weiter aufgebohrtem Zylinder auch als 150-ccm-Modell geliefert werden konnte, war in der Linienführung weiter verbessert worden, den Vergaser hatte man unter einer Abdeckung versteckt und im hinteren Rahmendreieck jetzt beidseitig ein Staufach angebracht. Der Motor war noch einmal deutlich überarbeitet worden und leistete 5,6 PS (6,5 bei der 150er). Ab 1950 gehörte die Hinterradfederung zum Serienumfang. Die Motorräder gab es in drei verschiedenen Ausstattungsvarianten. Die Exportmodelle waren in Rot lackiert und mit viel Chrom und goldenen Zierlinien versehen.
Für die 250er Klasse kam die Jawa Perak Typ 11 in die DDR. Schon 1945 konnten die Prager ein blitzblankes 250er Zweitaktmodell präsentieren, das Maßstäbe setzte, international sehr erfolgreich war und die Basis für eine jahrzehntelange Jawa-Produktion schuf. 1946 begann die Serienfertigung der »Perak«, deren Name »Feder« bedeutete und auf die vollgefederte Maschine mit Teleskopgabel vorn und Geradwegfederung hinten hinweisen sollte. Der sehr schöne, glattflächige Motorblock erinnerte an die DKW NZ 250, die wohl einigen Einfluss auf die Jawa-Konstruktion genommen hatte. Bis 1950 hatte die Perak die interne Typenbezeichnung 10, mit der Einführung einer neuen Lichtmaschine folgte der Typ 11.
Nachdem die 250er Perak als Typ 11 schon für die fünfziger Jahre fit gemacht worden war, musste natürlich auch das 350er Zweizylinder-Modell nachziehen. Und das bedeutete vor allem eine Motorleistung von 14 PS bei unveränderten Basisdaten des schon 1948 präsentierten Zweitakters. Äußerlich unterschied sich die Maschine kaum vom Modell 12, hatte sich aber bis zu ihrem Produktionsende 1956 zahlreichen Überarbeitungen zu unterziehen, die vor allem die Federelemente und die elektrische Anlage betrafen. Die 350er Jawa war ein äußerst begehrtes Modell; im Inland und den sozialistischen Bruderländern sowieso.
Ab 1956 übernahm die DDR das aktuelle Fertigungsprogramm aus der ČSSR. Mit dem Modellwechsel (Typen 355 und 356) war bei den kleineren Jawa-ČZ-Motorrädern die 150er entfallen und durch eine 175er ersetzt worden. Dafür wurde praktisch ein Zylinder des 350er Twins, der aus 58 mm Bohrung und 65 mm Hub genau 171,7 ccm Hubraum ergab, auf das Kurbelgehäuse gesetzt. Sogar die Leistung von 8 PS entsprach exakt der Hälfte des Zweizylinder-Triebwerks. Mit den 175 ccm war man dem internationalen, vor allem dem westlichen Trend gefolgt; Jawa-Motorräder wurden inzwischen in über 100 Länder exportiert. Optisch und technisch lehnten sich die kleinen Zweitakter wie schon zuletzt an die Großen an, was sich vor allem in den Vollnaben-Trommelbremsen ausdrückte. Zum Ende der fünfziger Jahre hin erhielten die Maschinen dann auch den neuen Zigarren-Schalldämpfer. Die 125er konnte auf eine kleine Leistungssteigerung verweisen und beide Maschinen hatten jetzt ein Viergang-Getriebe.

Die ČZ-Typen 125 C und 150 C waren schon Auslaufmodelle, als ihr Export in die DDR begann.

Das Zweizylinder-Modell Jawa 350 Perak Typ 18.

Die Jawa-ČZ-Modelle 125 und 175 (Typen 355 und 356) unterschieden sich nur durch den Zylinderinhalt und die Reifengröße.

Jawa 250 Kyvacka Typ 353-03 von 1955. Die ab 1957 gebaute Type 353-04 hatte einen Schalldämpfer in Zigarrenform anstelle des Fischschwanzes.

Jawa 350 Kywacka Typ 354-04.

Die neuen Jawa-Spitzenmodelle mit 250 und 350 ccm hatten den Beinamen »Kývačka«. Das hieß »Schaukel« und stand für die neue Hinterradfederung mittels Langschwinge, die sich auf zwei hydraulische Federbeine abstützte, und die neue, ebenfalls hydraulisch arbeitende Telegabel. Der Fahrer fühlte sich also geschaukelt. Optisch war der Perak-Nachfolger deutlich an der neuen Lampenverkleidung, dem zeittypisch geschlossenen Heckaufbau, der durchgehenden Sitzbank, dem vorderen Kotflügel und vor allem dem neuen 16-Zoll-Fahrwerk zu erkennen. Die Kette lief in einem geschlossenen Kasten. Der Motor hatte auch einige Änderungen erfahren und leistete jetzt 12 PS. Kennzeichnend für den weiterentwickelten Typ 253-03 war die Einführung von Vollnaben-Trommelbremsen mit 160 mm Durchmesser und 35 mm Backenbreite. Eine wesentliche Verbesserung gegenüber den alten Halbnaben-»Dosendeckeln« auch in Sachen Verkehrssicherheit. Die Modelle 353-04 fielen durch neue Schalldämpfer in Zigarrenform auf, die die jahrzehntelang benutzten Fischschwanz-Enden ablösten. Bei der neuen 350er, deren Fahrwerk dem der Viertelliter-Maschine entsprach, waren unter anderem durch die Erhöhung des Drehzahlbereichs jetzt maximal 16 PS möglich.
Auch nach 1960 blieb noch die komplette Bandbreite der Motorräder aus der ČSSR von 125 bis 350 ccm im DDR-Angebot. Nach der Trennung von Jawa und ČZ zur Saison 1960 musste die Hauptbaureihe 125/175 ccm sofort auf zwei neue Modelle umgestellt werden, die sich zwar vor allem am neuen ČZ-Symbol an den Tankseiten, aber kaum in der Optik von den Vorgängern unterschieden. Eine neue Sitzbank, ein neuer Auspuff, eine neue Heckleuchte – und das war es dann auch schon im Wesentlichen. Wichtig ist vor allem die deutliche Anhebung der Motorleistung auf 10 bzw. auf 7 PS gewesen. Damit waren die Maschinen voll auf der Höhe der Zeit und gehörten weiterhin zu den besten Zweitaktern der Welt. Beide Maschinen waren für den Export mit einigen Extras und Sonderlackierungen als De Luxe-Modell lieferbar. Oder als Sport-Variante mit 19-Zoll-Rädern, Crosslenker und knappem Schutzblech.

Modell	ČZ 125 C / 150 C	Jawa 250 Perak Typ 11	Jawa 350 Perak Typ 18	Jawa-ČZ 125 / 175 Typen 355/356	Jawa 250 Kývačka Typ 353-01/353-04
Bauart	Motorrad	Motorrad	Motorrad	Motorrad	Motorrad
Motor	ČZ-Zweitakt	Jawa-Zweitakt	Jawa-Zweitakt	ČZ-Zweitakt	Jawa-Zweitakt
Hubraum ccm	123,2 / 148	248,5	344	132,2 / 171,2	248
Leistung PS	5,6 / 6,5	9	14	5,6 / 8	12
bei Drehzahl 1/min	5.800 / 6.000	4.250	4.250	4.800	4.750
Zylinderzahl	1	1	2	1	1
Bohrung/Hub mm	52/58 / 57/58	65/75	58/65	52/58 / 58/65	65/75
Verdichtung :1	k. A.	6,25	k. A.	7	6,25
Vergaser	Jikov	Jikov	Jikov	Jikov	Jikov
Durchlass mm	16 / 18	24	k. A.	22 / 24	24
Kraftübertragung					
Getriebe/Gangzahl	3	4	4	4	4
Schaltung	Fuß	Fuß	Fuß	Fuß	Fuß
Hinterradantrieb	Kette	Kette	Kette	Kette	Kette
Fahrwerk					
Rahmen	Stahlrohr	Stahlblech-Vierkant, geschweißt	Stahlblech-Vierkant, geschweißt	Stahlrohr	Stahlblech-Vierkant, geschweißt
Vordergabel	Telegabel	Telegabel	Telegabel	Telegabel	Telegabel
Federung hinten	Geradweg-Teleskop	Geradweg-Teleskop	Geradweg-Teleskop	Schwinge mit Federbeinen	Schwinge mit Federbeinen
Bremse vorn	Trommel 125 mm	Trommel	Halbnaben-Trommel	Trommel 140 mm	Trommel 160 mm
Bremse hinten	Trommel 125 mm	Trommel	Halbnaben-Trommel	Trommel 140 mm	Trommel 160 mm
Reifen vorn	2,50x19 / 2,75x19	3.00-19	3.00-19	3.00-16 / 3.25-16	3.25-16
Reifen hinten	2,50x19 / 2,75x19	3.00-19	3.00-19	3.00-16 / 3.25-16	3.25-16
Maße und Gewichte					
Tankinhalt Liter	k. A.	13	13	13	13
Leergewicht kg	75 / 90	125	135	112 / 115	135
Höchstgeschwindigkeit km/h	75 / 85	100	115	75 / 90	110
Verbrauch l/100 km	2,5 / 2,8	3	3,5	3 / 3,25	3
Baujahre	1949–1953	1953/54	1950–1956	1956–1959	1955–1962
Preis DM (Ost)	1.850 / 1.900	2.200	2.600	k. A. / 2.475	k. A.

Die Ablösung der beiden Jawa-»Kyvacka« mit 250 und 350 ccm im Jahre 1962 (DDR-Import ab 1963) war äußerlich erst auf den zweiten Blick erkennbar. Das Scheinwerfergehäuse war jetzt bis zu den Lenkergriffen verlängert, was den Maschinen die Bezeichnung »Panel« eintrug. In diesem Panel war auch der neue Tacho und das Zünd- und Lenkerschloss integriert. Die hintere Verkleidung wurde noch ein wenig großflächiger, um einem größeren Ansauggeräuschdämpfer Platz zu bieten. Das Heck zierte eine neue Heckleuchte. Durch vielerlei Maßnahmen konnte die Motorleistung angehoben werden. So wurden die Steuerzeiten verändert, die Verdichtung erhöht und eben der Ansauggeräuschdämpfer vergrößert. Der Zylinder war jetzt stärker verrippt, hatte nur noch einen Auslass (250er), der sich aber in zwei Auspuffrohre teilte. Im Gegensatz zum kleineren Schwestermodell wies die 350er keinen Startvergaser auf.

Die neuen ČZ-Modelle 125 (Typ 453) und 175 (Typ 450) unterschieden sich wieder nur im Hubraum voneinander.

Die Jawa 250, Typ 559-02 gab es neben der klassischen roten Lackierung für den Export auch in Zweifarben-Sonderlackierungen.

Die 350er Jawa (Typ 354-06) war der Traum der jungen Wilden in der DDR.

Die Jawa 350 Automatic, Typ 360/01 war das letzte in die DDR importierte Motorrad.

1965 lief der Import von Motorrädern unterhalb von 350 ccm in der DDR aus. Das letzte Jawa-Motorrad blieb die 350er Zweizylinder-Maschine mit der Bezeichnung Automatic Typ 360/01, bei der mittels Fliehkraftkupplung ohne Betätigung des Handkupplungshebels angefahren und angehalten werden konnte. Für sportlich orientierte Fahrer eine eher uninteressante Angelegenheit, die die seit Jahren bei Jawa eingesetzte Kupplungshilfe mittels Schalthebel (früher ebenfalls »Automatic« genannt) nicht berührte. Die jetzigen Automatic-Maschinen waren an der zylindrischen Ausbuchtung des linken Gehäusedeckels hinter dem Fußschalthebel zu erkennen. Ansonsten gab es für alle Maschinen ab 1964 neue Teleskopgabeln mit verbesserter Dämpfungswirkung und diverse kleine technische Detailverbesserungen etwa an Kupplung und Hinterradantrieb. Nach 1966 stellte die DDR den Import motorisierter Zweiräder oberhalb von 50 ccm komplett ein.

Trotz der Produktion eigener Motorroller konnte der Bedarf in der DDR ab Ende der fünfziger Jahre nur mit Hilfe von Importen aus der ČSSR gedeckt werden. Denn innerhalb des sozialistischen Lagers waren nur die Tschechoslowaken in der Lage, konkurrenzfähige Motorroller zu bauen und zu exportieren. Gleich drei Werke befassten sich dort mit der Entwicklung und der Fertigung von Motorrollern: JAWA in Prag, ČZ in Strakonice und das Werk Strojarne in Považská Bystrica, heute in der Slowakischen Republik liegend.
Vom Roller Čezeta – wie sein Name schon sagt, ein Modell des mit JAWA liierten ČZ-Werkes – konnten die ersten Serienroller erst 1957 produziert werden. Seine lange Bootskarosserie und der vorn auf der Bugspitze befindliche Scheinwerfer machten den tschechischen Roller, dessen DDR-Import in bescheidenen Stückzahlen zwei Jahre später begann, unverwechselbar. Eher konventionell waren der 175-ccm-JAWA-Zweitaktmotor, der anfangs 8 PS leistete, die 12-Zoll-Räder und die jeweils von zwei hydraulisch gedämpften Federbeinen abgestützten Langschwingen für Vorder- und Hinterrad.

Modell	Jawa 350 Kývačka Typ 354-04	ČZ 125 / 175 Typen 453/450	Jawa 250 Typ 559-02	Jawa 350 Typ 354-06	Jawa 350 Automatic Typ 360/1
Bauart	Motorrad	Motorrad	Motorrad	Motorrad	Motorrad
Motor	Jawa-Zweitakt	ČZ-Zweitakt	Jawa-Zweitakt	Jawa-Zweitakt	Jawa-Zweitakt
Hubraum ccm	344	123,2 / 171,7	248,5	344	344
Leistung PS	16	7,5 / 10	14	18	18
bei Drehzahl 1/min	4.750	5.000	5.000	5.000	4.750
Zylinderzahl	2	1	1	2	2
Bohrung/Hub mm	58/65	52/58 / 58/65	65/75	58/65	58/65
Verdichtung :1	k. A.	7,2	k. A.	7,7	8
Vergaser	Jikov	Jikov	Jikov	Jikov	Jikov
Durchlass mm	26	20 / 24	k. A.	26	26
Kraftübertragung					
Getriebe/Gangzahl	4	4	4	4	4
Hinterradantrieb	Kette	Kette	Kette	Kette	Kette
Fahrwerk					
Rahmen	Stahlblech-Vierkant, geschweißt	Stahlrohr	Stahlrohr	Stahlrohr	Stahlrohr
Vordergabel	Telegabel	Telegabel	Telegabel	Telegabel	Telegabel
Federung hinten	Schwinge mit Federbeinen	Schwinge mit Federbeinen	Schwinge mit Federbeinen	Schwinge mit Federbeinen	Schwinge mit Federbeinen
Bremse vorn	Trommel 160 mm	Trommel 140 mm	Trommel 160 mm	Trommel 160 mm	Trommel 160 mm
Bremse hinten	Trommel 160 mm	Trommel 140 mm	Trommel 160 mm	Trommel 160 mm	Trommel 160 mm
Reifen vorn	3.25-16	3.00-16	3.25-16	3.25-16	3.25-16
Reifen hinten	3.25-16	3.00-16 / 3.25-16	3.50-16	3.50-16	3.50-16
Maße und Gewichte					
Tankinhalt Liter	13	13	13,5	13,5	13,5
Leergewicht kg	145	113 / 116	129	139	140
Höchstgeschwindigkeit km/h	120	80 / 95	110	120	120
Verbrauch l/100 km	3,5	3,25 / 3,5	k. A.	k. A.	k. A.
Baujahre	1957–1965	1960–1968 / 1959–1968	1962–1964	1962–1964	1964–1971
Preis DM (Ost)	3.592	k. A.	k. A.	3.592	k. A.

1961 erhielt der Roller einen überarbeiteten Motor mit jetzt 9,5 PS und einer Gebläselüftung, die endlich für eine höhere thermische Belastbarkeit sorgte. Eine 12-Volt-Elektroanlage ließ einen Dynastart-Anlasser zu, der bei den Exportmodellen den Kickstarter ersetzte.
1963 gab es nochmals eine kleine optische Aufwertung mittels Pressteil-Lenker aus Leichtmetallguss mit integrierten Armaturen und Leuchten, sowie neuen Schalteranordnungen. Im Jahr darauf wurde die Fertigung wegen sinkender Nachfrage eingestellt.
Der Manet 01 oder Manet 100 aus dem slowakischen Leichtkraftradwerk Považskà Bystrica war ein wirklich schicker Motorroller in klassischer Bauweise, der ab 1958 serienmäßig produziert und ab 1960 von der DDR importiert und in staatlichen HO-Läden verkauft wurde.

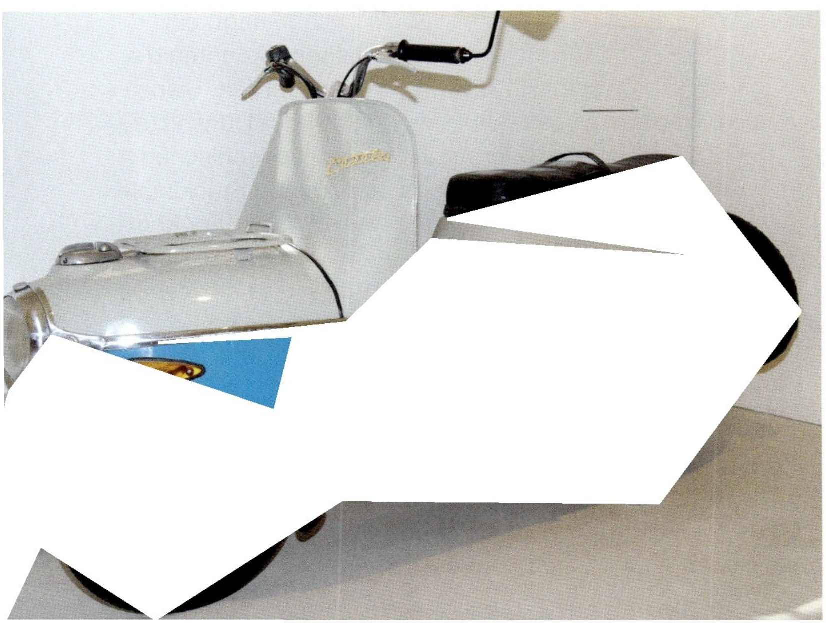

Der Čezeta-Roller in der ersten Ausführung (Typ 501), wie er von 1957 bis 1960 gebaut wurde.

Der Manet S 100 wurde ab 1960 in die DDR exportiert.

Beim Manet nahm ein Rohrrahmen, der im Heck in einer geteilten Schleife endete, die Fahr- und Triebwerksteile auf. Ein eigens für diesen Roller gebauter 98-ccm-Zweitakter leistete 5,2 PS und beförderte den 114 kg schweren Roller auf eine Höchstgeschwindigkeit von 75 km/h. Von Anfang an gab es eine 12-Volt-Elektroanlage und einen Dynastarter.
Die untereinander austauschbaren 14-Zoll-Räder wurden vorn und hinten hydraulisch abgedämpft. Die vordere Schwinggabel musste dafür mit einer Zentralfeder auskommen, hinten gab es dafür zwei offene Federbeine und einen hydraulischen Dämpfer.
Der Manet war eigentlich ein klassischer Stadtroller, der aber mit seinen guten Fahreigenschaften, dem schützenden Windschild und seinem gezügelten Benzinverbrauch auch auf längeren Passagen eine gute Figur machte.
1965 wurde der Manet sehr gründlich überarbeitet und jetzt auch in der DDR als Manet 125, später Tatran S 125 angeboten. Natürlich stand die 125 für den Hubraum, der jetzt durch Aufbohrung exakt 123 ccm betrug, eine Leistung von 7 PS und eine Höchstgeschwindigkeit von 82 km/h ermöglichte. Völlig neu war der Rahmen, jetzt aus Rundrohr, und nicht mehr wie zuvor aus einem Vierkantprofil gefertigt.
Mit dem Auslaufen der Rollerfertigung in der DDR zog 1965 die Nachfrage nach dem Tatran trotz insgesamt rückläufiger Rollerkonjunktur kräftig an. Was die Wirtschaftslenker dennoch nicht davon abhielt, die Importe von motorisierten Zweirädern über 50 ccm nach 1966 einzustellen.

Vom Tatran S 125 wurden allein 1966, dem letzten Jahr, 11.000 Exemplare von der DDR aufgekauft.

Modell	**Čezeta Typen 501/502**	**Manet S 100**	**Tatran S 125**
Bauart	Motorroller	Motorroller	Motorroller
Motor	ČZ-Zweitakt	PB-Zweitakt	PB-Zweitakt
Hubraum ccm	171,7	98	123,15
Leistung PS	8 / 9,5	5,2	7
bei Drehzahl 1/min	4.800 / 5.000	5.500	5.300
Zylinderzahl	1	1	1
Bohrung/Hub mm	58/65	50/50	56/50
Verdichtung :1	7	7	7,2
Vergaser	Jikov	Jikov	Jikov
Durchlass mm	24	20	22
Kraftübertragung			
Getriebe/Gangzahl	4	4	4
Hinterradantrieb	Kette	Kette	Kette
Fahrwerk			
Rahmen	selbsttragende Karosserie	Stahlrohr	Stahlrohr
Vordergabel	Schwinge mit Ferderbeinen	Schwinge mit Zentralfeder	Schwinge
Federung hinten	Schwinge mit Federbeinen		
Bremse vorn	Trommel 140 mm	Trommel 150 mm	Trommel 150 mm
Bremse hinten	Trommel 140 mm	Trommel 150 mm	Trommel 150 mm
Reifen vorn	3.25-12	3.00-14	3.00-14
Reifen hinten	3.25-12	3.00-14	3.00-14
Maße und Gewichte			
Tankinhalt Liter	k. A.	9	8
Leergewicht kg	142	102	104
Höchstgeschwindigkeit km/h	90	75	82
Verbrauch l/100 km	3,75	3	2,4
Baujahre	1957–1960 / 1961–1964	1958–1964	1965–1989
Preis DM (Ost)	k. A.	2.100	2.250

Die zweite Moped-Generation von Simson war noch lange nicht in Sicht (und damit auch kein Doppelsitzer), als man sich in der DDR 1959 entschied, Mokicks aus der ČSSR zu importieren.
Den Beginn machte der Jawa »Pionyr« Nachfolgetyp 555, auch einfach nur Jawa 50 genannt. Der großzügig geschwungene Vorderrad-Kotflügel und die bis hinter das Hinterrad verlängerte Blechverkleidung gaben der Maschine ein recht harmonisches Aussehen. Insgesamt erinnerte das Fahrzeug mit dem verkleideten Durchstieg sehr an einen Kleinroller, der sich daraus später auch entwickeln sollte. Über die Motorleistung des Typ 555 gibt es sehr unterschiedliche Angaben. Vermutlich wurden die ersten Modelle noch mit den 1,6 PS des Vorgängers ausgeliefert, ehe die Leistung auf 2,2 PS gesteigert wurde. Am Ende der Fertigungsperiode 1963 kam wohl der Motor des Nachfolgers mit 2,7 PS zum Einsatz. Eine wichtige technische Neuerung waren die Vollnabenbremstrommeln in beiden Rädern. Das Mokick war als Einsitzer mit Gepäckträger und später auch mit Doppelsitzbank erhältlich.
Es war nur logisch, aus dem oben vorgestellten Jawa-50-Mokick mit Knieschutzblech und Trittbrettern einen Kleinroller entstehen zu lassen. So erschien dann 1963 die neue Jawa 50, die auf einigen Märkten den Zusatz »Ideal« erhielt und intern als Typ 05 in die Geschichte einging. Das Heck zierte noch mehr Blech als beim Vorgänger und die Lampenverkleidung mutete etwas futuristisch an. Der Tank befand sich jetzt unter der Sitzbank, die bis auf einige Exportvarianten immer für zwei Personen gedacht war. Die wichtigste technische Änderung war die auf zwei hydraulisch gedämpfte Federbeine abgestützte Schwinge. Der Motor blieb in seiner Grundauslegung unverändert, leistete unter anderem durch eine höhere Verdichtung und mehr Drehzahl jetzt 3 PS.
In Povazska Bystrica, wo eigentlich Manet zuhause war, ließ Jawa seine Mokickroller mit 50 ccm Hubraum bauen. Ab 1966 wechselte hier die Typenbezeichnung von 05 zu 20, ohne dass sich optisch Wesentliches änderte. Dafür war der Motor überarbeitet worden und leistete nun dank höherer Verdichtung und mehr Drehzahl 3,5 PS. Damit konnten zwei Personen ganz ordentlich vorwärtskommen, sofern sie auf der 60 cm kurzen Sitzbank (3 cm mehr als beim Modell 05) Platz fanden. Eine verbesserte elektrische Anlage sorgte unter anderem für bessere Lichtverhältnisse.

In der DDR war das Jawa 50-Mokick (Typ 555) meistens als Einsitzer mit Gepäckträger zu sehen.

Als Kleinroller sollte das Modell Jawa 05 Ideal die nie zu stillende Nachfrage nach der Simson-Schwalbe etwas entlasten.

Allein 1966 wurden von der Jawa 20 insgesamt 3.500 Exemplare in die DDR exportiert. Ein solches Fahrzeug nannte der Autor dieses Buches mit 16 Jahren sein Eigen.

Das Mokick Jawa Mustang kam nie auch nur annähernd an die Beliebtheit der Simson-Modelle heran.

Schließlich kam ab 1973 auch das neue Jawa-Mokick »Mustang«, mit der internen Typennummer 23, auf den DDR-Markt. Es ging auf die Vorgängermodelle 05 und 20 zurück, was sich besonders an der Antriebseinheit bemerkbar machte, und am durchstiegsfreien Rollerrahmen, der nun mit einem großen 10-Liter-Tank überbrückt wurde. Die Beibehaltung des Rollerfahrwerks führte auch zu einer geringen Bodenfreiheit mit den in Kurven sehr früh aufsetzenden Fußrasten und Ständer. Die deshalb gekürzten Federwege wirkten sich negativ auf Komfort und Fahrverhalten aus. Eine Rohrschwinge anstelle des Kastenteils ersetzte nun die Hinterradführung, die Soziusfußrasten waren kniebelastend an der Schwinge angeschraubt.
Der Motor wurde nahezu unverändert übernommen, durch Überarbeitung der Überströmkanäle konnte eine bessere Füllung und damit eine höhere Leistung erreicht werden. In den zehn Jahren seiner Bauzeit erfuhr das Mokick zahlreiche Verbesserungen, ein Spitzenprodukt wurde es indes nie.

Modell	Jawa 50 Typ 555	Jawa 50 Typ 05 »Ideal«	Jawa 50 Typ 20	Jawa 50 Mustang
Bauart	Mokick	Mokickroller	Mokickroller	Mokick
Motor	Jawa-Zweitakt			
Hubraum ccm	49,8	49,9	49,9	49,9
Leistung PS	2,2	3	3,5	4
bei Drehzahl 1/min	5.000	6.000	6.500	6.500
Zylinderzahl	1	1	1	1
Bohrung/Hub mm	38/44	38/44	38/44	38/44
Verdichtung :1	6,6	7,5	9,2	9,5
Vergaser	Jikov	Jikov	Jikov	Jikov
Durchlass mm	14	15	17	17
Kraftübertragung				
Getriebe/Gangzahl	3	3	3	3
Hinterradantrieb	Kette	Kette	Kette	Kette
Fahrwerk				
Rahmen	Vierkant-Profil	Profilrohr	Profilrohr	Profilrohr
Vordergabel	Telegabel	Telegabel	Telegabel	Telegabel
Federung hinten	Schwinge mit Zentralfeder	Schwinge mit Federbeinen	Schwinge mit Federbeinen	Schwinge mit Federbeinen
Bremse vorn	Trommel 125 mm	Trommel 125 mm	Trommel 125 mm	Trommel 125 mm
Bremse hinten	Trommel 125 mm	Trommel 125 mm	Trommel 125 mm	Trommel 125 mm
Reifen vorn	2.50-16	2.75-16	2.75-16	2.75-16
Reifen hinten	2.50-16	2.75-16	2. 75-16	2.75-16
Maße und Gewichte				
Tankinhalt Liter	3,5	5,5	5,5	10
Leergewicht kg	58	65	70	68
Höchstgeschwindigkeit km/h	60	60	60	60
Verbrauch l/100 km	1,8	2,3	2,3	3,2
Baujahre	1958–1963	1963–1966	1972–1982	1972–1982
Preis DM (Ost)	k. A.	k. A.	k. A.	2.100

Ungarn

Mit der Pannonia TL begann 1955 der Import der 250er Zweitaktmaschinen aus dem ungarischen Csepel-Werk. Diese Motorräder lagen preislich über denen der Jawa-Modelle und wurden in deutlich geringeren Stückzahlen eingeführt. Das wird deutlich, wenn man weiß, dass es in der DDR etwa 60 Pannonia-Vertragswerkstätten gab, denen rund 300 für Jawa und ČZ gegenüber standen.
Bei der neuen Pannonia (die anfangs noch als Csepel de luxe auch in der DDR vertrieben wurde) stand das ungarische TL für die neue Hinterradfederung durch eine auf zwei Federbeine abgestützte Schwinge. Außerdem hatte das Fahrwerk Leichtmetall-Vollnaben-Trommelbremsen erhalten. Optisch war die Maschine vor allem mit neuen Schutzblechen, neuem Tank, der Doppelsitzbank und der kräftig roten Lackierung sehr deutlich vom Vorgänger, der Csepel 250, zu unterscheiden. Das Triebwerk blieb dagegen – sieht man von polierten Deckeln ab – nahezu unverändert. Die TL bildete die Basis für eine sich schnell entwickelnde Typenvielfalt.
Schon Ende 1956 erschien eine überarbeitete Pannonia, die heute vor allem wegen ihrer markanten grünen Lackierung bekannt ist. »Apfelgrün« nannten es die Ungarn, deren Äpfel wohl ein wenig anders ausgesehen haben müssen als anderswo. Außerdem hatte die neue Maschine ein gefälligeres vorderes Schutzblech, das nicht mehr an der Gabelbrücke, sondern an den Tauchrohren befestigt war. Auch ein Werkzeug- und Batteriekasten vor dem hinteren Schutzblech und die voll gekapselte Antriebskette trugen zum besseren Aussehen bei. Der Motor leistete jetzt 12 PS, hatte einen neuen ungarischen Vergaser anstelle des tschechischen bekommen (Exportmodelle erhielten einen Fischer-Amal-Vergaser) und der Primärtrieb wurde von Stirnrädern auf Kette umgestellt.
Ende 1958 löste das Modell TLF die TLT ab, wobei das ungarische F für Weiterentwicklung stand. Mittelpunkt war dabei die Leistungserhöhung auf 14 PS bei einer leichten Erhöhung der Drehzahl. Ein neuer Monoblockvergaser, eine Gleichstromlichtmaschine anstelle des Schwungradmagneten und neue hydraulische Federbeine, die auf Zug und Druck arbeiteten, waren einige der neuen technischen Details.
Gegen heftige Widerstände innerhalb der Csepel-Werke, aber auch von Staatsfunktionären, setzten die Motorrad-

Mit der Pannonia TL, die anfangs noch als Csepel de Luxe produziert wurde, startete die DDR den Motorrad-Import aus Ungarn.

Viel Schein, weniger Sein: als letztes ungarisches Modell hatte die Pannonia TLB noch einmal einen großen Auftritt in der DDR. Heute gehört sie zu den gefragtesten Ostmotorrädern.

Mit ihrer markanten grünen Lackierung war diese Pannonia 250 sofort als Typ TLT zu erkennen.

In der schnellen Modellfolge der 1950er Jahre erschien 1958 der Typ TLF mit auf 14 PS gesteigerter Motorleistung. Wegen ständiger thermischer Probleme des Triebwerks waren die ungarischen Motorräder stets der Kritik des Publikums ausgesetzt.

bauer letztlich doch den Bau der verkleideten 250er Pannonia TLB de Luxe durch, die als anspruchsvolles Luxusmodell unter anderem für den Markt in der DDR gedacht war. Die Entwicklung war 1958 abgeschlossen und basierte noch auf dem TLT-Modell. In die Produktion flossen dann aber schon die Neuerungen der TLF und der nicht in die DDR exportierten TLF de Luxe mit 16 PS ein. Neben der üppigen Verkleidung wies die Maschine zwei Einzelsitze auf, die bequemer als die durchgehende Sitzbank sein sollten. Das heute begehrteste Modell der ungarischen Motorradindustrie kam damals nicht so recht in die Gänge, was nicht zuletzt am deutlich höheren Preis lag. Nach nur 3.000 Exemplaren lief die Fertigung 1962 aus.

Nach dem Auslaufen der TLB testete man in der DDR noch deren Nachfolgemodelle, kam aber zu dem Schluss, den Import ungarischer Motorräder, unter anderem wegen technischer Mängel, zu beenden.

Modell	Pannonia TL	Pannonia TLT	Pannonia 250 TLF	Pannonia TLB de Luxe
Bauart	Motorrad	Motorrad	Motorrad	Motorrad
Motor	Csepel-Zweitakt			
Hubraum ccm	247	247	247	247
Leistung PS	10,5	12	14	14 / 16
bei Drehzahl 1/min	4.600	5.000	5.100	5.100 / 5.250
Zylinderzahl	1	1	1	1
Bohrung/Hub mm	68/68	68/68	68/68	68/68
Verdichtung :1	6,8	k. A.	7,2	7,2 / 7,5
Vergaser	Jikov	Fischer-Amal	Fischer-Amal	Nadeldüse
Durchlass mm	24	25	27	27
Kraftübertragung				
Getriebe/Gangzahl	4	4	4	4
Hinterradantrieb	Kette	Kette	Kette	Kette
Fahrwerk				
Rahmen	Doppelrohrrahmen	Doppelrohrrahmen	Doppelrohrrahmen	Doppelrohrrahmen
Vordergabel	Telegabel	Telegabel	Telegabel	Telegabel
Federung hinten	Schwinge mit Federbeinen	Schwinge mit Federbeinen	Schwinge mit Federbeinen	Schwinge mit Federbeinen
Bremse vorn	Trommel 200 mm	Trommel 200 mm	Trommel 200 mm	Trommel 200 mm
Bremse hinten	Trommel 200 mm	Trommel 200 mm	Trommel 200 mm	Trommel 200 mm
Reifen vorn	3.00-19	3.00-19	3.00-19	3.00-19
Reifen hinten	3. 25-19	3.25-19	3.25-19	3.25-19
Maße und Gewichte				
Tankinhalt Liter	16	16	16	18
Leergewicht kg	126	k. A.	k. A.	146
Höchstgeschwindigkeit km/h	100	105	110	110 / 115
Verbrauch l/100 km	3,5	4	4	4,2
Baujahre	1954–1956	1956–1957	1958–1959	1959–1962
Preis DM (Ost)	2.850	k. A.	k. A.	2.712

Um- und Eigenbauten

Die Eigenbau-Trial-Maschine von Günter Ruttloff, gebaut 1963. Mit SR 1-Tank, Federbeine und Telegabel von MZ, Rahmen und Motor stammen von einer ČZ 250 Typ 455.

Preisfrage: Welche Motorradmarke stand für diesen Umbau einer 350er Zweizylinder-Jawa Pate?

Seit es Motorräder gibt, wurden diese immer wieder nach den Geschmäckern oder den (sportlichen) Bedürfnissen ihrer Besitzer umgebaut, »scharf« gemacht, »gechoppt« oder mit allen möglichen oder unmöglichen Dingen behangen. Auch komplette Eigenbauten, meist aus den Einzelteilen verschiedener Motorräder, hat es immer schon gegeben. Um- und Eigenbauten sind also keine spezielle Erscheinung der osteuropäischen, sozialistischen Mangelwirtschaft im Allgemeinen und die der DDR im Besonderen. Trotzdem haben sie hier mit Mangel auf der einen Seite und den Wünschen nach Individualität im grauen Alltag auf der anderen immer noch eine andere Rolle gespielt als in der westlichen Welt. Aus der im Übrigen so manche Inspiration für einen DDR-Umbau herüber kam.

Viel mehr und viel länger als im Westen war das Motorrad in der DDR ein notwendiges Alltagsfahrzeug, das viele Transportaufgaben zu lösen hatte. Nicht zuletzt deshalb hatte die Seitenwagenfertigung im Osten einen hohen Stellenwert und nicht zuletzt deshalb war bei MZ bis zum Ende der DDR ein Transport-Seitenwagen im Angebot. So etwas konnten findige Handwerker natürlich auch selber bauen, das war billiger und konnte für das jeweilige (alte) Motorrad passend gemacht werden. Auch Anhänger konnten angehängt werden. Bei Mopeds war das problemlos zulässig, für Motorräder bedurfte es der Einzelabnahme- und Zulassung. Das galt auch für Seitenwagen an Motorrollern, die in Eigeninitiative entstanden.

Von nahezu allen frühen Motorradtypen, die es in der DDR gegeben hat, ist mit Sicherheit mindestens ein Lastendreirad entstanden. Selbst die IWL-Roller waren beliebte Objekte, wenn es darum ging, das Heck abzuschneiden. Firmen bauten in Eigenregie Motordreiräder auf, um innerbetriebliche Transporte damit zu bewerkstelligen; selbständig gebliebene Handwerker, die von Framo und Barkas nur träumen konnten, fuhren damit ihre Farbtöpfe und Kabelrollen durch die Gegend.

Sportliche Motorräder aufzubauen, sei es für die Straße oder fürs Gelände, war ebenfalls keine Eigenheit des Sozialismus, war hier aber notwendiger denn je, wollte man unterhalb des ganz großen Spektakels Motorradsport betreiben. Oder in Hubraumklassen antreten, für die in der DDR nahezu überhaupt keine Basis vorhanden war – etwa im 500-ccm-Straßenrennsport. Oder man wollte in Sportarten einsteigen, die nicht nur im Osten Randerscheinungen waren. Welcher westliche Motorradhersteller baute bis in die 1970er Jahre hinein schon Trial-Motorräder? Da war grundsätzlich Eigeninitiative und Schrauberkunst gefragt. Und wenn man nicht zu den Glücklichen gehörte, die eine Moto-Cross-ČZ aus dem Nachbarland ergattern konnten, musste man für diese Sportart auch zur Selbsthilfe greifen. So entstand in der DDR eine ungeheuer große Anzahl von selbst aufgebauten Sportmotorrädern, manche Disziplinen – wie eben der Trialsport – wurden nahezu ausschließlich mit Eigenbauten betrieben.

Wenn in den 1950er Jahren in der DDR Vorkriegsmotorräder oder irgendwie in den Osten gelangte Westmaschinen

Eine EMW als Transportdreirad für innerbetriebliche Fahrten im Automobilwerk Eisenach aufgebaut.

Anhänger durften DDR-Mopeds immer hinter sich herziehen, dabei mussten die Kupplung und der Anhänger eine Zulassung haben. Ob das hier der Fall war?

Auch so konnte ein Lastenbeiwagen Marke Eigenbau an einer AWO aussehen.

Ein IWL-Motorroller Typ Berlin mit einem Eigenbau-Seitenwagen, der einer Einzelabnahme und Genehmigung bedurfte.

Karel Sedlaček startete 1974 mit dieser 125er Delfin-MZ beim Grand Prix von Brünn und kam als 21. ins Ziel.

bei sportlichen Veranstaltungen auftauchten, wurden die noch richtig beim Namen genannt. Später standen Rennmaschinen von Honda, Yamaha oder Morbidelli – wie auch immer diese in die DDR gekommen waren – als »Eigenbau« in den Starterlisten. Bis Ende der 1980er Jahre war das so, wenngleich diese Motorräder meist nur in geringem Umfang Eigenbauanteile aufwiesen. Anders bei den von Hartmut Bischoff aufgebauten MZ-Rennmaschinen, die echte Eigenbauten waren, als »HB-MZ« aber einige Jahre lang sogar einen Namen tragen durften. Bleiben noch die vielen Bastelmotorräder, die aus Spaß an der Freude, zum Eindruck schinden bei Freundin und Kumpels oder auch aus Gründen des Nichtangepasstseins entstanden. Mit einem Chopper, der einmal eine Simson 425 S war, konnte man durchaus auch zeigen, was man von dem Staat hielt, in dem man lebte.
Das Sortiment an Spaßmotorrädern war unüberschaubar, Chopper sicher allen voran. Auch die Verwendung von Automobilmotoren war beliebt, nicht nur bei Friedel Münch. Apropos Motoren, da waren der Kreativität kaum Grenzen gesetzt, wie auch die Bildauswahl zeigt. Man musste das, was man zusammengebaut hatte, nur auch zugelassen bekommen, wenn man damit offiziell auf die Straße wollte. Mit guten Beziehungen, halben Schweinen, raren Trabant-Ersatzteilen oder notfalls auch mal ein paar Westmark, ließ sich fast alles einrichten. Nur so war es schließlich im Sozialismus möglich, dass es zwar nichts gab, aber trotzdem jeder alles hatte.

Hartmut Bischoffs HB-MZ 250 von 1976.

Eine Eigenbau-Enduro der 1980er Jahre mit einem serienmäßigen MZ TS 250/1-Motor.

Born to be wild: Die Simson 425 S war eine beliebte Basis für Chopper-Umbauten.

Noch ein Simson-Sport-Chopper – Easy Rider Peter Fonda hätte seine wahre Freude damit gehabt.

Der Einbau eines sowjetischen Saporoshez-Motor in ein kräftiges Fahrgestell war in der DDR kein Einzelfall.

Und noch einmal Simson: 15 PS leistete diese Simson 125 von 1979.

Eine bunte Mischung: Pannonia TLT von 1956, mit 350er Jawa-Motor, wie er ab 1976 zum Einsatz kam, und das Ganze zugelassen als Pannonia 250 T 5 von 1970.

Anhang

Bildnachweis

Das verwendete Bildmaterial stammt aus den Archiven von Siegfried Rauch (Volker Rauch) und Frank Rönicke sowie von Volker Pötsch; Stefan Gulitz; BMW; Fahrzeugmuseum Suhl; Claus Uhlmann; Bundesarchiv; Jürgen Kühn; Axel Gutmann; Zweiradhaus Berger; Martin Jorgel; Andreas Seipelt (www.stoye-fahrzeugbau.de); Günter Geyler; Motorradmuseum Augustusburg; Karl-Heinz Bendix; Motorrennsportarchiv Jordan; Rainer Ullrich; Lothar Schulze; Robert Waldmann.
Sollte der Autor unwissentlich urheberrechtlich anderweitig geschützte Bilder verwendet haben, wird um Benachrichtigung gebeten.

Viele Bilder des Autors entstanden in folgenden, für einen Besuch sehr zu empfehlenden Museen:
Motorradmuseum Augustusburg
Fahrzeugmuseum Suhl
1. Berliner DDR-Motorrad-Museum

Alle in diesem Buch genannten gegenwärtig noch existierenden Firmen und Institutionen bzw. deren Rechtsnachfolger nehmen selbstverständlich die Schutzrechte ihrer Wortmarken, Namen und Markenzeichen in Anspruch. Deren Zitierung sowie die bildliche Wiedergabe von Warenzeichen und ihren urheberrechtlich geschützten Bildern und Bildteilen erfolgt im Rahmen dieses Buches allein aus Gründen der wissenschaftlich-historischen Betrachtung.

Für die Unterstützung bei der Texterstellung bedanke ich mich bei Michaela Hesslinger, Igersheim.

Literaturnachweis

Bücher

Blumenthal, Manfred: Die IWL-Motorroller aus dem Osten Deutschlands, Eigenverlag, Großbeeren 2007.
Dähn, Ewald: 70 Jahre Motorräder aus Suhl, Suhler Verlag, Suhl 1994.
Geyler, Günter: Erinnerungen an den Sachsenring, Zweirad-Verlag, Erlangen 1994.
Geyler, Günter: Aus der Rennsportgeschichte, Speed-Verlag, Chemnitz 1996.
Husak, Pavel: Enduro, Motorbuch Verlag, Stuttgart 1984.
Husak, Pavel: Das große Buch vom MotoCross, Motorbuch Verlag, Stuttgart 1986.
Kießlich, Jürgen: Legenden auf zwei Rädern, HB-Werbung und Verlag, Chemnitz 2004.
Kießling, Jürgen: Motorradrennen auf dem Sachsenring, Johann Kleine Vennekate Verlag, Lemgo 2006.
Knittel, Stefan: BMW Motorräder, Bleicher Verlag, Gerlingen 1984.
Lange, Woldemar / Buschmann, Jörg: Die große Zeit des DKW-Motorradrennsports 1920 bis 1941, Bildverlag Böttger, Wizschdorf 2009.
Leek, Jan: MZ – The Racers, The birth oft he modern two-stroke, 650-Publikation 1991.
Rauch, Siegfried: Berühmte Rennmotorräder, Motorbuch Verlag, Stuttgart 1980.
Rönicke, Frank: Männer und Motorräder, Motorbuch Verlag, Stuttgart 2008.
Rönicke, Frank: DDR-Motorräder – Historische Dokumente aus vier Jahrzehnten, Motorbuch Verlag, Stuttgart 2000.
Rönicke, Frank: Simson Mopeds, Mokicks, Roller, Motorbuch Verlag, Stuttgart 1999.
Rönicke, Frank: Typenkompass DDR-Motorräder, Motorbuch Verlag, Stuttgart 2013.

Rönicke, Frank: Typenkompass Motorräder des Ostblocks, Motorbuch Verlag, Stuttgart 2011.
Rönicke, Frank: Typenkompass Motorräder des Ostblocks Band II, Motorbuch Verlag, Stuttgart 2012.
Rönicke, Frank: Schrader-Typen-Chronik IFA-MZ 1950–1991, Motorbuch Verlag, Stuttgart 2008.
Rönicke, Frank: Schrader-Typen-Chronik IWL – Roller aus Ludwigsfelde 1955–1964, Motorbuch Verlag, Stuttgart 2009.
Rönicke, Frank: Schrader-Typen-Chronik EMW und AWO. Die Viertaktmodelle der DDR, Motorbuch Verlag, Stuttgart 2011.
Rönicke, Frank: Deutsche Motorrad Welt- und Europameister, Motorbuch Verlag, Stuttgart 2012.
Schwietzer, Andy: Motorradland DDR, Verlag Johann Kleine Vennekate, Lemgo 1998.
Schwietzer Andy: Eisernes aus Eisenach, Bodensteiner Verlag, Wallmoden 2002.
Schulze, Lothar und Blumenthal, Manfred: Ostdeutsche und tschechoslowakische Motorroller, Uwe Welz Verlag, Berlin 1998.
Tragatsch, Erwin: Motorräder Deutschland-Österreich-Tschechoslowakei 1894–1971, Motorbuch Verlag, Stuttgart 1971.
Uhlmann, Claus: RT 125 – Das kleine Wunder aus Zschopau, Verlag Bergstraße, Aue 2005.
Van Endert, Tom: Mit Hammer und Schlüssel – Der Ratgeber für M72, Ural und Dnepr, Monsenstein & Vannerdat, Münster 2003.
Werner, Eberhard: Das Schwalbe Buch, Ein Ratgeber, Uwe Welz Verlag, Berlin 1995.
Werner, Eberhard: Simson, Ein Ratgeber, Uwe Welz Verlag, Berlin 1996.
Werner, Eberhard: Simson-Oldtimer, Ein Ratgeber, Uwe Welz Verlag, Berlin 1997.
Werner, Eberhard: Simson-Vogelserie, Ein Ratgeber. Uwe Welz Verlag, Berlin 1997.
Woll, Manfred, IFA/MZ-Renngeschichte 1949–1961, Heel Verlag, Königswinter 2001.

Periodika

Kraftfahrzeugtechnik, diverse Ausgaben 1951–1990.
Der deutsche Straßenverkehr, diverse Ausgaben 1953–1989.
Das Neue Kraftfahrzeugfachblatt, diverse Ausgaben 1948–1950.
Illustrierter Motorsport, diverse Ausgaben 1952–1989.
Motorkalender der DDR, diverse Ausgaben 1965–1990.
Motor-Jahr, diverse Ausgaben 1956–1988.
(Das) MOTORRAD, diverse Ausgaben 1924–1987.
Rollermobil & Kleinwagen, diverse Ausgaben 1957–1959.
Motorrad-Katalog, diverse Ausgaben 1970–1987.
Das MOPED, diverse Ausgaben 1954–1960.
OLDTIMER MARKT, diverse Ausgaben.
Fahrrad & Moped, diverse Ausgaben.
Motorrad Classic, diverse Ausgaben 1987–2008.

Internet

Eine Vielzahl von Internetseiten war bei der Recherche zu diesem Buch hilfreich. Besonders hervorzuheben sind:

- wikipedia.de
- eggersdorfer.info
- motorsportstatistik.com
- classic-motorrad.de

WEITERE INTERESSANTE BÜCHER ZUM THEMA

Frank Rönicke berichtet in diesem Band sachkundig, informativ und unterhaltsam über die Entstehung und Entwicklung der Simson Vogelserie. Mehr als 350 einmalige Bilder tragen zur Illustrierung dieses wichtigen Kapitels ostdeutscher Zweirad- Geschichte bei.
272 Seiten, 350 Abb., 230x265 mm
ISBN 978-3-613-04597-2
€ 34,90 | € (A) 35,90

Nie wurde die Geschichte von Hoffnung und Verzweiflung, von Euphorie und Zusammenbruch der ostdeutschen Zweitakter besser erzählt als in Frank Rönickes MZ-Buch. Ein Standardwerk über MZ und seine Maschinen.
240 Seiten, 400 Abb., 230x265 mm
ISBN 978-3-613-04708-2
€ 34,90 | € (A) 35,90

In launigem, überaus unterhaltsamem Stil und mit hoher Sachkompetenz beschreibt Carl Hertweck, wie man binnen kurzem lernt, die Leistung seines Motorrads zu steigern, »einen Vergaser und eine Zündung richtig einzustellen, einen Kolben vollgasfest hinzubekommen und einen Motor auf die Spitzenleistung zu bringen.«
368 Seiten, 493 Abb., 170x240 mm
ISBN 978-3-613-04815-7
€ 29,90 | € (A) 30,80

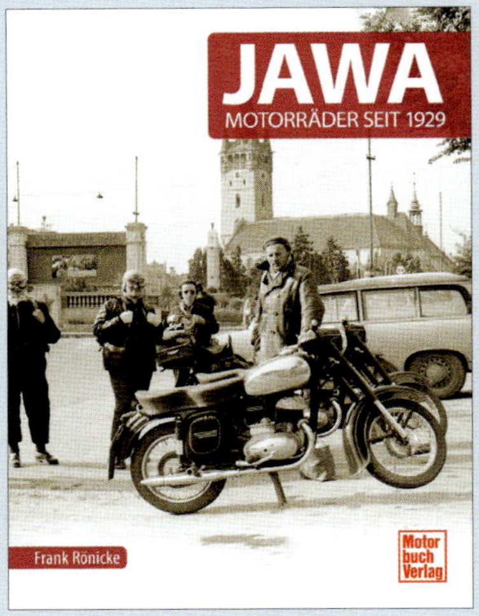

Eine umfassende Dokumentation von Frank Rönicke über den tschechischen Motorradhersteller Jawa und dessen zahlreiche Motorräder aus den Bereichen Bahnsport, Trial und Straßenrennen.
136 Seiten, 150 Abb., 210x280 mm
ISBN 978-3-613-04553-8
€ 28,00 | € (A) 28,80

Leseproben zu allen Titeln auf unserer Internetseite

Motor buch Verlag

Überall, wo es Bücher gibt, oder unter
WWW.MOTORBUCH-VERSAND.DE
Service-Hotline: 0711 / 78 99 21 51
www.facebook.com/MotorbuchVerlag

Stand Juni 2025
Änderungen in Preis und Lieferfähigkeit vorbehalten.